図解でわかる はじめての電子回路

電子機器は、私たちの身の回りにあふれています。
この身近な電子機器は、多数の電子回路からできているのです。
電子回路は、いったいどんなしくみでしょうか。どのように動いているのか。
電子とは？ 半導体とは？ 論理回路とは？ 増幅とは？ 電波とは？
この原理と基礎をじっくりと解説しています。

大熊康弘 著

技術評論社

図記号の新旧

名称	旧図記号	新図記号	備考
直流計器	⊖	⊖ または ⊖	例：直流電流計 Ⓐ
スイッチ	─o─o─	─/─ または ─/─	
抵抗	─/\/\─	─▭─	
可変抵抗	─/\/\─（矢印付）	─▭─（矢印付）	
	─/\/\─（摺動子）	─▭─（摺動子）	摺動子（しゅうどうし）付き
有極性コンデンサ	─╫─	─╫─ または ─╫─	(注)例として電解コンデンサを用いました。
発光ダイオード	─▷│─	─▷│─	
トランジスタ	(記号)	(記号)	npn形
	(記号)	(記号)	pnp形
定電流源	─⊖─	─⊖─	理想電流源(交流)
定電圧源	─⊖─	─⊖─	理想電圧源(交流)
増幅器	▷	▷ または ▷	三角形の向きは信号の流れを表します。
FET	─⊕─	─┤├─	

はじめに

「電子回路は楽しい！」
　筆者は中学生のころ、電子工作キットを購入し、その面白さを知って以来このように感じています。
　「何でこんな動きをするんだろう？」、「何で音が出るんだろう」から始まった疑問が入門書などを読むたびに分かるようになり、今度は自分の考えた回路を作りたくなっていきました。
　銅板に配線図のパターンを描き、エッチング(銅を溶かす作業)をして電子部品を半田付けして動作確認をする。こんなことを繰り返してきました。別にこのような作業ができる特別な環境に育ったわけではなく、小さい部屋の小さい机の上に電子部品を並べて、暇をみつけては作ったのです。
　このように小さな電子部品を組み合わせて作った回路が動作したときの感動は、一生心に残り、そして次なる回路へと進んでいきます。

　電子回路というと、なんだか敷居の高い工学のように聞こえますが、そんなことはありません。
　皆さんが普段接している電気製品の中には、必ずと言っていいほど電子回路が含まれています。またその電子回路のおかげで、人間は大変便利な暮らしができるのも事実です。
　例えば電気炊飯器は、電子回路の監視の元に、よりおいしいご飯を炊くように作られているものですが、これに時間を設定する電子回路を搭載することによって、予約炊飯ができるという便利な機能を手に入れることができます。そして、いつの日かその機能がないと面倒で、非常に不便に感じてきます。
　生活をもっと便利に、より快適にするための電子回路はこれからも開発され続けていくでしょう。そして私たちはその恩恵に授かるのです。
　電子回路は、簡単に言うと「制御や何かを動作させるための回路」だと筆者は思います。例えば、クーラーの温度管理の部分や、ビデオカメラのオートフォーカスなどが電子回路と呼ぶにふさわしいと思います。
　しかし、このような難しそうな回路だけを電子回路と呼ぶのではありません。2、3の半導体の使い方がわかると、頭に浮かんだ電子回路を自分で作ったりして楽しめるものですが、それも電子回路と言えます。
　ある電子部品はどのように使うか、その電子部品と別の電子部品を組み合わせるとある便利な回路になるとか、そんな楽しいもの作りに、電子回路はたくさんの可能性を秘めています。もちろんある程度の電気理論は必要ですが、中学校までに習ったオ

ームの法則を中心として、それにもう少しレベルの高い知識があれば十分です。

　この本を手に取った方は、勉強しようと意欲の持った方だと思います。別にもの作りのためではなく、必要に迫られて読む方も多いのではないかと思います。
　本書はどちらの方々にも対応できるように書いたつもりです。
　はじめて電子回路を志す読者にも十分わかるように書いていますが、さらに電気回路の入門書もあわせて読めば、より深く理解できるはずです。
　ただし本を読んだだけでは、知識は身に付きません。ぜひ本書を元に、さらなる高等な専門書や電子回路工作の書籍をお読みになって、簡単な回路でいいですから実際に自分で作ってみてください。
　きっと筆者のように電子回路の楽しさを知ることができるでしょう。

著者

目次

第0章　計算と回路の基本

- 0-1　文字の入っている式の計算 …… 2
- 0-2　指数計算と接頭語 …… 5
  - ●指数 …… 5
  - ●接頭語 …… 7
- 0-3　常用対数 …… 9
  - ●積の対数値は対数の和 …… 10
- 0-4　電子部品の図記号と外形 …… 12
- 0-5　電流と電圧 …… 14
- 0-6　電気の基本計算式 …… 18

第1章　ダイオード

- 1-1　半導体とは …… 24
- 1-2　半導体の構造と電流 …… 25
- 1-3　真性半導体・p形半導体・n形半導体 …… 29
  - ●真性半導体 …… 29
  - ●p形半導体 …… 31
  - ●n形半導体 …… 32
  - ●アクセプタとドナー …… 33
- 1-4　キャリア・多数キャリア・少数キャリア …… 34
  - ●キャリア …… 35
  - ●多数キャリアと少数キャリア …… 35
- 1-5　pn接合ダイオードの構成と内部動作 …… 36
  - ●基本構造 …… 36
  - ●拡散と空乏層 …… 37
- 1-6　ダイオードに電源を付けてみよう …… 39
  - ●順方向電圧、順方向電流 …… 39
  - ●逆方向電圧、逆方向電流 …… 40
- 1-7　ダイオードの基本特性 …… 42

- ●電気的特性 ………………………………………………… 42
- ●拡散電位と電位障壁 ……………………………………… 43
- ●整流作用 …………………………………………………… 46
- ●アバランシェ現象とツェナー効果 ……………………… 46

1-8　ダイオードの図記号と実際の外形 ………………………… 48
- ●アノードとカソード ……………………………………… 48

1-9　その他いろいろなダイオードの紹介 ……………………… 50
- ●発光ダイオード（LED） ………………………………… 50
- ●ツェナーダイオード（定電圧ダイオード） …………… 51

1-10　整流回路 ……………………………………………………… 57
- ●交流 ………………………………………………………… 57
- ●直流 ………………………………………………………… 60
- ●半波整流回路 ……………………………………………… 60
- ●全波整流回路(両波整流回路) …………………………… 62
- ●脈流とリプル ……………………………………………… 65

1-11　平滑回路 ……………………………………………………… 67
- ●コンデンサを用いた平滑回路 …………………………… 67
- ●コイルを追加した平滑回路 ……………………………… 69

第2章　トランジスタの基本

2-1　トランジスタの基本構造 …………………………………… 74
2-2　トランジスタの動作 ………………………………………… 76
2-3　トランジスタの接地法 ……………………………………… 80
- ●増幅と減衰 ………………………………………………… 83
- ●増幅度と利得 ……………………………………………… 83
- ●電流利得G_i、電圧利得G_vを導こう ………………… 86
- ●利得は便利 ………………………………………………… 89

2-4　トランジスタの増幅作用と増幅率 ………………………… 91
- ●トランジスタの増幅作用 ………………………………… 91
- ●増幅率 ……………………………………………………… 91
- ●ベース接地増幅回路の電流増幅率h_{FB}、h_{fb} ……… 91
- ●エミッタ接地増幅回路の電流増幅率h_{FE}、h_{fe} …… 94

- ●ベース接地の電流増幅率αとエミッタ接地の電流増幅率βの関係 … 95
- 2-5 トランジスタの静特性とhパラメータ … 97
  - ●トランジスタの静特性 … 97
  - ●第1象限 $V_{CE}-I_C$特性(出力特性) … 98
  - ●第2象限 I_B-I_C特性(電流伝達特性) … 100
  - ●第3象限 I_B-V_{BE}特性(入力特性) … 101
  - ●第4象限 $V_{CE}-V_{BE}$特性(電圧帰還率) … 102
- 2-6 トランジスタの等価回路 … 104
  - ●等価回路 … 104
  - ●hパラメータの測定 … 106
- 2-7 hパラメータと増幅度 … 108
  - ●電圧増幅度A_v … 108
  - ●電流増幅度A_i … 109
  - ●電力増幅度A_p … 109
- 2-8 バイアス回路 … 111
  - ●バイアス回路の必要性 … 111
  - ●バイアス回路のいろいろ … 114
- 2-9 簡単な低周波増幅回路の設計 … 132
  - ●負荷線と動作点 … 132
  - ●最適な動作点の決定 … 144
- 2-10 増幅回路の負荷をトランスで結合する … 153
  - ●トランスによるインピーダンスの変換 … 153
  - ●トランス結合増幅回路の設計 … 155
- 2-11 直接負荷増幅回路とトランス結合増幅回路の電源効率 … 158
- 2-12 コレクタ損失P_C … 164
- 2-13 周波数特性 … 166
  - ●低域が下がる理由 … 167
  - ●高域が低下する理由 … 168
- 2-14 負帰還増幅回路の特徴 … 170
  - ●負帰還回路の効果 … 170
- 2-15 B級プッシュプル電力増幅回路 … 178
  - ●クロスオーバー歪み … 182

- ●B級プッシュプル電力増幅回路の電源効率η 183
- 2-16 その他の半導体(主にトランジスタ) 187
  - ●(1) 電界効果トランジスタ 187
  - ●(2) サイリスタ 195
  - ●(3) その他のトランジスタの名前の紹介 198
- 2-17 トランジスタの便利な使い方 199
  - ●(1) ダーリントン接続 199
  - ●(2) トランジスタの並列接続 201

第3章 Op.Amp

- 3-1 Op.Ampの基本 204
  - ●Op.Ampの電気的特徴 204
  - ●Op.Ampの図記号と端子名 204
  - ●Op.Ampの電源の与え方 205
  - ●オフセット電圧 207
  - ●Op.Ampの基本動作 209
  - ●仮想短絡と仮想接地 211
- 3-2 ボルテージコンパレータ(電圧比較器) 213
- 3-3 反転増幅回路 215
- 3-4 非反転増幅回路 219
- 3-5 ボルテージフォロワ回路 223
- 3-6 反転加算回路 226
- 3-7 減算回路(差動増幅回路) 229
- 3-8 Op.Ampの外形とピンアサイン 233

第4章 2進数と16進数

- 4-1 2進数と簡単な計算 236
  - ●2進数とは 236
  - ●10進数⟷2進数 237
  - ●2進数の演算 241
- 4-2 2進数の負値と2の補数 248

- ●2の補数 ……………………………………………… 248
- ●2の補数の求め方 …………………………………… 249
- ●8bitで表現できる10進数の数 …………………… 252
- 4-3 2進数の小数 ………………………………………… 255
- 4-4 16進数 ………………………………………………… 260
  - ●16進数の数 …………………………………………… 260
  - ●2進数→16進数 ……………………………………… 262
  - ●16進数→2進数 ……………………………………… 263
  - ●16進数→10進数 …………………………………… 264
  - ●10進数→16進数 …………………………………… 265
  - ●16進数同士の足し算 ………………………………… 267
  - ●16進数の引き算 ……………………………………… 269
  - ●かけ算 ………………………………………………… 271
  - ●わり算 ………………………………………………… 273

第5章 論理回路

- 5-1 論理回路の規則 ……………………………………… 278
  - ●図記号と真理値表 …………………………………… 278
  - ●0、1と規則 …………………………………………… 278
- 5-2 OR回路 －論理和－ ………………………………… 280
- 5-3 AND回路 －論理積－ ……………………………… 282
- 5-4 NOT回路 －否定－ ………………………………… 284
- 5-5 EX－OR －排他的論理和－ ……………………… 285
- 5-6 NOT回路と組み合わせましょう …………………… 287
  - ●NOR回路 ……………………………………………… 287
  - ●NAND回路 …………………………………………… 288
  - ●NOT回路作ろう ……………………………………… 288

第6章 パルスと発振回路

- 6-1 パルス …………………………………………………… 292
- 6-2 発振の原理 ……………………………………………… 294

  6-3 パルス発振回路 ……………………………………………… 296
    ●トランジスタを用いた無安定マルチバイブレータ …… 296
    ●インバータ(NOT)回路を使ったパルス発振回路 …… 301
    ●R_Sの必要性 ……………………………………………… 308

第7章　変調と復調

  7-1 電波 ……………………………………………………………… 312
  7-2 変調とは ……………………………………………………… 317
  7-3 AM変調方式 ………………………………………………… 318
    ●周波数スペクトラム …………………………………… 320
    ●AM変調回路 …………………………………………… 325
    ●SSB変調回路 …………………………………………… 327
  7-4 FM変調 ……………………………………………………… 329
  7-5 PCM変調 …………………………………………………… 333
  7-6 AM復調 ……………………………………………………… 336
    ●復調とは ………………………………………………… 336
    ●希望の周波数を選択 …………………………………… 336
    ●復調の原理 ……………………………………………… 339
    ●SSB復調の原理 ………………………………………… 340
  7-8 FM復調 ……………………………………………………… 341
  7-9 PCM復調 …………………………………………………… 342

コラム

どっちがアノード・カソード？ ……………………………………… 49
指数が前に出て掛けられるわけ ……………………………………… 88
添字について …………………………………………………………… 113
動作点は静止点 ………………………………………………………… 137
2進数などの10進数以外の表現方法 ………………………………… 237
コンピュータの計算結果は絶対？ …………………………………… 259
ヘルツとは ……………………………………………………………… 313

第 0 章
計算と回路の基本

　この章には、本書で学んでいくために、最低限必要な計算の基本が書かれています。電気・電子回路の計算を基本から学びたい方は、じっくりお読みください。
　分数式などの基本をマスターしている方や、「はじめての電気回路」を読まれた方は、第１章からお読みください。
　また、電気回路の図記号や簡単な特徴も書いてありますので、そちらからお読みの場合は、0-4 をお読みください。
　それではスタートします。

0-1 文字の入っている式の計算

中学校までに習った数学で、x や y などが入った式を勉強してきました。例えば、次のような式です。

$$y = 3x + 2 \qquad \cdots\cdots (0.1)式$$

この式を「$x=$」の形に変形しましょう。

まずは、2を左辺に移項して、右辺を x に関わる式のみにします。数などを移項する場合は符号を反転させるのでしたね。「＋」→「－」、「－」→「＋」のように変えます。従って、2は「＋2」でしたから移項すると「－2」になります。

$$y - 2 = 3x \qquad \cdots\cdots [2を左辺へ移項](0.2)式$$

次に、「$x=$」の形にするには、まだ3が邪魔者ですね。「$3x$」という数は「$3 \times x$」というかけ算ですから、この3を無くすには3で割ればいいのです。しかし、右辺だけ3で割るのは不公平ですから、式全体を見て両辺を3で割ります。

$$(y - 2) \div 3 = 3x \div 3 \qquad \cdots\cdots [両辺を3で割る]$$

$$(y - 2) \times \frac{1}{3} = 3x \times \frac{1}{3} \qquad \cdots\cdots \left[\begin{array}{l}3で割るのは逆数である \frac{1}{3} をかける \\ のと同じ意味です。\end{array}\right]$$

$$\frac{(y-2)}{3} = \frac{3x}{3} \qquad \cdots\cdots [右辺の3を約分すると]$$

$$\frac{y-2}{3} = x \qquad \cdots\cdots [見やすくするために左右を入れ替えて]$$

$$x = \frac{y-2}{3} \qquad \cdots\cdots (0.3)式$$

となります。

　ここまでは、意外に簡単にできるのではないでしょうか？　しかし、式の中に数字がなく、すべてが文字になっていたり、さらには文字だけの分数式になっていると、少し難しく見えます。

　数字であろうと文字であろうと、式の変形や計算方法の基本は、(0.1)式から(0.3)式までの変形と全く同じですので、難しく考えないでください。

　では、本当に同じなのかいくつか解いてみましょう。次の式を「$a=$」に変形しましょう。

$$\frac{c}{a+b} = \frac{e-f}{d}$$

まず、左辺からcを無くしましょう。そのためには、両辺に$\frac{1}{c}$をかけます（cで割るのと同じ）。

$$\frac{c}{a+b} \times \frac{1}{c} = \frac{e-f}{d} \times \frac{1}{c} \qquad \cdots\cdots [左辺のcを約分します。]$$

$$\frac{1}{a+b} = \frac{e-f}{cd} \qquad \cdots\cdots \begin{bmatrix}両辺の分母・分子をひっくり返して左辺\\ の分数をなくす\end{bmatrix}$$

0章　計算と回路の基本

文字の入っている式の計算　　3

ここでちょっとした技を教えます。それは、両辺の分母・分子を同時にひっくり返すことができます。もちろん両辺はイコール(等しい)のままです。

$$\frac{a+b}{1} = \frac{cd}{e-f} \quad \cdots\cdots [分母分子を同時にひっくり返す]$$

$$a+b = \frac{cd}{e-f}$$

左辺の邪魔なbを右辺に移項します。(bの符号が逆になることを忘れずに！)

$$a = \frac{cd}{e-f} - b \quad \cdots\cdots(0.4)式$$

これで終わりでもいいのですが、もう少し詳しく解くと、右辺を通分して、分母を「$e-f$」にそろえます。つまり、$-b$を分数にして、さらに分母が$e-f$になるようにすればいいのです。

$-b$の項は、分母と分子に$(e-f)$をかけて、以下のようになります。

$$-b = \frac{-b(e-f)}{e-f} = \frac{bf-be}{e-f} \quad \cdots\cdots[展開時の符号に注意して！]$$

これを元の(0.4)式の$-b$に代入すると、

$$a = \frac{cd}{e-f} + \frac{bf-be}{e-f}$$

$$= \frac{cd+bf-be}{e-f}$$

となります。文字だけの分数は一見難しく見えますが、落ち着いて数字のみの分数と同様に取り扱えば案外簡単です。

0-2 指数計算と接頭語

指数

　電気・電子回路に出てくる計算は、非常に大きい数値、またはその逆の非常に小さい数値を取り扱うことがたくさんあります。例えば、123000000や0.00000123などです。このように桁数の多い数値を見やすくし、さらには書き損じなどのミスを減らして、取り扱いを楽にしてくれるのが、「指数」と呼ばれる表現なのです。先程の123000000や0.00000123は、次のように書き直せます。

$$123000000 = 1.23 \times 100000000$$

$$0.00000123 = \frac{1.23}{1000000}$$

ここで、$10=10^1$、$100=10^2$、$1000=10^3$……のように表せますので、

$$1.23 \times 100000000 = 1.23 \times 10^8$$

$$\frac{1.23}{1000000} = \frac{1.23}{10^6}$$

のように表現できます。これらのように10の右上についている小さい数値を「指数」と言います。そして指数がつく数字(この場合10)を「累乗の底」と呼びます。
　また1.23のような先頭につく数を「仮数」と言います。これは指数の数によって変化するので「仮の数」という意味です。

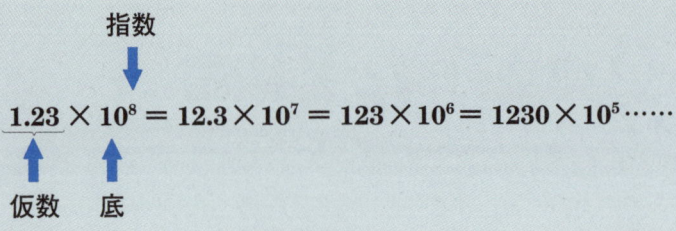

指数の変化に伴って、仮数も変化しています。さらに、0.1、0.01、0.001の場合は、

$$0.1 = \frac{1}{10} = \frac{1}{10^1} = 10^{-1}$$

$$0.01 = \frac{1}{100} = \frac{1}{10^2} = 10^{-2}$$

$$0.001 = \frac{1}{1000} = \frac{1}{10^3} = 10^{-3}$$

と表せますので、先程の $\frac{1.23}{10^6}$ は、

$$\frac{1.23}{10^6} = 1.23 \times \frac{1}{10^6}$$

$$= 1.23 \times 10^{-6}$$

になります。まとめると以下のようになります。

$$123000000 = 1.23 \times 10^8$$
$$0.00000123 = 1.23 \times 10^{-6}$$

以上のように、指数を使った方が分かりやすくなります。

ここで、指数の数を簡単に探す方法を紹介しましょう。これは小数点の位置に関係があります。例えば、123000000は、小数点を左に8回ずらすと1.23

になりますから、指数は8となり、10^8 になります。

　0.00000123 も同様に、1.23 にするためには小数点の位置を右に6回ずらせばいいので、指数は－6になり、10^{-6} になります。

　小数点の位置を左にずらすと指数は増え、逆に右にずらすと指数は減ります。ですから、右に6回ずらすと指数は－6になるのです。

（小数点を左に8回ずらす）

1.23×10^8

（小数点を右に6回ずらす）

1.23×10^{-6}

接頭語

　次に「接頭語」と呼ばれるものを単位の先頭につけると、指数表現をさらに楽にしてくれます。代表的な接頭語と指数の関係は次のように表します。接頭語は普通、大・小の英文字やギリシャ文字です。

数値	指数	接頭語	接頭語の発音	備考
1000000	10^6	M	メガ（Ωにつくときはメグ）	大文字
1000	10^3	k	キロ	小文字
0				
0.001	10^{-3}	m	ミリ	小文字
0.000001	10^{-6}	μ	マイクロ	小文字（ギリシャ文字）
0.000000001	10^{-9}	n	ナノ	小文字
0.000000000001	10^{-12}	p	ピコ	小文字

表0.1　指数と接頭語の関係

　例えば、抵抗$R=2000[\Omega]$は指数を使うと、$2\times10^3[\Omega]$になり、接頭語を使って表現すると、10^3はk（キロ）ですから、$2[k\Omega]$となるのです。指数と接頭語を使うと便利だと思いませんか？

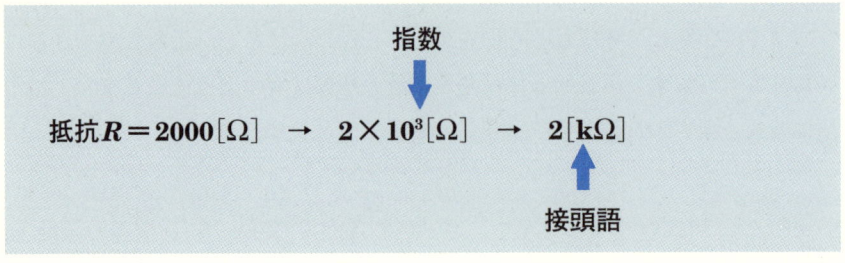

0-3 常用対数

　常用対数とは、ある数値の常用対数の値を求めるときに使います。では、常用対数値を求めるとは、どのようなことをするのか簡単に見ていきましょう。

　ある数値の常用対数値を求めるというのは、その数値の先頭に「$\log_{10}$」を付けて計算することを言います。小さく添えてある10の部分を対数の「底」と呼びます。

　例えば、ある数値を100としましょう。常用対数値を求めるのですから、先頭に$\log_{10}$を付けます。そして求めた答えをxに代入します。

$$x = \log_{10} 100$$

と書きます。まず答えから先にいうと、$x=2$です。しかし、これだけでは計算方法がわかりませんね。

　常用対数値を求めるというのは、ある数値xが10の何乗かを求めるのです。

$$10^x = R \quad \text{のとき} \quad x = \log_{10} R$$

先ほどの例では、100は10の2乗ですから、答えは2だったのです。
従って、次のように書いて求めることができますね。

$$x = \log_{10} 100 \implies 10^x = 100 \implies 10^2 = 100 \implies x = 2$$

　実は対数には、常用対数のほかに「自然対数」と呼ばれるものあります。自然対数は、「$\ln$」や「$\log_e$」（底がe）などと表記されます。自然対数は自然界における現象などを数値解析するときによく使います。

$\log_{10}10=1$ ($10^1=10$) ですが、$\ln 10 ≒ 2.3$ ($e^{2.3}≒10$) です。従って、常用対数を自然対数に変換するには、

$$\ln X = 2.3 \times \log_{10} X \qquad \cdots\cdots(0.5)式$$
　（自然対数）　　（常用対数）

となります。例えば、$X=100$のときの自然対数を求めると、

$$\begin{aligned}\ln 100 &= 2.3 \times \log_{10}100 \\ &= 2.3 \times 2 \\ &= 4.6\end{aligned}$$

ということになります。自然対数や常用対数を求めるには、関数電卓等を利用します。試しに、電卓で ln100 と打ち込んでみてください。4.605170186……と出てきましたよね！

　常用対数値を求めるには、いちいち「$\log_{10}$」と書かずに「log」だけで表す場合を見かけます。この場合、底に何も書かれていないときには、常用対数を求めていることなのです。本書でも底の10は省略します。

積の対数値は対数の和

　対数の性質について1つだけ知っておく必要のある法則を説明します。
　ある数AおよびBの積($A\times B$)の対数値は次のようになります。

$$\log AB = \log A + \log B \qquad \cdots\cdots(0.6)式$$

　つまり、積ABの対数値は、A、Bそれぞれの対数値の和になるのです。次の例で確認してみましょう。

> **例題**

$A=10$、$B=100$ のとき、$\log AB$ と $\log A + \log B$ を求めましょう。

まずは普通に求めましょう。

$$\log(10 \times 100) = \log 1000 \quad \cdots\cdots \quad [10^x = 1000]$$
$$= 3$$

次に、対数の和になるか確かめましょう。

$$\log 10 + \log 100 = 1 + 2 \quad \cdots\cdots \quad [10^x = 10、10^x = 100]$$
$$= 3 \qquad\qquad [x = 1 \quad x = 2]$$

確認できましたね。証明は数学の教科書や参考書をお読みください。

また、常用対数値を求めることを、「対数をとる」とか、「対数を求める」という言い方もします。言葉の意味や計算方法を是非マスターしてください。

常用対数

0-4 電子部品の図記号と外形

電子・電気回路に使われる代表的な部品(素子とも言います)の図記号や外形を、表0.2に示します。よく使われる重要なことしか描いていませんので、是非覚えてください。

名称	記号	単位	単位の読み方	図記号	代表的な外形
抵抗	R	[Ω]	オーム		
コイル	L	[H]	ヘンリー		
コンデンサ	C	[F]	ファラド		
直流電源	E	[V]	ボルト		
交流電源	e	[V]	ボルト		
トランジスタ	Tr, Q	—	—		
ダイオード	D	—	—		

表0.2 代表的な素子の図記号と外形

- 抵抗は文字通り「電流を流さないように抵抗する」役目をもちます。
- コイルは、電流を増やそうとすると、増えないように働き、逆に電流を減らそうとすると増やすようにと働く「あまのじゃく」な性格を持っています。また、発電や変電といわれる働きも持っています。
  さらにコイルは交流を流しにくいという特徴もあります。
- コンデンサは、電気を蓄えたり(蓄電)、放出(放電)する役目を持ちます。ま

た、直流は流しません。
- 直流電源は、一般的に「電池」を思い浮かべるとよいでしょう。直流とは「時間の変化に対して大きさの変動がない」ものをいいます。電池は1.5[V]を常に保っています。
- 交流電源は、一般的に「コンセント」を思い浮かべるとよいでしょう。図0.1のように、交流とは「時間の変化に対して大きさが変動し、符号（正・負）も変わる」ものです。
ある時は＋100[V]またあるときは－100[V]というように変化しています。

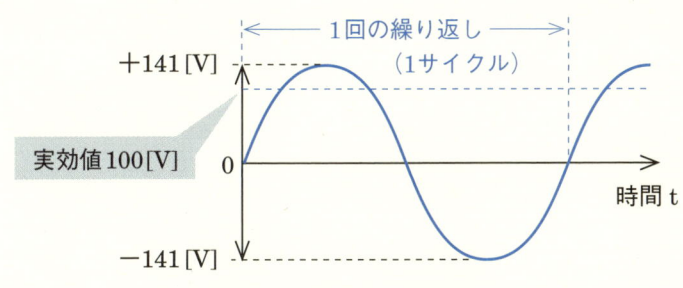

図0.1　コンセントの交流電圧

　家庭に来ているのは「交流電源」で、100[V][1]です。また、交流電源には「周波数」というものも含まれています。

　周波数とは、1秒間に波の繰り返しが何回あるかを表しています。東日本では50[Hz]、西日本では60[Hz]となっています。つまり、1秒間に50～60回も同じ波を繰り返していることになります。周波数の単位[Hz]はヘルツと読みます。

---

[1] 100[V]：実効値と呼ばれる大きさで表しています．実際は約＋141〜－141[V]を変動しています．実効値は最大値（この場合141[V]）を$\sqrt{2}$で割ると求めることができます．

0-5 電流と電圧

① 電流

　「電流」という言葉を何気なく使っていますが、電流とはいったい何が流れているのでしょうか？　答えは「電子」の流れです。

　図0.2を見てください。ヘリウム(He)原子のモデル図です。物質を細かく見ていくと最終的にはすべて、原子で出来ていることに気が付きます。

　原子は、図0.2のように、「正(＋)の原子核」を中心に「負(－)の電子」が回っていると考えられています。また、電子が回るところを「軌道」と呼びます。

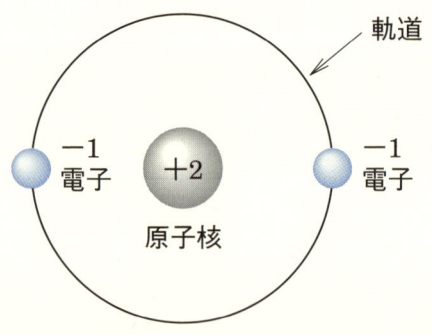

図0.2　ヘリウムの原子モデル

　ヘリウム原子は、電子が2個、原子核を中心に回っています。安定した原子は普通、「電子の数」と「原子核の数」が等しく、電子的には符号が正・負逆ですから0になって、バランスがとれている状態にあります。

```
He(ヘリウム)：
    陽子数　　電子
    ＋2　＋　(－2)＝0　　(安定な状態)
```

しかし図を見ると、電子は2つですが、原子核は1つに見えます。原子核の内部には、電子と同じだけの「正の陽子」と呼ばれるものがあるのです。
　原子によって、電子の数（または陽子の数）は変わります。例えば水素は、電子の数（及び陽子の数）は1個です。
　原子番号は、この電子（または陽子）の数で決まっています。例えば原子番号14は、ケイ素（シリコン：Si）であり、電子の数は14個です。

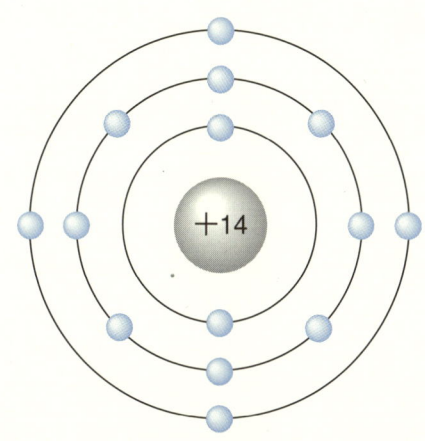

図0.3　ケイ素の図（原子番号14、電子の数14）

　ケイ素（シリコン：Si）は、電子を14個持っていますが、その内訳は、3つの軌道に内側から、2個、8個、一番外側に4個です。外側の軌道を回る電子は、原子核との距離が離れているため、結びつこうとする力が一番弱くなっています。そのため外から力が加わると、外側の4つの電子のうちのどれかが飛び出し移動することになります。
　このように物質中の電子を軌道から外して、電子が自由に動けるようにしてあげると、電子は流れ始めて、電流になるのです。
　正確には、電子の持っている電気の荷物（これを電荷と言います）が流れると電流になります。
　電荷は一般的に、記号Qで表し、単位は[C]（クーロン）を用います。電荷

$Q[\mathrm{C}]$ が流れて電流になるのですが、電子が流れないと電荷も流れないので、電流の流れは、電子の流れと言ってよいのです。電子の電荷は 1.602×10^{-19} [C] です。

　電流は一般的に記号 I で表し、単位 [A]（アンペア）を用います。また、電流の定義は、

　　　「単位時間中(1秒間中)に電荷 1[C] が流れることを、1[A] とする」

です。従ってこれを式にすると、

$$\text{電流} I[\mathrm{A}] = \frac{\text{電荷} Q\ [\mathrm{C}]}{\text{時間} t\ [\mathrm{sec}]} \qquad \cdots\cdots (0.6)\text{式}$$

となります。

❷ 電圧

　「電圧」とは、電気の圧力です。電流を流すために必要な圧力です。水道から水を流す時に、蛇口をひねっても水圧が無ければ出てきません。水を電流に、水圧を電圧に置き換えると分かりやすいでしょう。

　また、図0.4のように、水位の高い方から低い方へと水が流れるように、電位(電圧)の高いところから低いところに向かって電流も流れます。さらに、水圧が高いと水が勢いよくたくさん流れますが、電気の世界もこれと同様に、電圧が高いほど、電流はたくさん流れます。

　電圧は、一般的に記号 V または E [2] で表し、単位 [V]（ボルト）を用います。

---

[2] E[V]：電源電圧などは E[V]、ある部分の電圧(端子電圧)は V[V] を用いる場合が多いです。

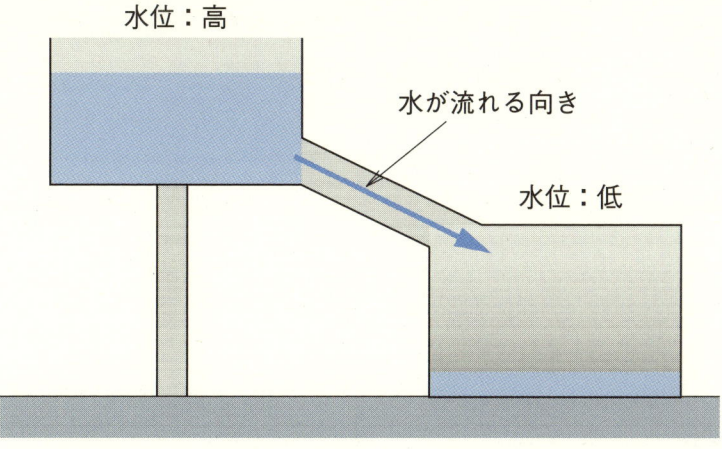

図0.4 水位の高いところから低い方へ水が流れるように、電位差があると電流は電位の高いところから低い方へ流れる

　電圧の大きさを表すには、普通、「基準」となるところからの大きさを言います。基準とは、0[V]と決めた位置を言います。
　例えば、図0.5のように乾電池の電圧が1.5[V]と言われますが、これはマイナス端子(負極)を基準にしての言い方です。ですから、プラス端子(正極)を基準にするとマイナス端子の電圧は−1.5[V]なのです。

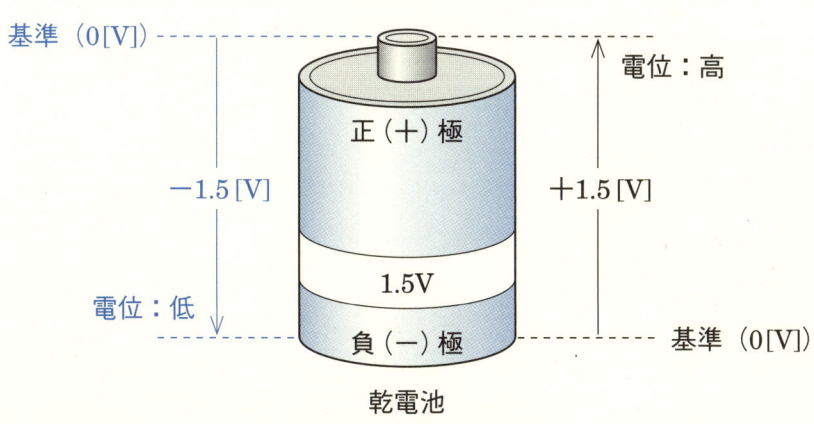

図0.5 電圧値は基準で変わる

0-6 電気の基本計算式

① オームの法則

　なんと言ってもこの公式は絶対に身につけなければならない式です。大げさにいうと、オームの法則が理解できていれば、電気・電子計算のほとんどがその応用になっていると考えていいでしょう。

　オームの法則とは、1800年代初期にドイツの学者オームが発見した法則です。中学校の理科でやっていると思いますが覚えていますか？　この法則は、「ある物質に電源をつけて電流を流したところ、電流は加えた電圧に比例して流れる」というものでした。

●オームの法則

$$I = \frac{1}{R} \times V \; [\text{A}] \quad \cdots\cdots (0.7)式$$

I ： 電流、単位 $[\text{A}]$（アンペア）
V ： 電圧、単位 $[\text{V}]$
$\frac{1}{R}$ ： 比例定数。R は電気抵抗または単に抵抗と呼びます。単位 $[\Omega]$（オーム）

　電流と電圧は比例しているのですから、電圧 V が大きくなると電流 I も大きくなっていくことを意味しています。しかし、単に大きくなるのではなく、比例定数 $\frac{1}{R}$ のもとに大きくなっていきます。従って R の値が大きくなると、電流 I は小さく（流れにくく）なり、逆に R が小さくなると電流 I は大きく（流れやすく）なります。この R のことを「電気抵抗」または単に「抵抗」といいます。電流の流れを妨げて、「抵抗」しているものなのです。抵抗の単位は $[\Omega]$（オーム）で表します。

例　題

図0.6の電気回路において、抵抗$R=100[\Omega]$、電源電圧$E=5[V]$（電源の端子電圧$V=5[V]$）のとき、回路に流れる電流$I[A]$を求めましょう。

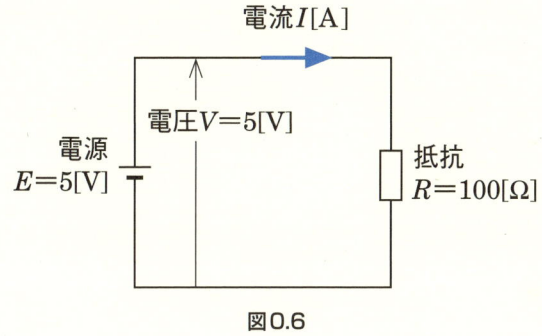

図0.6

解　答

オームの法則(0.7)式に$R=100$、$V=5$を代入して電流Iを求めると、

$$I = \frac{1}{R} \times V = \frac{1}{100} \times 5$$
$$= 0.05[A] \cdots \begin{bmatrix} 小数点の位置を右へ3回ずらすと、\\ 50\times 10^{-3}なので接頭語 m (ミリ)が\\ 使える \end{bmatrix}$$
$$= 50[mA]$$

となります。

② 抵抗の合成

　ある回路の一部に、抵抗が図0.7の(a)と(c)のように接続されてます。(a)のような抵抗のつなぎ方を「直列接続」、また(c)のような抵抗の接続方法を「並列接続」と言います。

　これらのように抵抗が2つ以上接続されている場合、回路中の電流などを計

算して求めるときは、複数の抵抗を(b)や(d)のように1つの抵抗として取り扱った方が計算しやすくなります。これを「合成抵抗」と呼びます。

また、直列接続と並列接続とでは、合成抵抗の求め方が異なりますので注意が必要です。

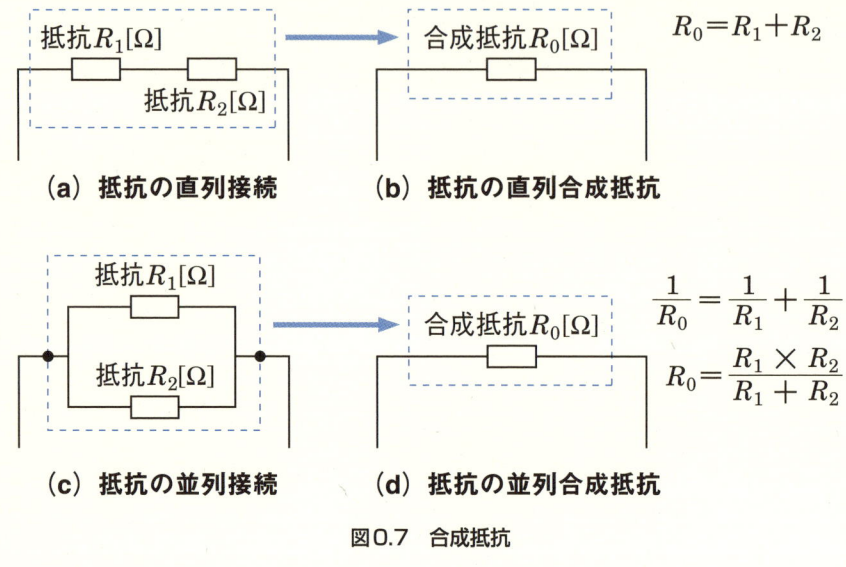

図0.7 合成抵抗

●直列接続の場合：単に各抵抗の和（足し算の答え）です。

$$合成抵抗 R_0 = R_1 + R_2 \,[\Omega] \qquad \cdots\cdots(0.8)式$$

抵抗が3つ以上の場合も、抵抗の分だけ足せばよいことになります。

●並列接続の場合：合成抵抗 R_0 の逆数（$\frac{1}{R_0}$）は各抵抗の逆数の和です。

$$\frac{1}{R_0} = \frac{1}{R_1} + \frac{1}{R_2} \qquad \cdots\cdots(0.9)式$$

(0.9)式を「$R_0=$」の形に変形して、求めやすくしてみましょう。練習のために細かく計算してみます。まず右辺を通分します。

$$\frac{1}{R_1} = \frac{R_2}{R_1 R_2}　、　\frac{1}{R_2} = \frac{R_1}{R_1 R_2}　ですから、$$

$$\frac{1}{R_0} = \frac{R_2 + R_1}{R_1 R_2} \quad\quad\quad\quad\quad\quad \cdots\cdots(0.10)式$$

次に、両辺に$R_1 R_2$をかけて、右辺を$R_1 R_2$で約分すると、

$$\frac{R_1 R_2}{R_0} = R_1 + R_2$$

になります。左辺の分数の形を無くすために、両辺にR_0をかけて約分します。

$$R_1 R_2 = R_0 (R_1 + R_2)$$

両辺を$R_1 + R_2$で割ると「$R_0=$」の形になりますね。

$$R_0 = \frac{R_1 R_2}{R_2 + R_1} [\Omega] \quad\quad\quad\quad \cdots\cdots(0.11)式$$

　(0.11)式を見ると、分母が2つの抵抗の和で、分子が2つの抵抗の積(かけ算の答え)ですから、特別に「和分の積」という呼び名が付けられています。この和分の積は「2つの抵抗が並列接続」されている場合のみの式です。従って、3つ以上の抵抗が並列になっている時の合成抵抗R_0は、(0.9)式を見習って「合成抵抗の逆数＝各抵抗の逆数の和」というように求めて下さい。

$$\frac{1}{R_0} = \frac{1}{R_1} + \frac{1}{R_2} + \frac{1}{R_3} \cdots\cdots + \frac{1}{R_n}$$

$$\cdots\cdots 抵抗がn個、並列に接続している場合$$

第 1 章
ダイオード

　ダイオードやトランジスタという言葉は、少なくとも1度くらいはどこかで聞いたことがあると思います。これらは半導体の仲間で、今や、半導体＝トランジスタと思う人がいても不思議ではないところまで言葉が普及しています。
　この章では、半導体の基本的なことからスタートし、ダイオードを使った電子回路のお話をします。

半導体とは

物質に電源を取り付けて電流を流すと、次の3つの状態があります。

① 電流はよく流れる　　　　　　　　……導体
② ①と③の中間的な電流の流れ　　　……半導体
③ 電流はほとんど流れない　　　　　……絶縁体

①の状態を示す物質を導体と言います。例えば、金や銀などがこれに当たります。

③の状態を示す物質を絶縁体と言います。ゴムやガラスなどです。

②のように電流を流しそうで流さない、また流さないようで流す物質を半導体と呼びます。ケイ素(シリコン：Si)やゲルマニウム(Ge)などがこれに当たります。

導体や半導体の境界は、はっきりとした区分けがありません。

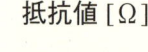

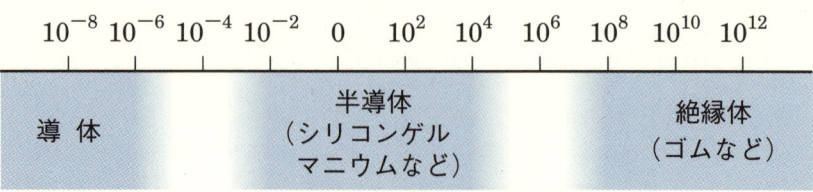

図1.0　半導体と抵抗値

1-2 半導体の構造と電流

半導体がどのようにして作られているか簡単に見ていきましょう。

半導体に限らず、すべての物質は原子からできています。中学校の理科で原子という言葉が出てきました。「スイヘーリーベーボクノフネ……」[3]というように、「水素(H)、ヘリウム(He)、リチウム(Li)……」と覚えた方も多いのではないでしょうか？

半導体として用いられる原子は、一般的にケイ素(シリコン：Si)やゲルマニウム(Ge)です。最近では、Siでできた半導体の方が多いようです。これはGeに比べて、Siが熱に強いからだと言われています。ダイオードやトランジスタを基板に半田付けする際、半田コテの熱で壊れにくいからです。

Siでできた半導体とGeでできた半導体との電気的特性は、基本的に大きな違いはありません。従って、この先の説明はSiで行います。

1													18
₁H 水素	2									13	14	15	16	17	₂He ヘリウム
₃Li リチウム	₄Be ベリリウム									₅B ホウ素	₆C 炭素	₇N 窒素	₈O 酸素	₉F フッ素	₁₀Ne ネオン
₁₁Na ナトリウム	₁₂Mg マグネシウム	3	4	5	6	7	8	9	10	11	12	₁₃Al アルミニウム	₁₄Si ケイ素	₁₅P リン	₁₆S 硫黄	₁₇Cl 塩素	₁₈Ar アルゴン
₁₉K カリウム	₂₀Ca カルシウム	₂₁Sc スカンジウム	₂₂Ti チタン	₂₃V バナジウム	₂₄Cr クロム	₂₅Mn マンガン	₂₆Fe 鉄	₂₇Co コバルト	₂₈Ni ニッケル	₂₉Cu 銅	₃₀Zn 亜鉛	₃₁Ga ガリウム	₃₂Ge ゲルマニウム	₃₃As ヒ素	₃₄Se セレン	₃₅Br 臭素	₃₆Kr クリプトン

図1.1　周期律表

---

(3) [スイヘー]：「すいへーりーべぼくのふね・ななまがるしっぷすくらーくか・かっかはすこっちばくろまん徹子にどうも会えんがげるまんあっせんぶろーかー」のように覚えた人もいます。

半導体の構造と電流　25

図1.2にSiの原子モデルを示します。Siの原子番号は14でした。これは原子核を中心に回る電子の数が14個あることを意味します。

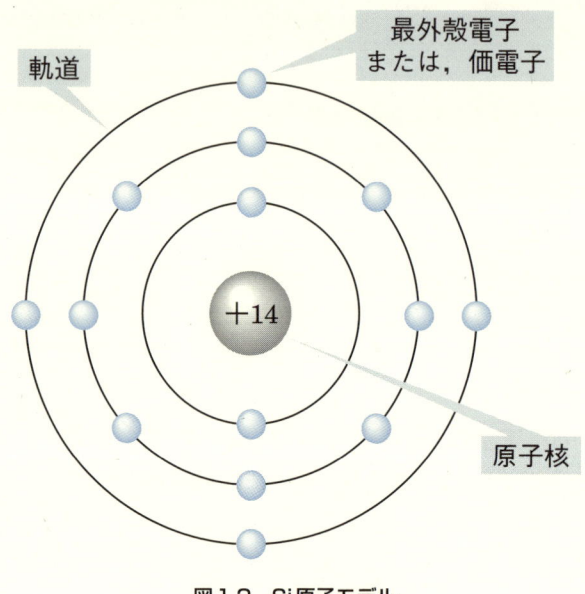

図1.2　Si原子モデル

　実は、原子核内にも陽子と呼ばれるものが、電子と同じ数だけあると考えられています。
　電子や陽子は、ある荷物を持っています。これを電荷と言います。電子は負（マイナス）の電荷を持ち、陽子は正（プラス）の電荷を持っています。
　原子核の周りを高速に回る電子が軌道から外れて飛んでいかないのは、この電荷の極性が大きく関わっているのです。
　電子の負と原子核の正（正である陽子が詰まった原子核はやはり正であると考えます）は、磁石と同じように互いに引きつけ合います。つまり、磁石でいうN極とS極みたいなものです。
　またこの引きつけ合う力は、その距離が近いほど強く、逆に遠いほど弱いのです。Si原子の中で最も原子核と離れているのは、一番外側の軌道を回る電子

です。この電子のことを特に最外殻電子または価電子と言います。

引きつけ合う力は強い

距離が遠いほど引きつけ合う力は弱い

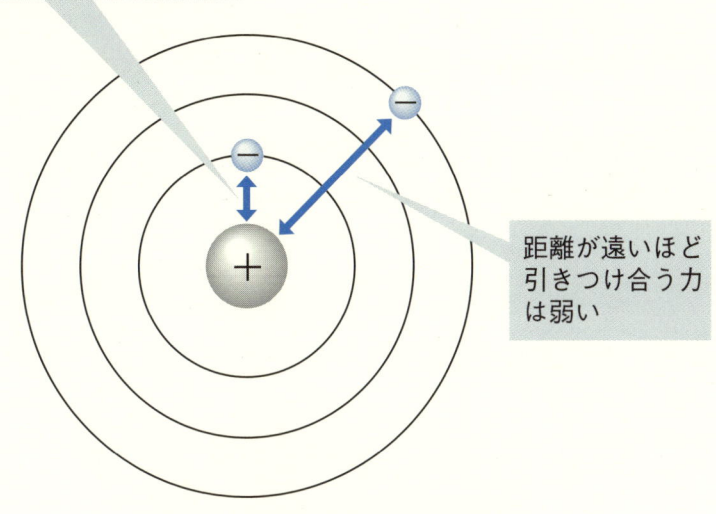

図1.3　原子核と電子の引きつけ合う力

■ 自由電子

　価電子は、原子核と引きつけ合う力が一番弱いために、図1.4のような外力[4]が加わると、軌道から外れてしまうのです。物質中に電流が流れるということは、電子が流れるということでしたから、この外れてしまった価電子が物質中を移動することで電流が流れます。このように軌道から外れた価電子を特に自由電子と言います。

　価電子が抜けたところには、正孔またはホールと呼ばれる正電荷を持った孔（あな）ができたと考えます。これは、もし他の自由電子（負）が飛んできた時に、取り込みやすいように正の電荷を持っていると考えましょう。

　これらのように、半導体を考えるときは、価電子と原子核だけ分かればいいので、図1.5のような簡易原子モデルをこの先使って説明します。

---

(4)［外力］：例えば光エネルギーや熱エネルギー，電界など。

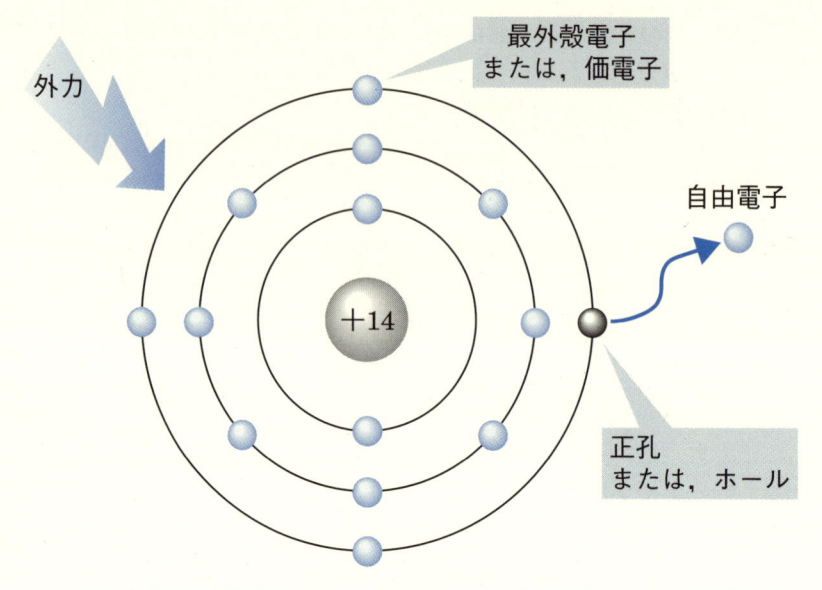

図1.4　自由電子とホール

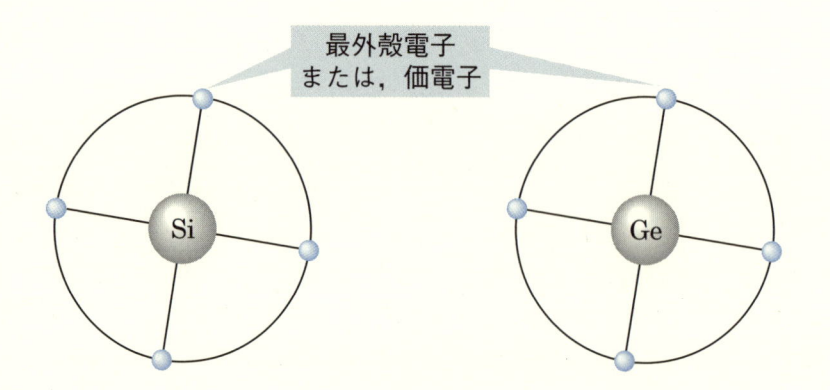

図1.5　簡易原子モデル

28　半導体の構造と電流

1-3 真性半導体・p形半導体・n形半導体

真性半導体

　真性半導体とは、4価原子（価電子が4つの原子）のSi原子だけの結晶でできている半導体のことです。Si原子が99.9999……％のように9が11個並んでいる（これをイレブンナインと言います）ような純度で、ほぼ100％です。その結晶の様子の一部分を図1.6に示します。

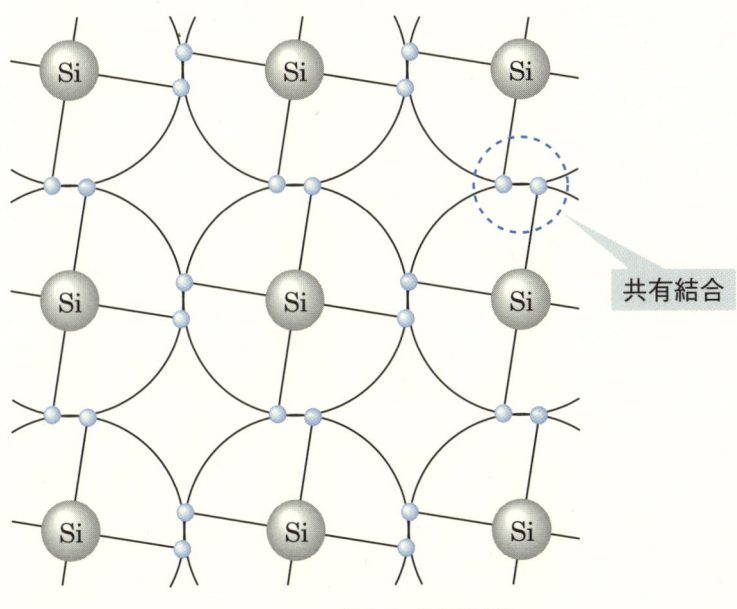

図1.6　真性半導体

　電子が回る軌道は、回ることのできる電子の数が各軌道によって決まっています。Si原子の一番外の軌道には、まだ電子の入る余裕があります。従って2

つの原子が隣り合う価電子（最外殻電子）を互いに1つずつ貸し合って、あたかも1つのSi原子の価電子（最外殻電子）が、8個あるかのように結びつきます。このような結びつきを共有結合と言います。共有結合は非常に強力な結びつきです。まるで、お互いの手を握り合っているかのようです。

　真性半導体に電流を流すためには、この強力な共有結合を離すような強い外力を加えないといけません。図1.7のように強い外力を加えて発生した自由電子は、近くの価電子をどかして自分が入り込みます。飛ばされた価電子は自由電子になって、また近くの価電子を飛ばして自分が入り込みます。この繰り返しで、微少な電流が流れます。

　強力な外力で自由電子を作りましたが、元々電子と原子核のバランスが良い真性半導体は、わずかな電流しか流れません。そのため、半導体製品としてはあまり使い物になりません。

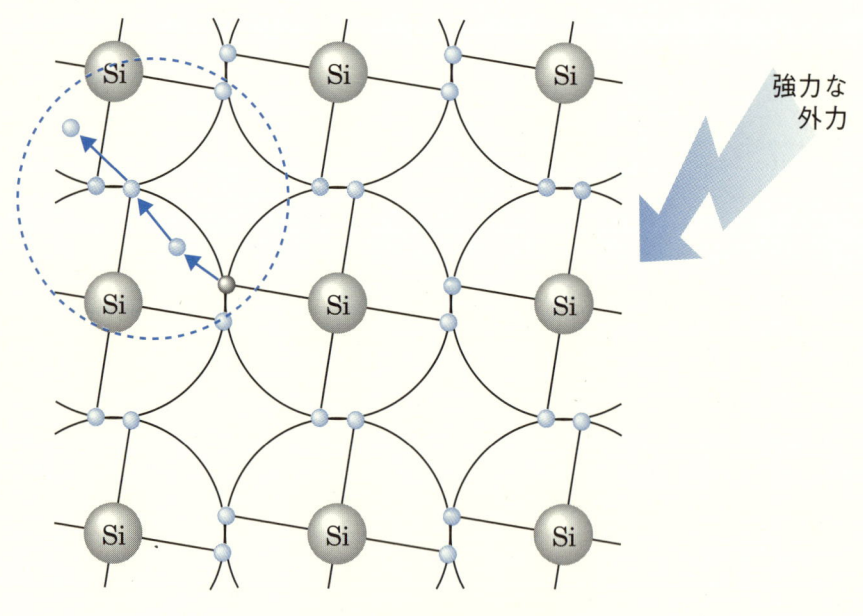

図1.7　真性半導体中の電流

p形半導体

　p形半導体は、真性半導体中にごく微量な不純物を混ぜて作ります。例えば、その数はシリコンSi原子14万個に対して、1つの不純物というような割合です。不純物とは、4価原子以外の原子を言います。図1.8は不純物として3価原子のインジウム（In）を入れた図です。

　3価原子であるInを入れたために、共有結合ができない部分があります。この部分には、最初から「ホール」があると考えます。

　この半導体に電流を流すために、外力を加えます。すると価電子（最外殻電子）が外れて自由電子となり、「ホール」がこれを取り込みます。取り込まれた価電子のあったところには、ホールができますから、他の価電子が自由電子となって来たのを取り込みます。この繰り返しによって電流が流れるのです。

　このように、p形半導体において電流を流す主役は「ホール」になります。ホールは正電荷を持っていて、正は「陽」を表し、陽は英語でpositiveです。p形半導体の「p」はpositiveの頭文字だったのです。

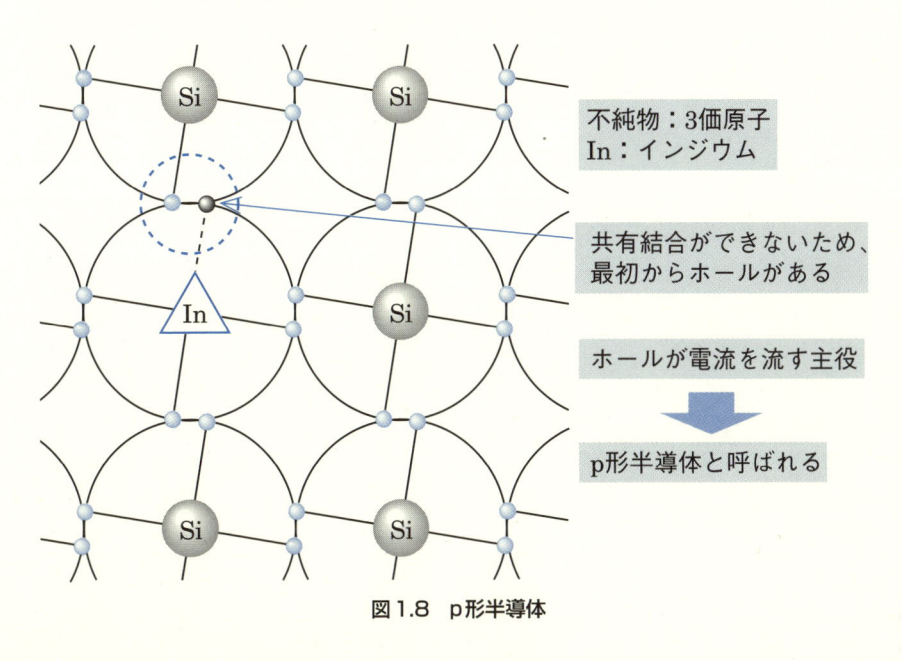

不純物：3価原子
In：インジウム

共有結合ができないため、最初からホールがある

ホールが電流を流す主役
↓
p形半導体と呼ばれる

図1.8　p形半導体

n形半導体

　n形半導体も、真性半導体中にごく微量な不純物を混ぜて作ります。図1.9は不純物として5価原子のヒ素(As)を入れた図です。

　5価原子であるAsを入れたために、共有結合ができない価電子があります。この価電子を特に「過剰電子」と呼びます。過剰電子は共有結合していないために不安定で、ちょっとした外力で自由電子になってしまいます。

　この半導体に電流を流すために外力を加えます。すると過剰電子が外れて自由電子となり、他の価電子をどかして自分が入り込みます。どかされた電子は自由電子となって他の価電子をどかして自分が入り込みます。この繰り返しによって電流が流れるのです。

　このように、n形半導体において電流を流す主役は「過剰電子」です。電子は負電荷を持っていて、負は「陰」を表し、陰は英語でnegativeです。n形半導体の「n」はnegativeの頭文字だったのです。

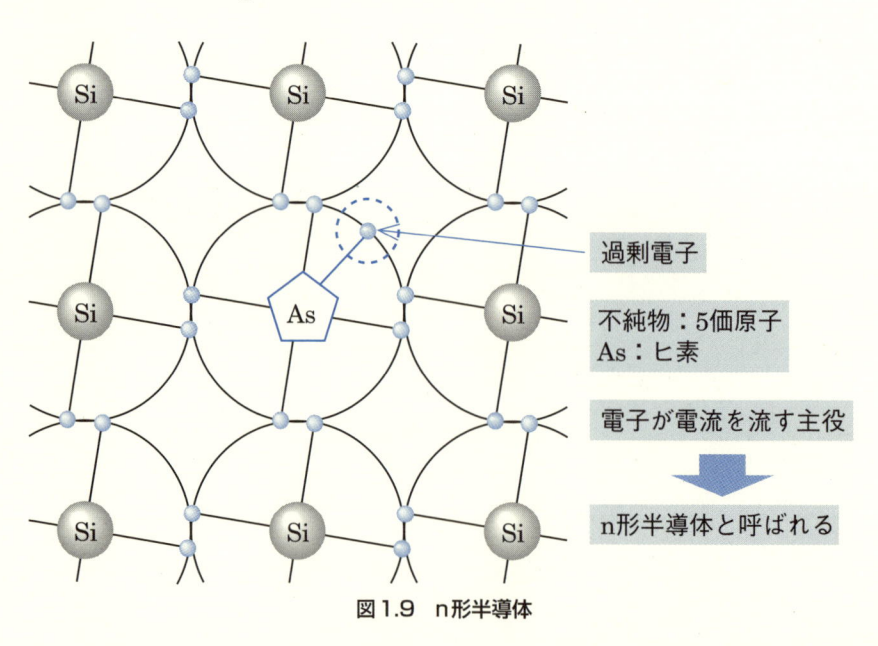

図1.9　n形半導体

アクセプタとドナー

　p形半導体は、3価原子（インジウムやホウ素など）によるホールが最初からあり、このホールは電子が入るのを待っています。言い換えると3価原子が4価になるために1つ電子をもらおうとしています。このように電子をもらって4価になろうとする原子のことをアクセプタ原子と言います。アクセプタとは「もらう」を意味します。

　逆にn形半導体では、5価原子（ヒ素やリンなど）の過剰電子が飛び出して半導体中に電子を与えています。言い換えると5価原子が4価になるために1つ電子を提供していることになります。このように電子を提供して4価になろうとする原子のことをドナー原子と言います。ドナーとは、「提供する」という意味です。

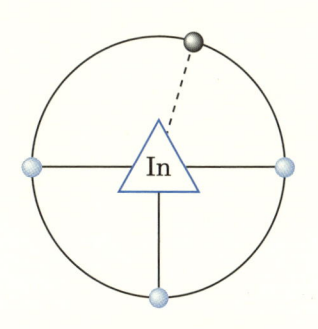

アクセプタ（3価原子）　　　ドナー（5価原子）

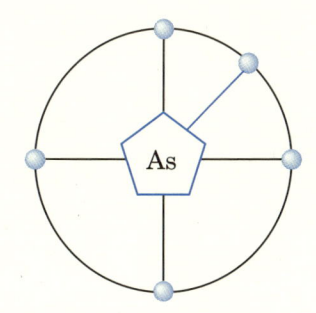

図1.10　4価になろうとするアクセプタとドナー

1-4 キャリア・多数キャリア・少数キャリア

　電流が流れるのは、電子が流れる(厳密には電子の持つ電荷が流れる)からでした。ちょっとここで頭を柔軟にして、この先の文章を読んでください。

　価電子(最外殻電子)が自由電子になって軌道から外れたとき、そこにはホールができました。そのホールには他から飛んできた自由電子が入り込みます。ということは、他の場所にホールができていることになりますね。図1.11を見てください。電子という粒子が右に流れると同時に、ホールも左に流れているようにも見えますね。

　従って、ホールを電子とは逆に流れる粒子と考えます。なんだかだまされている気分でしょうが、この先ホールも流れる粒子として取り扱います。

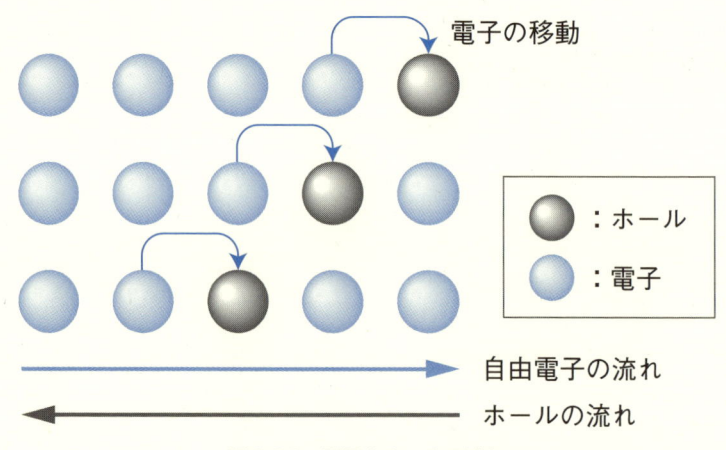

電子の移動

●：ホール
○：電子

→ 自由電子の流れ
← ホールの流れ

図1.11　電子とホールの流れ

キャリア

　半導体中に電流を流す『素(もと)』は、自由電子が流れることと、ホールが流れることの2つでした。このように電流を流す担い手(にないて)をキャリアと呼びます。担い手とは簡単にいうと、「運びやさん」のことです。英語で運ぶことをキャリーと発音しましたね。

　半導体中のキャリアは「自由電子」と「ホール」ですから、これら2つをまとめてキャリアと呼ぶのです。

多数キャリアと少数キャリア

　p形半導体で電流を流す主役は「ホール」でした。従って、p形半導体中に多く存在するキャリアは、ホールと言えます。このように半導体中に多く存在するキャリアを多数キャリアと言います。

　またp形半導体中にごくわずかですが、キャリアとして自由電子も存在します。このように半導体中のわずかなキャリアを少数キャリアと言います。

　p形半導体、n形半導体の多数キャリアと少数キャリアは、次のように表せます。

	多数キャリア	少数キャリア
p形半導体	ホール	自由電子
n形半導体	自由電子	ホール

多数キャリアと少数キャリア

1-5 pn接合ダイオードの構成と内部動作

基本構造

　p形半導体とn形半導体を、図1.12のように構成します。p形半導体とn形半導体の接合している部分を、「接合面」または「境界面」と呼びます。この2つのp形半導体とn形半導体は、単に接着剤などでくっつけている構造をしているわけではありません。この構造全体は、4価原子であるSi（シリコン）が結晶状態にあります。

　右側には、n形半導体の多数キャリアである「自由電子」が多く存在し、左側にはp形半導体の多数キャリアである「ホール」が多く存在します。

　このような構造をしているものを「pn接合ダイオード」または単に「ダイオード」と言います。

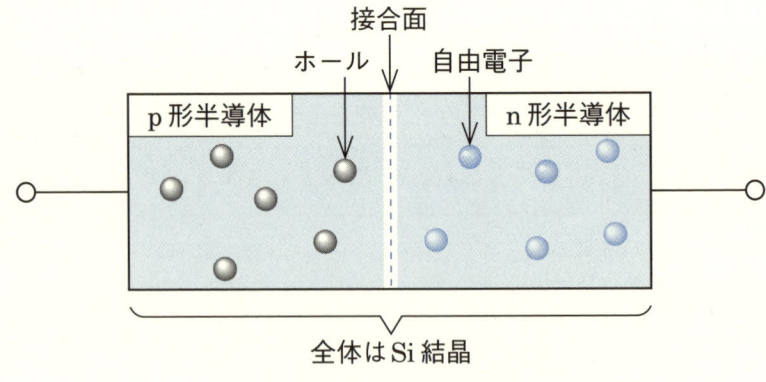

図1.12　pn接合ダイオードのモデル

拡散と空乏層

　p形半導体とn形半導体が接合した直後は、「拡散」と呼ばれる現象が起こります。拡散とは、簡単にいうと濃度差が均一になる現象です。例えば、図1.13のようにコップの中の水に一滴、青インクを垂らします。時間が経つと青インクは、拡散によってコップ内に均一に広がります。

青インクを垂らす　　　　　均一に拡散

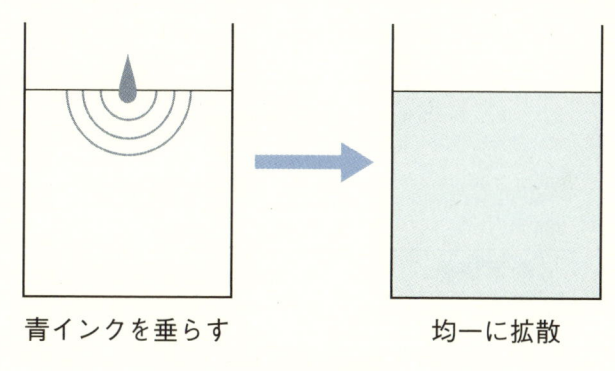

図1.13　拡散

　このようなことが、半導体中でも行われます。図1.14のように、接合面付近のホールと自由電子は、拡散によってお互いに接合面を越えて移動します。

■ 再結合後に空乏層

　接合面を越えたホールと自由電子は再結合します。再結合とは、ホール内に自由電子が入り込み4価になることです。4価になった原子は、すべての価電子(最外殻電子)が共有結合をすることができますから、不安定な価電子やホールが存在しません。従って、再結合をした領域は、キャリアが存在しない領域となるのです。この領域を空乏層と言います。

　再結合によってある程度空乏層ができてくると、それ以上キャリアは移動できなくなります。なぜなら空乏層には再結合の結果キャリアがなくなるので、キャリアの移動もなくなります。ですから、拡散によって、すべてのホールと

自由電子が再結合することはないのです。

　簡単にいうと、空乏層という「壁」ができて、キャリアがこの壁を越えることができなくなったので、それ以上の拡散は起こらなくなったと考えましょう。

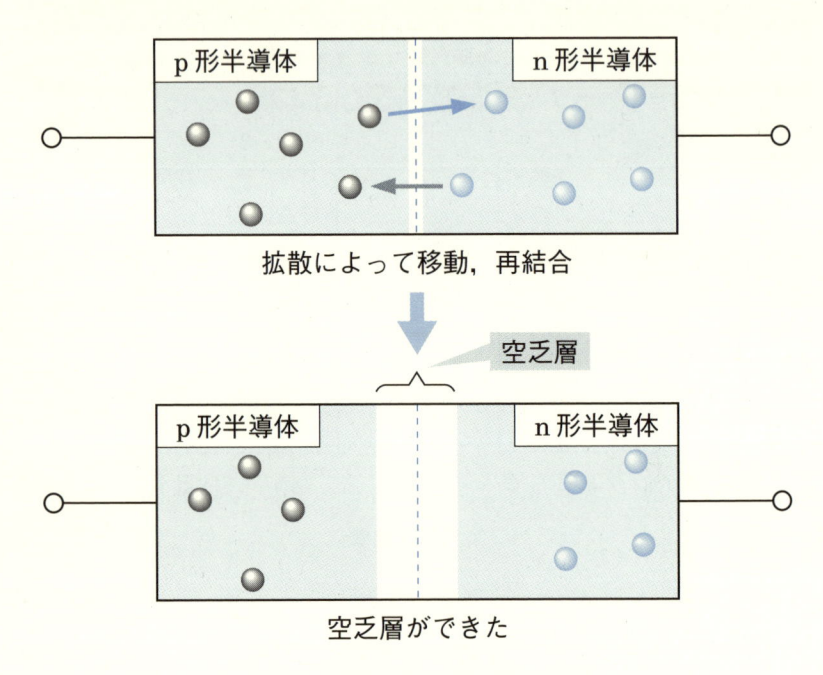

図1.14　拡散によって空乏層ができる

1-6 ダイオードに電源を付けてみよう

順方向電圧、順方向電流

　ダイオードに直流電源をつなげるとどうなるか見てみましょう。図1.15のように、「p形半導体」に電源の「正」を、「n形半導体」に電源の「負」を接続します。
　p形半導体中の「ホール」は、正電荷を持っていました。従って、電源の正とホールの正は互いに反発し、ホールは接合面を越えてn形半導体に入ります。n形半導体に入り込んだホールは、電源の負と引き合いますから加速する方向に移動し、電源を循環します。
　一方、n形半導体中の「自由電子」は、負電荷を持っていました。従って、電源の負と自由電子の負は互いに反発し、自由電子は接合面を越えてp形半導体に入ります。p形半導体に入り込んだ自由電子は、電源の正と引き合いますから加速する方向に移動し、電源を循環します。
　このように、キャリアが移動していますので、電流はよく流れます。

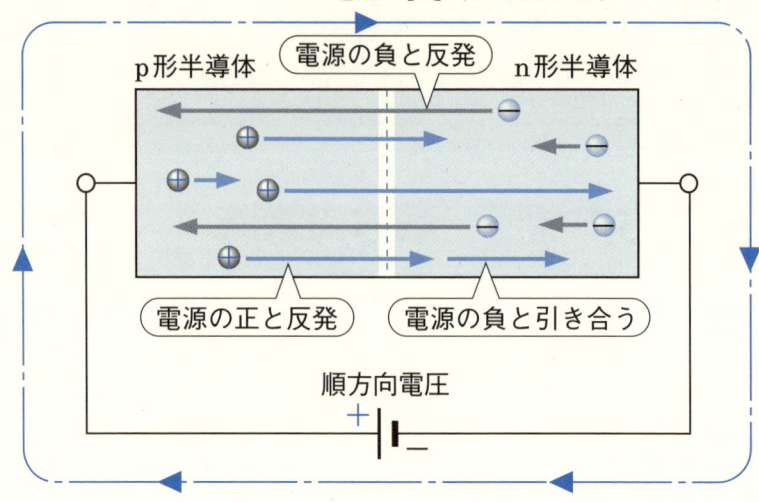

図1.15　順方向電圧

　このように、ダイオードに電流がよく流れる方向に加える電圧を**順方向電圧**と言い、そのとき流れる電流を**順方向電流**と言います[5]。

　順方向電圧は、空乏層を縮める方向の電圧でもあるのです。空乏層をなくして、キャリアの移動がしやすくなるので、電流がよく流れるのです。このことは後で詳しくお話しします。

逆方向電圧、逆方向電流

　今度は、図1.16のように、p形半導体に電源の負、n形半導体に電源の正を接続してみましょう。

　電源の「負」と「ホール」の正は引き合います。一方、電源の「正」と「自由電子」の負も引き合います。従ってキャリアは電源を循環しません。

---

(5)［順方向電流と順方向電圧］：順方向電圧と順方向電流をまとめて「順方向バイアス」とも言います。

このようにキャリアの移動がないので、電流は流れません。しかし、p形半導体とn形半導体中には、少数キャリアが存在しますから、ほんの少し(無視できるような小さい値：数[μA]程度)流れます。

このように、ダイオードに電流が流れない方向に加える電圧を逆方向電圧と言い、そのとき流れる電流を逆方向電流と言います[6]。

また、逆方向電圧は、空乏層を広げる方向の電圧でもあるのです。空乏層が広がるため、キャリアの移動がほとんど無くなるので、電流はほとんど流れません。このことも後で詳しくお話しします。

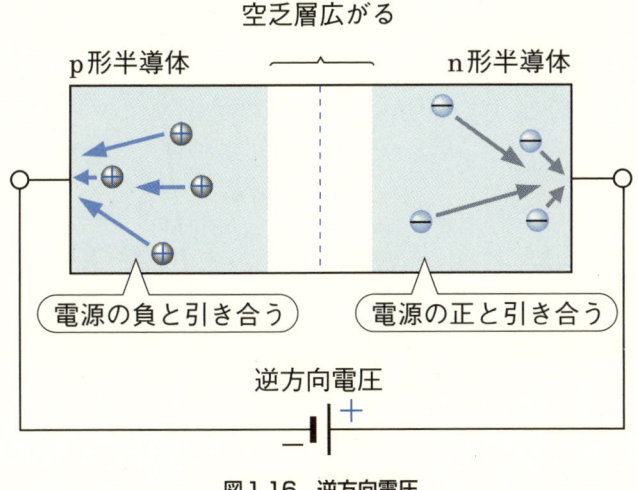

図1.16 逆方向電圧

---

(6) [逆方向電流と逆方向電圧]：逆方向電圧と逆方向電流をまとめて「逆方向バイアス」とも言います。

1-7 ダイオードの基本特性

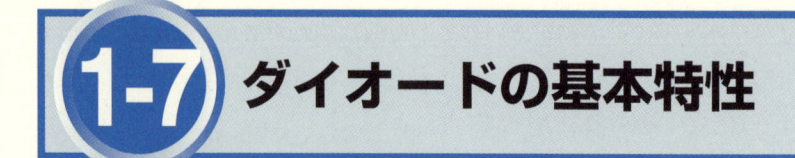

電気的特性

　図1.17は、ダイオードの特性グラフです。このグラフで順方向バイアスの特性（第1象限）を「順方向特性」、逆方向バイアスの特性（第3象限）を「逆方向特性」と呼びます。

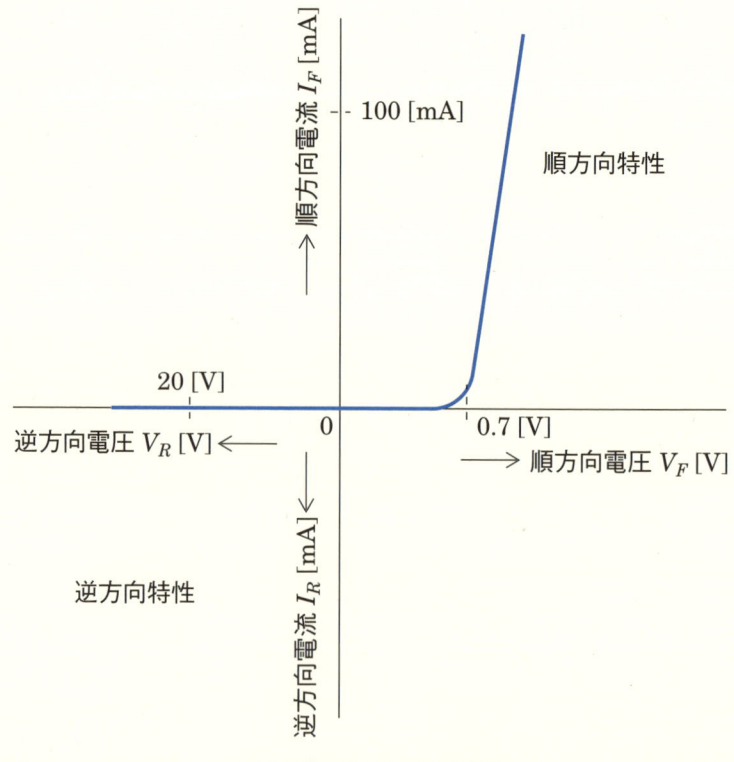

図1.17　ダイオードの特性

前節で述べたように、ダイオードに順方向電圧を加えたときには、電流がよく流れました。しかし、図1.17の順方向特性を見ると、順方向電圧V_Fが約0.6[V]を越えたあたりから電流I_Fは流れはじめ、0.7[V]以上では急激に電流が流れる様子が分かります。

順方向バイアスは、電流がよく流れるという表現をしましたが、実は順方向電圧を0.7[V]以上加えると、電流がよく流れるという表現が正しいのです。

拡散電位と電位障壁

では、どうしてこのように0.7[V]電圧を加えないと電流が流れないのでしょうか？　もう一度ダイオードの内部動作を見ながら説明します。

図1.18を見てください。(a)は、拡散が終わった直後の空乏層の内部結晶状態を拡大して見ています。空乏層の内部はキャリアが存在しないので、Si原子と同じ4価になっています。

しかし、p形半導体中の不純物は3価で安定な原子(例えば、インジウム：In)ですが、自由電子を1つもらって4価になったために、電気的に負(−)に偏った状態になります。

逆にn形半導体中の不純物は5価で安定な原子(例えば、ヒ素：As)ですが、自由電子を1つ放出して4価になったために、電気的に正(＋)に偏った状態になります((c)を参照)。

つまり、電気的に負のInと正のAsができた状態ですから、(b)のように電位差が生じたことになります。この電位差は、キャリアの移動を妨げる壁のように働きます。電位による壁なので電位障壁と言われます。また、この電位差は拡散によってできたので拡散電位と言います。

電位障壁の高さ(拡散電位)が大きいほど、キャリアの移動はしにくくなります。

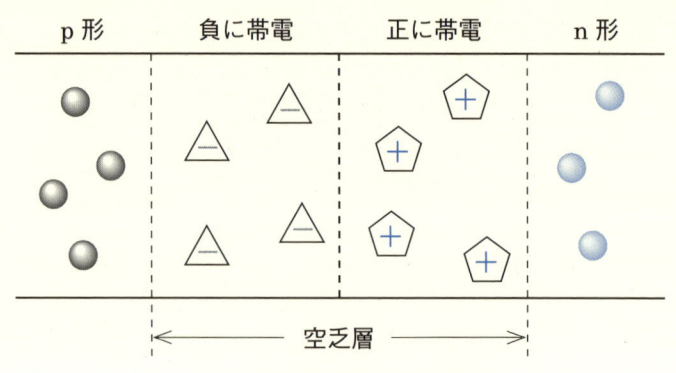

(a) 空乏層内部の結晶状態

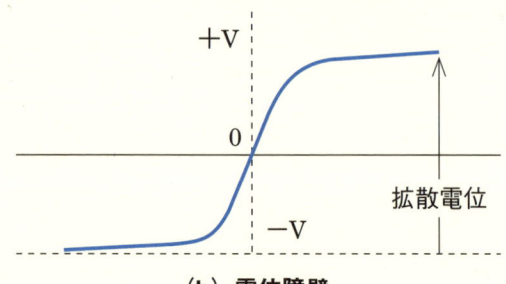

p形 ／ 負に帯電 ／ 正に帯電 ／ n形

←─── 空乏層 ───→

(b) 電位障壁

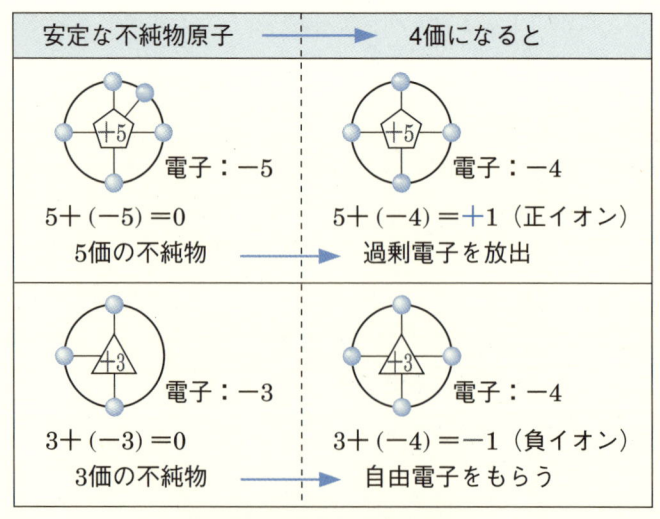

+V ／ 0 ／ −V ／ 拡散電位

(c) 空乏層内部の不純物の様子

安定な不純物原子	4価になると
電子：−5 5＋(−5)＝0 5価の不純物	電子：−4 5＋(−4)＝+1（正イオン） 過剰電子を放出
電子：−3 3＋(−3)＝0 3価の不純物	電子：−4 3＋(−4)＝−1（負イオン） 自由電子をもらう

図1.18 拡散電位と電位障壁

図1.19のように、ダイオードに「順方向電圧」を加えていくとき、電位障壁を低くするのにある程度の順方向電圧が必要です。約0.6[V]になると、少しずつキャリアの移動ができるぐらいに電位障壁が低くなってきます。0.7[V]を越える頃には電位障壁がほとんどなくなり、たくさんキャリアが移動するので、順方向電流I_Fが多く流れるのです。

　簡単にいうと、電位障壁をなくすのに0.7[V]以上の順方向電圧が必要だったのです。

　次に、図1.17の「逆方向特性」を見ましょう。逆方向電流は流れていません。これは図1.20のように、逆方向電圧は、電位障壁を高く（拡散電位を大きく）し、キャリアが移動できないように働いています。従って、電流が流れないのです。

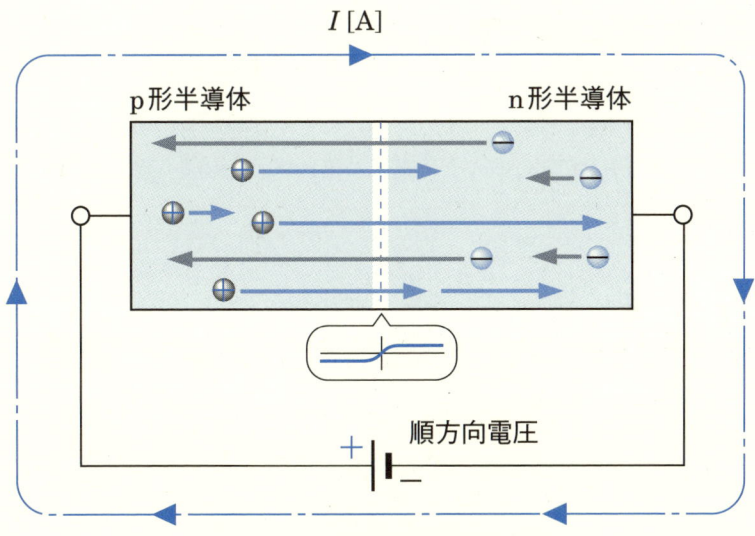

図1.19　順方向電圧（電位障壁：低）

ダイオードの基本特性

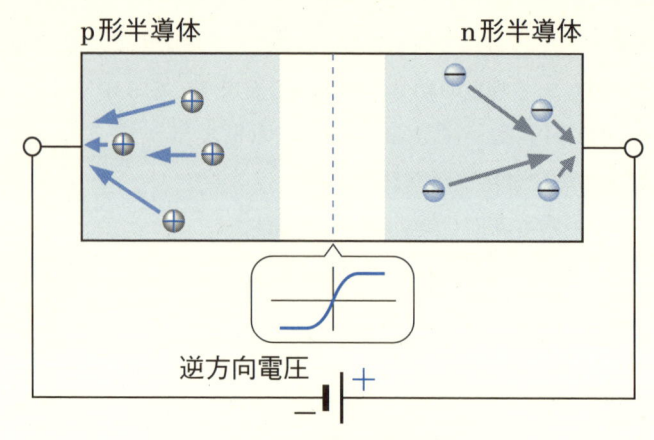

図1.20　逆方向電圧（電位障壁：高）

整流作用

　今まで見てきたように、ダイオードは、ある一方向にしか電流を流さない電子デバイス（素子）です。このように電流の流れを一方向にしか流さないことを「整流作用」と呼びます。

アバランシェ現象とツェナー効果

　ダイオードに逆方向電圧を加えても、一般的には電流は流れません。しかし、逆方向電圧を大きくしていくと図1.21のように、あるところで急激に逆方向電流が流れるのです。しかもその電圧は、ほぼ一定に保っています。このことを「降伏現象」、または「ブレークダウン」と言い、降伏現象を起こす逆方向電圧を「降伏電圧」と言います。
　降伏現象は、次の2つの原因のうち、どちらか1つの原因によって起きるのです。
　1つ目は、「アバランシェ現象」と呼ばれる現象です。これは、p・n形半導

体の接合部に大きな逆方向電圧がかかり、大きな逆方向電流によってキャリアが加速されます。そのためキャリアが接合部の結晶原子に次々にぶつかり、電子とホールのペアを作るようにして、「なだれ」が起きるのです。従って、この現象を別名「なだれ現象」とも呼びます。

2つ目は「ツェナー効果」または、「トンネル効果」と呼ばれるものです。不純物の濃度が濃いダイオードや、なだれ現象を起こしたときの逆方向電圧より、さらに高い電圧を加えた場合に起こります。大きな逆方向電圧で発生する電界によって、n形半導体中のSi(シリコン)の価電子が、空乏層を直接飛び越え、p形半導体に入り込むことで起きます。

このツェナー効果を利用したダイオードを「ツェナーダイオード」あるいは、「定電圧ダイオード」と言います。なぜ定電圧ダイオードと呼ばれるかは、この先に出てきます。

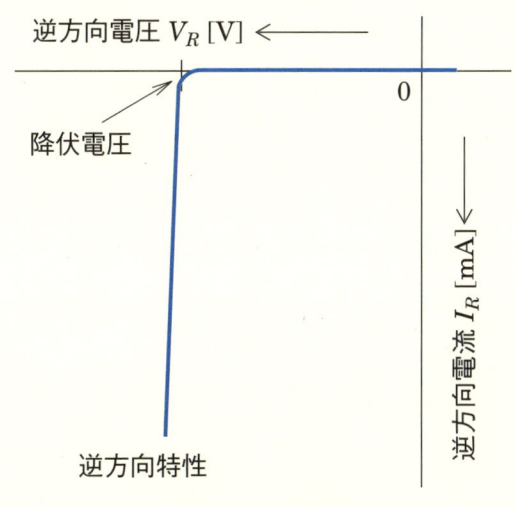

図1.21 降伏現象

1-8 ダイオードの図記号と実際の外形

アノードとカソード

　ダイオードの図記号は、図1.22のようになります。混乱のない時は○を省略してもかまいません。矢印の向きにしか電流を流しません。

　矢印の手前の端子を「アノード」と言い、記号A、矢印の先の端子を「カソード」と呼び、記号Kで表します。つまり、電流はアノードから、カソードにしか流れ込まないのです。

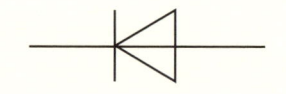

カソードマーク，カソードライン

K　　　A

混乱のない時，○は省略可

図1.22　ダイオードの図記号

COLUMN　どっちがアノード・カソード？

図1.23を見てください。Aの文字が横向きに書いてあります。そうです！カソードラインを境にAのある方がアノードなのです。従って、逆側がカソードですね。（実は、Kも図記号中に書けます。しかも、Aと違って正しい向きに！しかし、図記号中にKを書いても、どちらがアノードかカソードの区別にはなりにくいので、横向きでもAの方が覚えやすいですね）

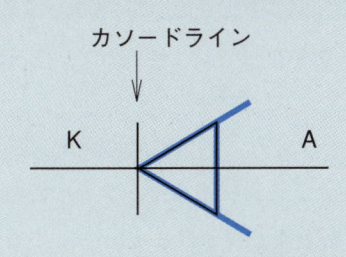

◁がカソードラインの手前にあるのでアノードです

図1.23　アノード・カソードの覚え方

また、一般的な整流用ダイオードの外形を図1.24に示します。カソードラインがダイオードの中心よりどちらかに寄っています。図では左側ですね。従って、左側の端子がカソード、右側がアノードというわけです。

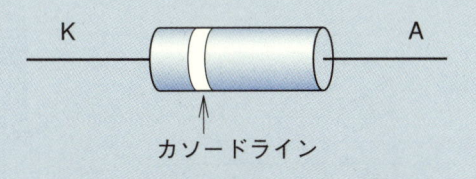

カソードライン
（カソードラインが寄っている側がK）

図1.24　ダイオードの外形

1-9 その他いろいろなダイオードの紹介

発光ダイオード（LED）

　たぶん皆さんは、毎日何らかの電気製品に使われている発光ダイオードを目にしているはずです。

　発光ダイオードはLEDとも呼ばれ、電気製品の通電確認用に光っているランプとして広く使われています。また、電車やバスの中の電光掲示板などを構成する1つのランプとしても最近よく見かけます。

　発光ダイオードとはその名の通り、電流を流すと光るダイオードです。電流を多く流せばその分明るく光りますが、許容電流を越えて電流を流すと壊れます。ダイオードの特徴である整流作用も持っています。図記号や一般的な外形は図1.25のようになっています。

　発光ダイオードは、一般整流ダイオードよりも不純物の量が多くなっていて、半導体中で再結合する際の結合エネルギーが光となって発光します。

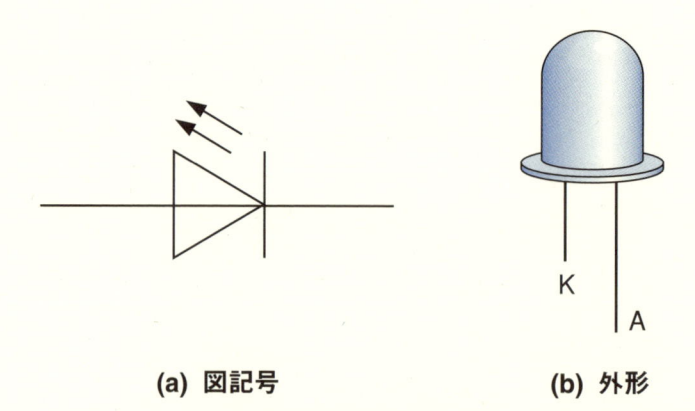

(a) 図記号　　　**(b) 外形**

図1.25　発光ダイオード

ツェナーダイオード(定電圧ダイオード)

　ツェナーダイオードとは、逆方向電圧を増加させながら加えると、ある逆方向電圧(降伏電圧)で急激に逆方向電流が流れること(ツェナー効果)を積極的に利用したダイオードです。

　図1.26をよく見てください。点線以下の電流は、ほぼ直線的に増加しています。つまり、もし回路内の負荷電流が増加しても、電圧は降伏電圧でほぼ一定に保たれます。従って定電圧ダイオードと呼ばれるのです。

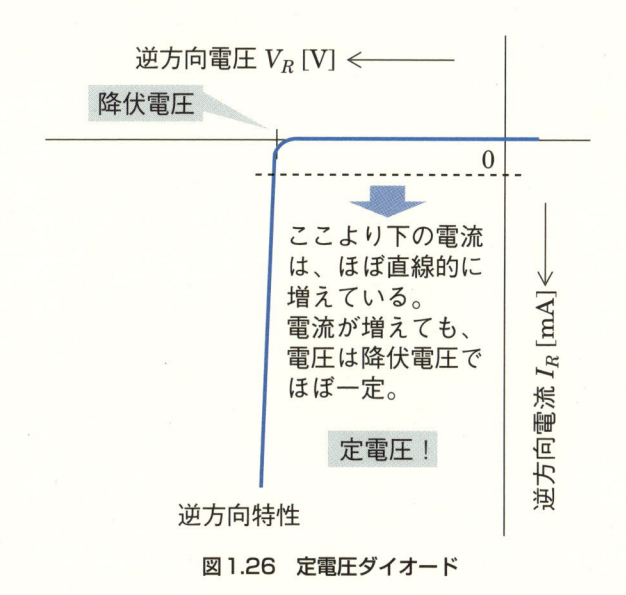

逆方向電圧 V_R [V]

降伏電圧

ここより下の電流は、ほぼ直線的に増えている。
電流が増えても、電圧は降伏電圧でほぼ一定。

定電圧！

逆方向特性

逆方向電流 I_R [mA]

図1.26　定電圧ダイオード

　ツェナーダイオードの図記号を図1.27に示します。単なるダイオードとそっくりな図記号ですが、カソードラインが少し違います。間違えないように覚えてください。

A　　　　K

図1.27　定電圧ダイオードの図記号

では、このようなツェナーダイオードが、どうして必要かを簡単に考えます。図1.28は、電池に豆電球を負荷として接続した回路図です。電池には、小さな内部抵抗$r[\Omega]$が存在していて、この内部抵抗rによる電圧降下を差し引いた分が電池の端子電圧$V[V]$なのです。

電池の端子電圧 $V = E - I \times r$ [V] ……(1.1)式

内部抵抗rによる電圧降下

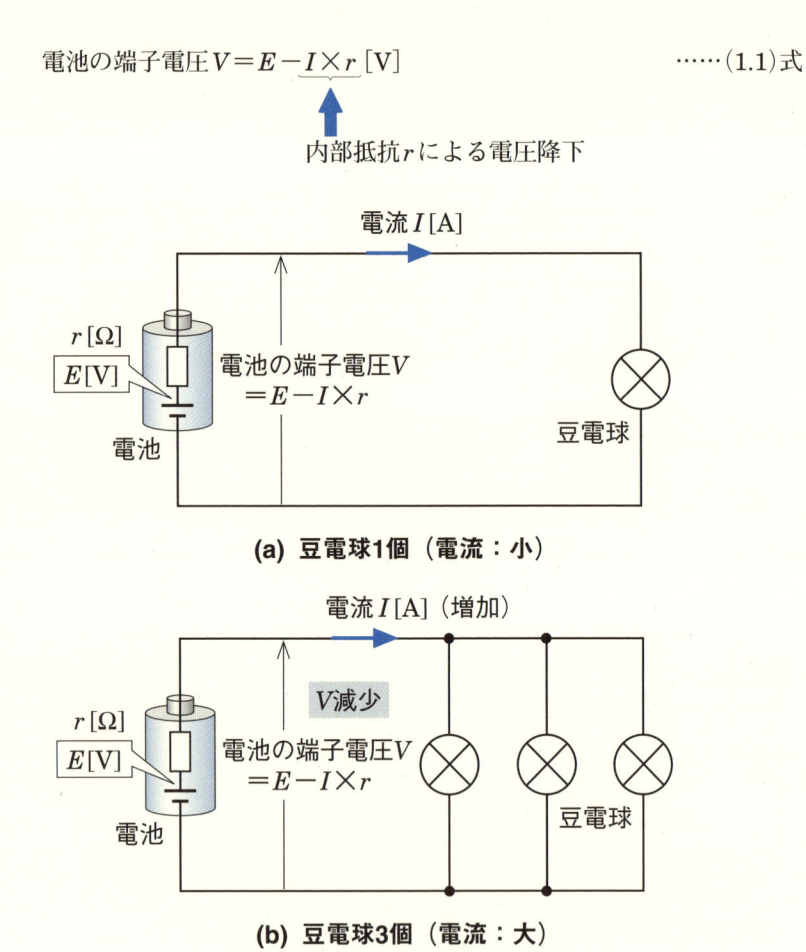

(a) 豆電球1個（電流：小）

(b) 豆電球3個（電流：大）

図1.28　負荷電流の変化で電圧が下がる

しかし、(b)のように豆電球が増えると、回路に流れる電流$I[A]$も増え、内部抵抗rによる電圧降下が大きくなります。このことは、(1.1)式からも分か

その他いろいろなダイオードの紹介

るように、電池の端子電圧Vが減少し、豆電球に供給できる電圧が下がることを意味します。

このように負荷電流が増えて電圧が減少すると、精密な電気製品などは誤動作を起こしたり、動作しなかったりと大変不便です。

そこでツェナーダイオード（定電圧ダイオード）を使って、負荷電流の変化に対して、電圧の変化を最小限に抑えることができるのです。

■ 簡単な定電圧回路

図1.29は、豆電球である負荷に一定な電圧を供給する定電圧回路です。ツェナーダイオードD_Zは、逆方向電圧を加えて使うので、図のように接続します。このとき、豆電球（負荷）に流れ込む電流を$I_L[\mathrm{A}]$、ツェナーダイオードD_Zに流れ込む電流を$I_Z[\mathrm{A}]$とすると、全電流$I[\mathrm{A}]$は、

$$I = I_Z + I_L \,[\mathrm{A}] \qquad \cdots\cdots(1.2)式$$

となります。ツェナーダイオードの特性のところでもお話ししましたが、定電圧の特性を得るためにはツェナーダイオードに、ある程度の電流を流しておくことが必要でした。よって、図1.29では、抵抗$R[\Omega]$で電流$I[\mathrm{A}]$を流し、その分流としてツェナーダイオードに$I_Z[\mathrm{A}]$を流しています。

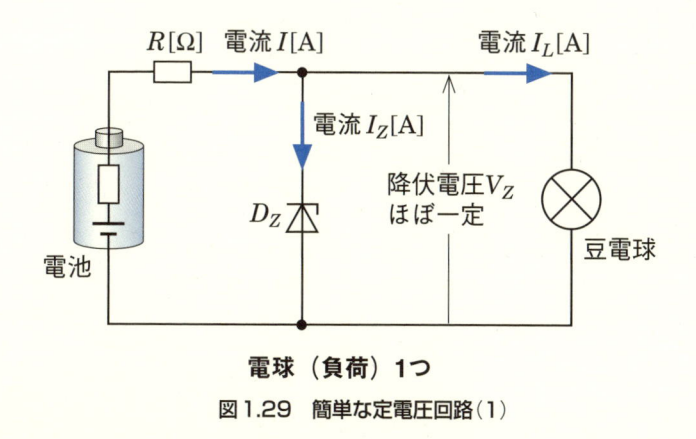

図1.29　簡単な定電圧回路(1)

図1.30の回路のように豆電球を増やすと、負荷電流$I_L[\mathrm{A}]$が増えます。図1.30を理解しやすいように、図1.31に描き直しましたのでそちらを見てください。

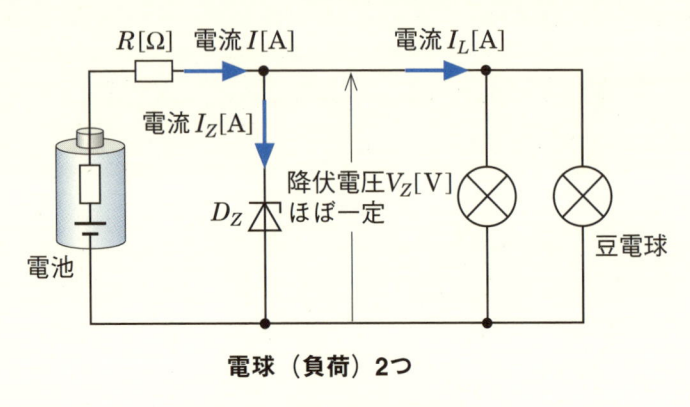

電球（負荷）2つ

図1.30　簡単な定電圧回路(2)

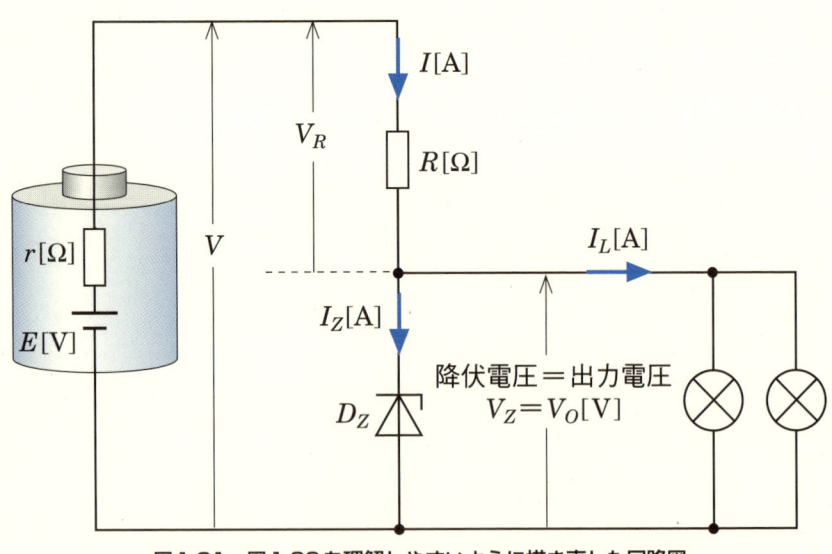

図1.31　図1.30を理解しやすいように描き直した回路図

電池の端子電圧$V[\mathrm{V}]$は、抵抗$R[\Omega]$の端子電圧$V_R[\mathrm{V}]$と降伏電圧$V_Z[\mathrm{V}]$の和ですから、

$$V = V_R + V_Z \qquad \cdots\cdots(1.3)式$$

です。また、ツェナーダイオードD_Zは、豆電球(負荷)と並列接続ですから、降伏電圧$V_Z[\mathrm{V}]$は、負荷に加わる電圧つまり、出力電圧$V_O[\mathrm{V}]$と等しくなります。従って(1.3)式は、次のようにも表せます。

$$V = V_R + V_O \qquad \cdots\cdots(1.4)式$$

また、抵抗Rが一定値、V_Zが一定なことから(降伏電圧で一定)、当然抵抗Rの端子電圧V_Rも一定であると言えます。さらに抵抗Rの端子電圧V_Rも一定であることから、電流$I[\mathrm{A}]$も一定であることが分かります。

次に、豆電球(負荷)が増えたことにより、負荷電流$I_L[\mathrm{A}]$も増えますが、(1.2)式を「$I_Z=$」に変形すると、

$$I_Z = I - I_L \qquad \cdots\cdots(1.5)式$$

になります。この式はIが一定なので、I_Lが増せばI_Zが減少することを意味します。このことをもう少し詳しく図1.32で説明しましょう。

ある程度流れていたI_Z(中心)が、負荷電流$I_L[\mathrm{A}]$が増えたことにより、減少します(I_Z減少)。しかし、定電圧特性範囲内のI_Lの変化ですから、出力電圧(負荷に加わる電圧)$V_O(=V_Z)[\mathrm{V}]$は変化しません。

逆に、負荷電流I_Lが減少すると、(1.5)式より、$I_Z[\mathrm{A}]$は増加します。この変化もツェナーダイオードの定電圧の範囲内なので、当然出力電圧$V_O[\mathrm{V}]$も一定に保たれるわけです。

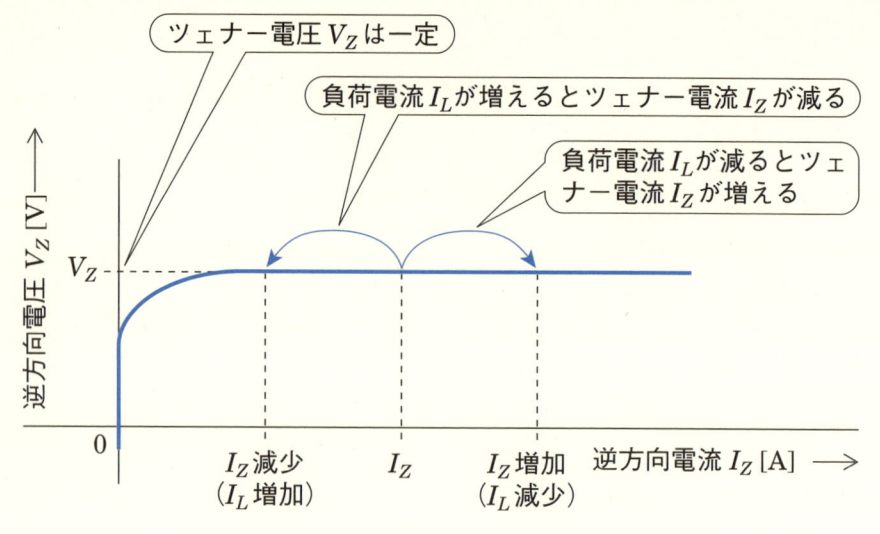

図1.32 電流I_Z、I_Lが変化しても電圧V_zは一定

ただし、この回路を実際に使う場合は、次のようなことに注意してください。

・ツェナーダイオードに流せる最大電流を越えないようにする。
・多少の負荷電流の変化でも常に定電圧の範囲であるように電流I_z[A]をある程度多めに流しておくこと。
・以上のような理由により、あまり大きな負荷電流の変化には対応できないこと。

本格的な定電圧回路を作るには、後に説明するトランジスタやオペアンプと呼ばれる半導体とツェナーダイオードを組み合わせて作ります。

1-10 整流回路

ダイオードは、アノードからカソードにしか電流を流さない電子素子でした。このことをダイオードの「整流作用」と言いました。

このダイオードの整流作用を利用して、交流を直流に変換しましょう。

交流

まず、交流と直流の簡単な定義から説明します。第0章にも書いてありますから、そちらと併せてお読みいただくとよいと思います。

交流とは、「あるときは正、またあるときは負のような流れ方」をする電圧・電流です。

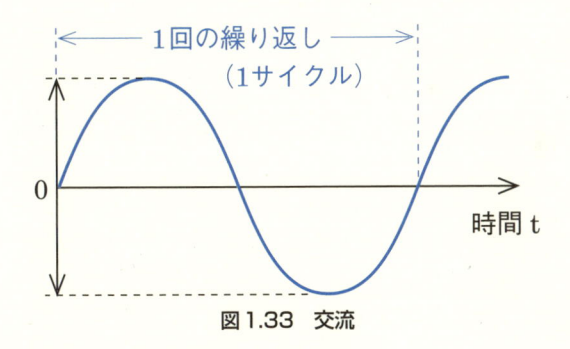

図1.33 交流

図1.34のように、抵抗$R[\Omega]$に流れる電流は、正・負交互に流れます。また大きさも絶えず変化をしています。別の言い方をすると、「ゼロクロス」していることが分かります。ゼロクロスとは、正から負へ大きさを変える際に必ず0を横切ることからこのように言われます。

図1.34　正弦波交流

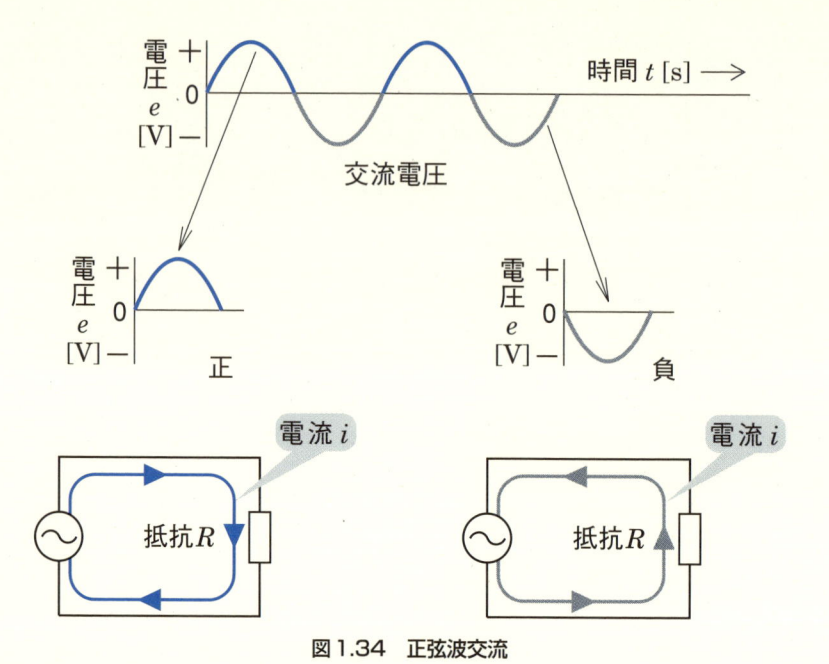

　図1.34の交流は、規則正しく正負交互に変化しています。これはちょうど正弦定理に基づいた変化をしています。従って「正弦波交流」と呼ばれるのです。
　正弦定理とは、三角関数の一種で、sin（サイン）関数と呼ばれるものです。関数とは、「何か数値を代入すると、ある規則に従った答えを出すもの」と考えましょう。
　sin関数に、角度を代入してあげると、＋1～－1の答えを返します。例えば、

$$y = \sin X°　　　　……(1.6)式$$

の$X°$に90°を代入すると、(1.6)式は次のように書き直されて、答え「$y=1$」が返ってきます。

$$y = \sin 90°$$
$$= 1$$

角度X°	y=sinX°	y
0	y=sin0°	0.000
45	y=sin45°	＋0.707
90	y=sin90°	＋1.000
135	y=sin135°	＋0.707
180	y=sin180°	0.000
225	y=sin225°	－0.707
270	y=sin270°	－1.000
315	y=sin315°	－0.707
360	y=sin360°	0.000

sin関数表

　上の表のように、yは0から増えていき、波形の頂点1になった後、減っていきます。0を通り越して減っていき頂点の－1になった後、増えていきまた0になっています。このsin関数の動きが正弦波交流のもとになっています。

　図1.35のように、正弦波交流以外の交流は、「非正弦波交流」と言います。非正弦波交流の中には、不規則な変化をするものや、鋸の歯に似た「のこぎり波」、三角形をした「三角波」、四角のような「方形波」等があります。

非正弦波　　　　　　　　のこぎり波

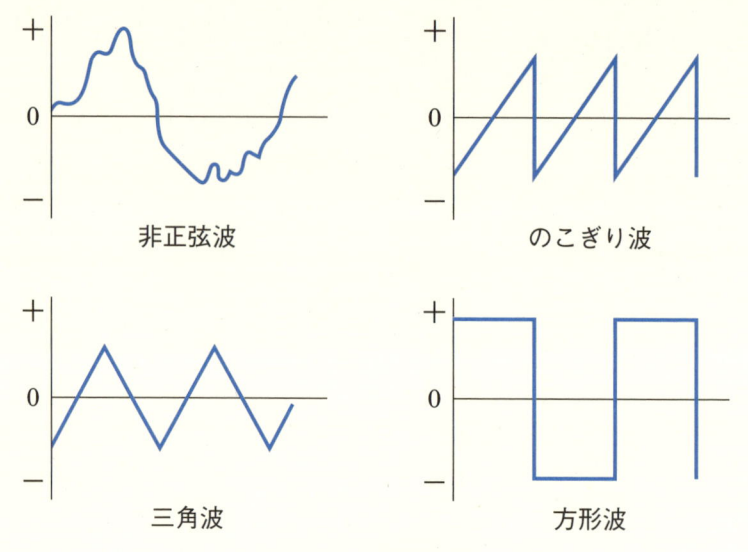

三角波　　　　　　　　　方形波

図1.35　非正弦波交流

直流

　直流は、交流のように複雑ではありません。一般的には、大きさが一定で、正負の変化はありません。電池が示す電圧などが代表的です。

半波整流回路

　図1.36は、ダイオードを1つだけ使った整流回路です。ダイオードの整流作用によって、この場合は正の電圧のみによって電流が流れます。
　負の電圧では、電圧の向きが、ダイオードの逆方向になりますから電流は流れません。従って、断線しているようになっています。
　この場合、交流の全部（正と負）の波のうち、実際に抵抗に流れる電流は、全体の半分に当たる正の電圧が加わった場合のみ流れるので、「半波整流回路」と言われます。

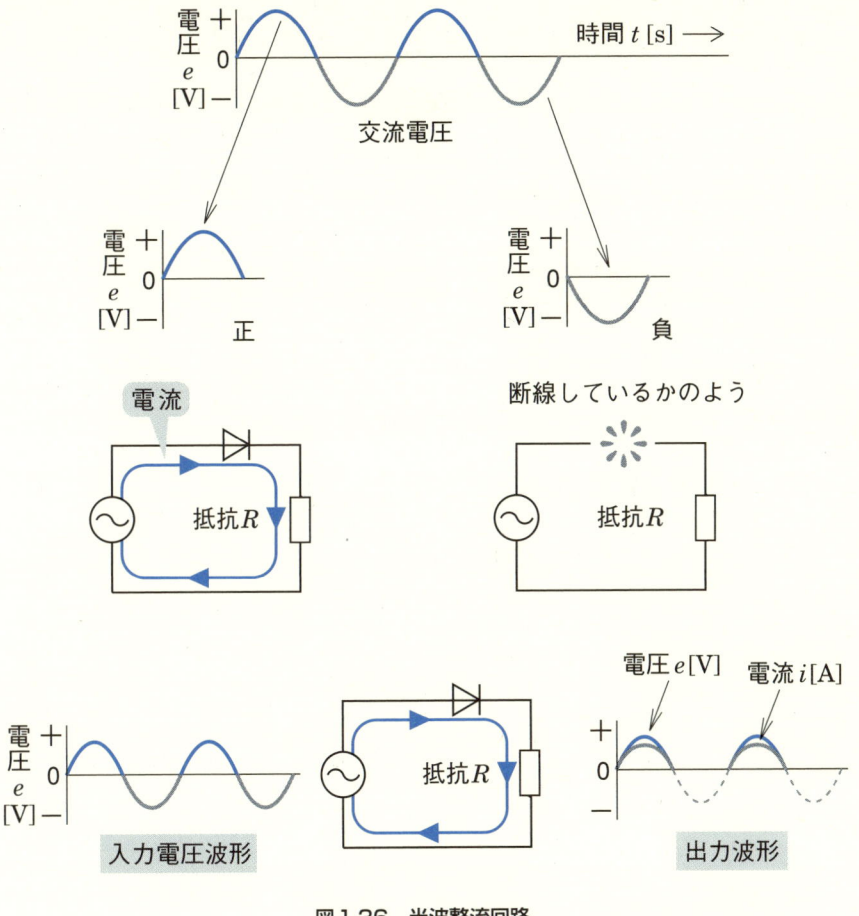

図1.36　半波整流回路

　図の半波整流回路の出力波形を見ると、大きさは変化をしていますが、電圧は常に0[V]以上ありますから、「直流」の一種だと言えそうです。しかし、電池のように大きさが変わらない状態からは、ほど遠いものです。
　この抵抗の両端に現れる出力波形は、ちょうど入力波形の正の部分のみを取り出していますが、負の部分はどのようになっているのでしょうか。
　先ほどの説明にもあるように、負の電圧による電流は、ダイオードの向きから考えて、断線しているように扱われますから、完全に「捨てて」いるのです。

電源の半分が捨てられているということは、変換効率は50％以下と言えます。なんだか無駄に捨てているのはもったいない気がします。

しかし、ダイオード1つで簡単に整流できることが、半波整流回路の長所なのです。

全波整流回路（両波整流回路）

では、なるべく入力波形の全部を、一方向に整えるにはどのようにすればよいのでしょうか。代表的な2つの整流回路を説明します。

① 整流ブリッジを使用した全波整流回路

図1.37のように、ダイオードを4つ組み合わせて、入力波形のすべてを一方向に整えます。図中のダイオードでできた菱形の部分を「整流ブリッジ」と呼びます。

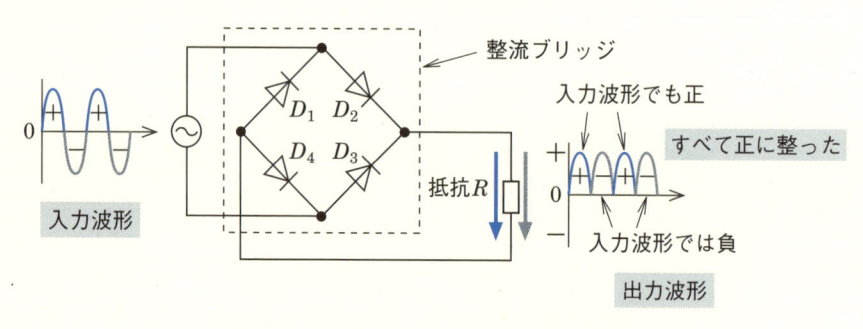

図1.37　整流ブリッジによる全波整流回路

これから、整流ブリッジによって抵抗に流れる電流の向きが、一方向に整えられていくしくみを説明していきます。

図1.37を正の電流の流れと、負の電流の流れに分解して、図1.38(a)、(b)のように考えていきましょう。

端子：A→B→D→C
素子：D_2→抵抗→D_4

入力波形でも正

入力波形

出力波形

(a) 正の半周期の流れ

端子：C→B→D→A
素子：D_3→抵抗→D_1

入力波形では負

入力波形

出力波形

(b) 負の半周期の流れ

図1.38　全波整流回路

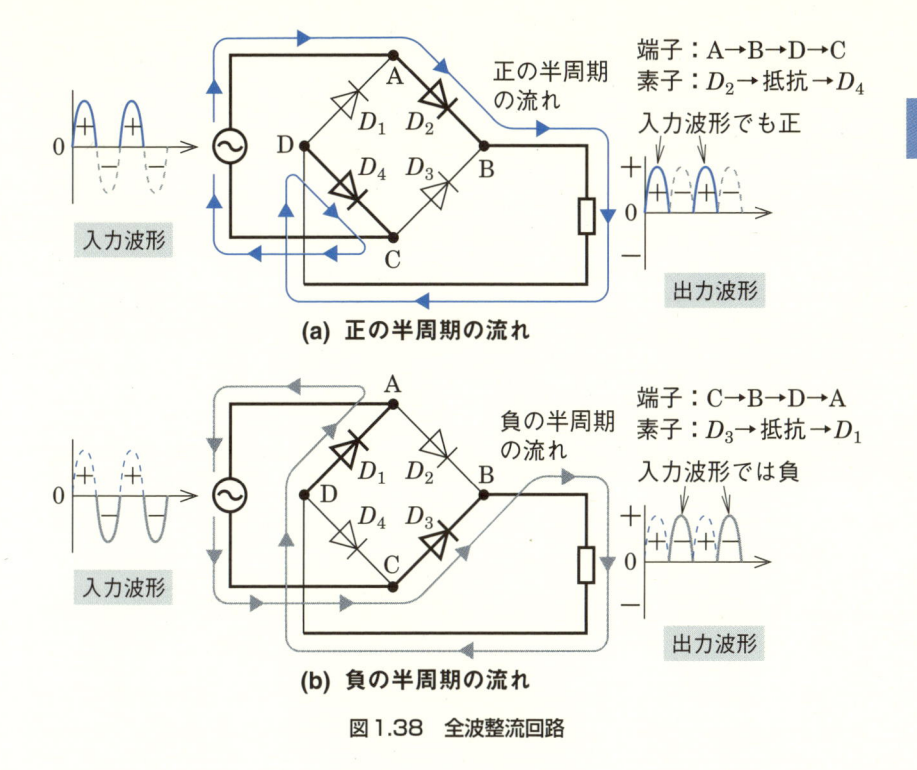

　まずは、(a)の正の流れから見ていきます。

　図中の交流電源の上の方を「正」と考えると、電流は電源から出て、整流ブリッジの端子Aに来ます。ダイオードの向きから見て順方向ですから、当然ダイオードD_2を通り、端子Bに行きます。この分岐点Bでもダイオードの向きから、抵抗Rの方にしか流れることができません。従って、抵抗Rの上から下に向かって電流が流れます。

　次に、電流は端子Dにやって来ます。ここで疑問が発生します。ダイオードの向きを見ると、ダイオードD_4、D_1のどちらもアノード側ですから、どちらにも電流は進めそうです。

　しかし、電流は、電位の高いところから電位の低いところにしか流れない特徴があったのを思い出してください。水が、水位の高いところから低いところ

にしか流れないのと同じでした。電流はA点からB点、B点からD点へと流れてきたわけですから、当然A点の方が電位が高いことになります。従って、A点に向かって電流は進めないので、D_4を通ってC点に向かうのです。こうして電源に戻ってきます。

■ 負の半周期

次に、(b)の負の流れを見てください。交流電源の上が正と決めましたから、下向きが負の流れになります。電源から出た電流はC点に来ます。ダイオードの向きから見てダイオードD_3を通り、B点に向かいます。ここでもダイオードの向きから見て抵抗に流れていきます。

ここで抵抗に流れる電流の向きに注目してください。正の流れのときと同じで、抵抗の上から、下に向かって流れています！

これは、入力波形の正・負の流れが、抵抗を通るとき、必ず上から下へ流れるので、入力波形のすべての波を一方向に整えたことを意味するのです。

抵抗から流れてきた電流は、分岐点Dに来ますが、電位の高さから考えてC点の方が電位が高いので、ダイオードD_1を通りA点へ向かい、電源に戻ります。

これでめでたく負の流れも成立します。

(a)、(b)の出力電圧(抵抗の両端に現れる電圧)を見ると、入力電圧の正と負の流れを見事に正のみへと変換したわけです。半波整流回路の出力電圧が、電源の正の部分しか利用していないのに対し、全波整流回路では正・負すべてを利用していますから、直流に変換したときの効率がとても良いことになります。

② 中点タップ付きトランスを使った全波整流回路

図1.39は、中点タップ付きトランスとダイオード2つを用いた全波整流回路です。

中点タップ付きトランスというのは、トランス(変圧器)の二次(出力)側の中央に端子を持っているトランスのことです。この中点をアース端子として使います。このトランスに、ダイオード2つを組み合わせて全波整流回路を作ります。

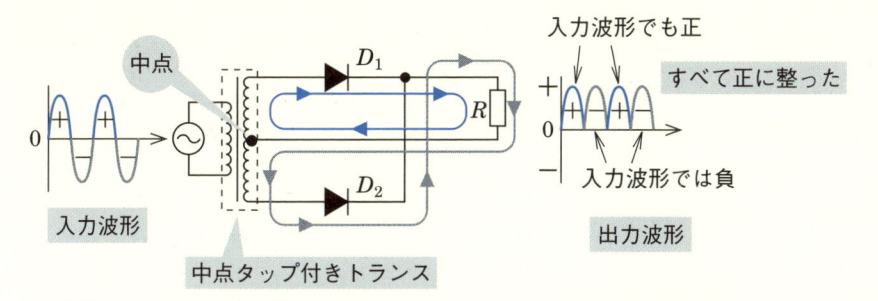

図1.39 中点タップ付きトランスとダイオードの全波整流回路

　中点の電位は、アース電位(0[V])なので、この中点に電流が戻ってくればよいのです。

　入力波形の正のサイクルは、ダイオードD_1 → 抵抗R → 中点という順序で電流が流れます。

　次に入力波形の負のサイクルは、ダイオードD_2 → 抵抗R → 中点という順序で電流が流れます。

　抵抗Rに流れる電流は、図のように、すべて上から下に向かって流れています。従って整流ブリッジのときと同じで、出力波形は一方向に整っています。

　この回路はダイオードが2つで済みますが、中点タップ付きのトランスを用意する必要があります。トランスより、もう2つのダイオードを用意して整流ブリッジを作った方が経済的で、さらに小型軽量化が図れます。従って、①に出てきた整流ブリッジ型の全波整流回路が一般的に使われます。

脈流とリプル

　半波整流回路や全波整流回路の出力波形は、まるで脈を打っているような波形をしています。従って、「脈流」と呼ばれることがあります。

　出力波形は、図1.40のように「直流分」と、「交流分」に分解して考えることができます。

分解した交流分は、平均すると0になります。つまり正の面積と負の面積は同じということなのです。

　次に直流分ですが、この図の場合は、交流分の最小値(負の部分)が0になるように電圧を引き上げています。正確には、直流分の電圧値を中心として、その上下を交流分が変動しているのです。

　リプルとは、日本語に直すと「さざ波」を意味します。ちょうど分解した交流分をリプルと呼びます。しかし、さざ波と呼ぶには、ちょっと変化が大きいですね。

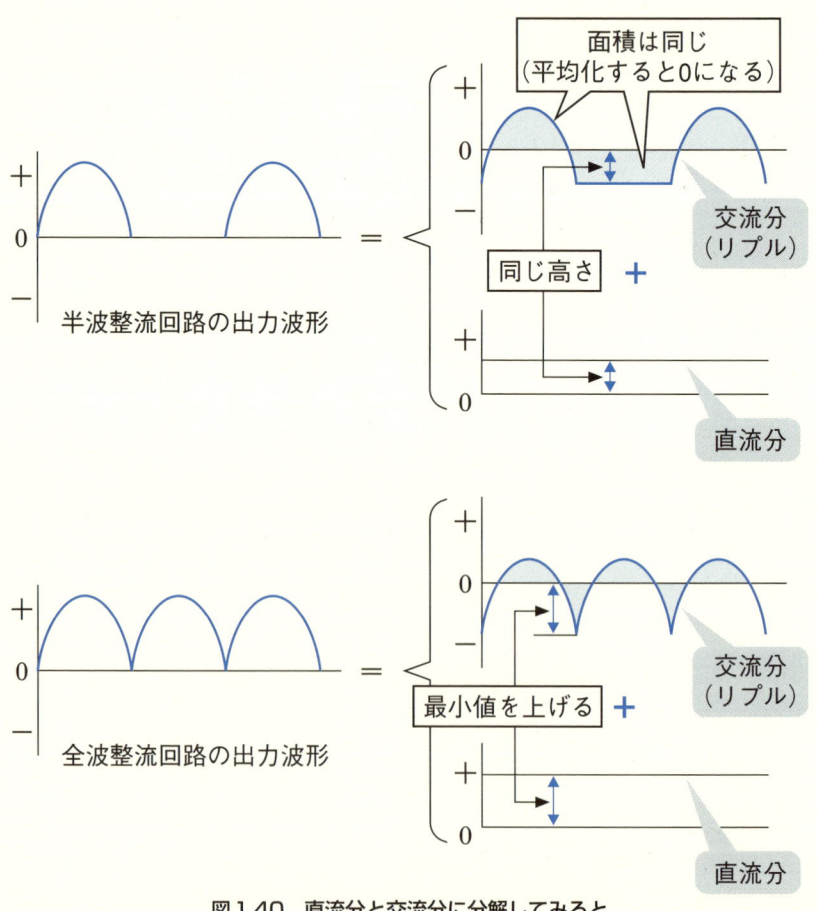

図1.40　直流分と交流分に分解してみると

1-11 平滑回路

コンデンサを用いた平滑回路

　全波整流回路の出力波形は、完全な直流にはほど遠いものでした。この出力波形を、コンデンサを接続した回路に通して、もう少し直流に近づけましょう。脈流をもう少し平らに、そして滑らかにすればよさそうです。このように、直流により近づける回路のことを「平滑回路」と言います。

　図1.41のように全波整流波形を入力し、並列にコンデンサを接続します。コンデンサは、電気を蓄える「蓄電作用」や電気を放出する「放電作用」があります。コンデンサに蓄えられている電圧よりも大きな電圧が加わると、コンデンサは充電をします。

　逆にコンデンサに蓄えられている電圧より小さい電圧が加わると、コンデンサは放電します。

　最初コンデンサに蓄えられている電圧が0ならば、全波整流波形によって次第に大きくなる電圧を充電します。

　しかし、全波整流波形が頂点を過ぎて、全波整流の波形が小さくなっていくと、コンデンサは放電します。放電をするスピードは、コンデンサの容量 $C[F]$ と抵抗 $R[\Omega]$ との積（かけ算の答え）によって決まります。従って、図1.42のように、$C \times R$ が大きければ、放電スピードは緩やかになり、逆に $C \times R$ が小さければ早く放電し終わってしまうことになります。

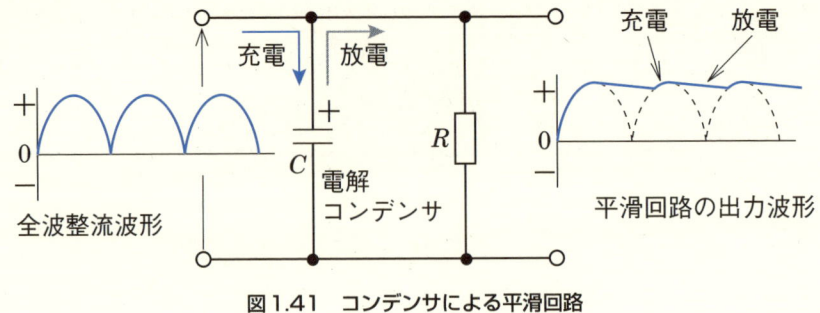

図1.41　コンデンサによる平滑回路

従って、$C×R$が大きければ放電スピードはゆっくりですから、それほど放電しないうちに次の全波整流波形が来て充電をします。すると、さざ波と呼ぶのに匹敵する出力波形が現れました。

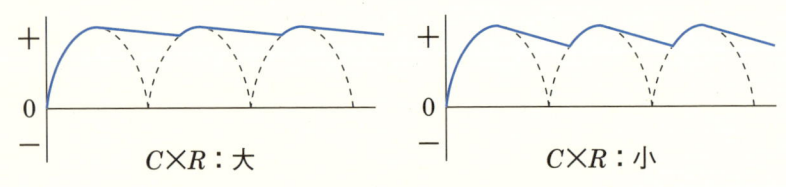

図1.42　CRの大きさによる平滑の違い

図1.42を見ると、どちらの方がより直流に近いですか？　一目瞭然で、$C×R$が大きい方です。コンデンサの静電容量$C[\mu F]$、抵抗値$R[\Omega]$のどちらも大きい方が$C×R$は大きいのですが、抵抗Rは負荷として用いることがあるので、抵抗値を自由に選ぶことができない場合があります。

従って、コンデンサの静電容量$C[\mu F]$を大きくするのが一般的です。大容量のコンデンサは、電解コンデンサになるので、図1.41に示すような回路になるのです。

電解コンデンサは、一般的に極性がありますので、使用するには間違えないように注意が必要です。またその取り扱いですが、容量が大きいので、電気が蓄えられているのを知らないで、2本の足(端子)をショート(短絡)させると大変危険ですから気を付けてください。

コイルを追加した平滑回路

　コンデンサCを大きくして直流に近づけたとしても、まだリプルが残っています。図1.43のように、コンデンサによる平滑回路を通した波形を分解すると、小さいですが、リプルが残っている様子が分かります。直流分が高くなり、交流分の変動が少なくなっています。

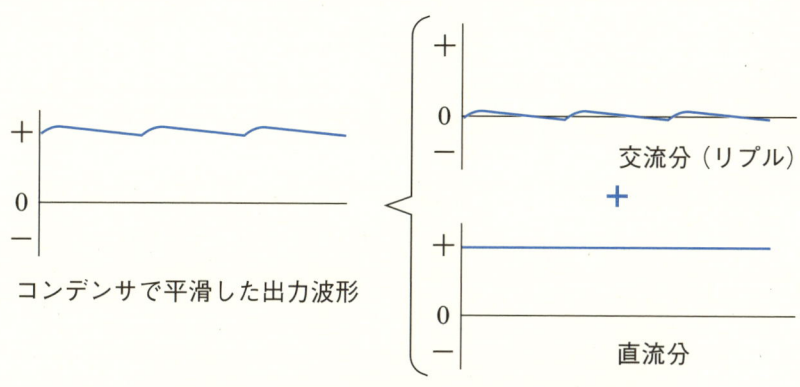

図1.43　コンデンサで平滑して出てきた波形を分解

　リプルを取り除くために図1.44のように、チョークコイルと呼ばれるコイルを直列に接続します。

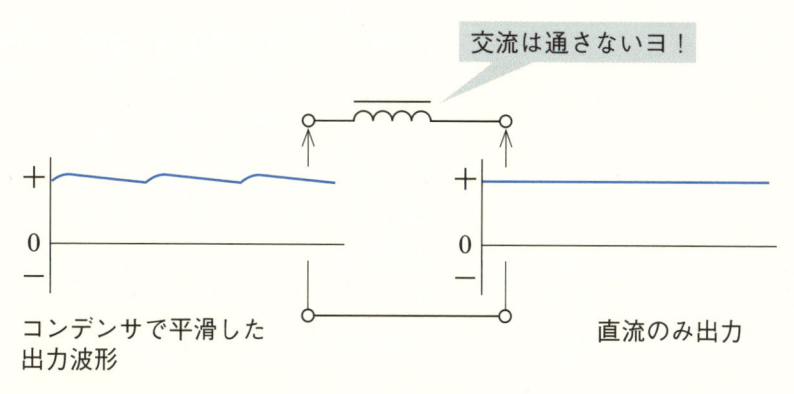

図1.44　チョークコイルによる平滑

コイルは、エナメル線などを巻いたものですが、リプルを取り除くための大きな役割を果たします。コイルには「自己インダクタンス」という電気的特性があります。自己インダクタンスは、記号L、単位$[H]$（ヘンリー）で表します。

■ コイルの逆起電力

コイルに流れる電流を変化させると、あまのじゃくなコイルは、その電流の増減に逆らいます。例えば、コイルに流れる電流を増加させると、コイルは逆らって、電流が増えないように電圧を自ら発生します。

逆らうための電圧をどれだけ発生させるかは、この自己インダクタンス$L[H]$を比例定数に、次のような式で表します。

$$\text{逆らうための電圧（逆起電力）} \ e = -L \times \frac{\Delta I(\text{電流の変化})}{\Delta t(\text{時間の変化})} \quad \cdots\cdots(1.7)\text{式}$$

■ コイルの抵抗の働き

また、コイルに交流電圧を加えると、コイルは抵抗のように電流を流しにくくする素子になります。しかし、この抵抗のような働きは周波数と関係があり、次のような式で表します。

$$X_L = 2\pi f L \ [\Omega] \quad \cdots\cdots(1.8)\text{式}$$

Xは、「リアクタンス」と呼ばれ、交流回路における抵抗に相当するものです。(1.8)式のリアクタンスXは、コイル$L[H]$からなるリアクタンスなので、「誘導[7]リアクタンス」と呼び、リアクタンスXに添え字Lを付けて、X_Lにします。抵抗と同じ働きをしますので、単位は$[\Omega]$です。

(1.8)式を見ると誘導リアクタンスX_Lは、周波数$f[Hz]$に比例しているのが

---

(7) [誘導]：コイル内の磁束を変化させると電圧を生じます。この電圧を誘導起電力と言います。このように、磁気や電気が、磁場内にある物に及ぼす作用を「誘導」と呼ぶのです。

分かります。従って、周波数 $f=0[\mathrm{Hz}]$ の直流に対しては、$X_L=0[\Omega]$ なので、電流の流れを妨げず、フリーパスで通過します。しかし、リプル(交流分)には周波数 $f[\mathrm{Hz}]$ が存在しますので、リプルに対しては電流の流れを妨げます。

つまり、コイルは「直流はよく流すが、交流は通しにくい」素子でもあるのです。

また、チョークコイルの自己インダクタンス $L[\mathrm{H}]$ が大きい値のものを使えば、リプルは、よりいっそう通りにくくなるので、さらに直流に近い波形が出てきます。

このようにして、完全とは言わないでも、ほとんど直流になった波形を得ることができます。

■ ACアダプタの原理

最後に交流から直流に変換する回路全体を図1.45に描きます。コンセントからの交流(A.C)$100[\mathrm{V}]$ を、直流として取り出したい電圧付近までトランスで変圧します。その後、整流ブリッジで全波整流をし、平滑回路で直流を得ます。

実はこの原理回路は皆さんがよくご存じの「ACアダプタの原理」だったのです。なんだか身近に感じてきませんか？

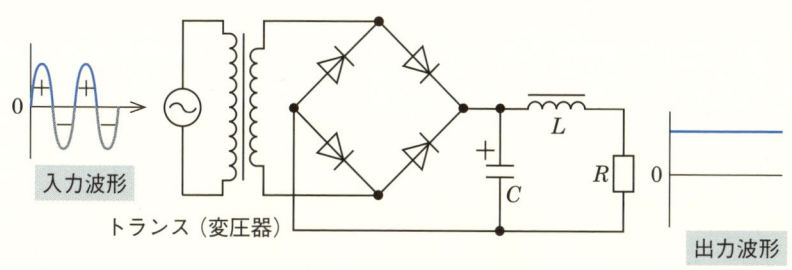

図1.45　ACアダプタの原理図

第 2 章
トランジスタの基本

2-1 トランジスタの基本構造

　トランジスタもダイオードと同様に、p形半導体とn形半導体の組み合わせでできています。

　図2.1は、p・n形半導体の組み合わせによってできた2種類のトランジスタの構造と図記号を示します。(a)のような、p形半導体を両側からn形半導体で挟んだnpn形トランジスタと、(b)のような、n形半導体を両側からp形半導体で挟んだ構造のpnp形トランジスタの2種類になります。

構造

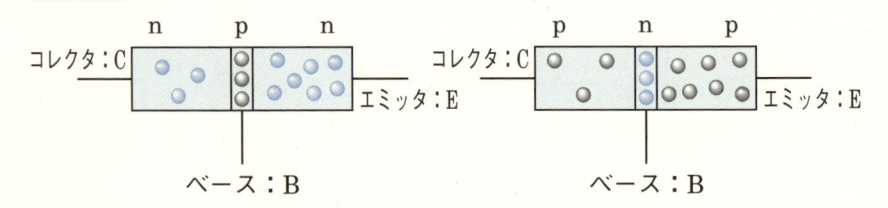

図記号

(a) npn形トランジスタ　　　　**(b) pnp形トランジスタ**

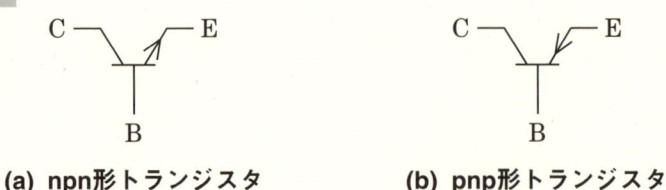

図2.1　トランジスタの基本構造と図記号

　それぞれ3つの半導体からは端子が出ていて、中央で挟まれている半導体から出ている端子をベースと言い、記号Bで表します。両側の半導体から出ている端子の1つをコレクタと言い、記号Cで表し、逆側から出ている端子をエミッタと言い、記号Eで表します。

トランジスタの構造上の特徴としては、

- 中央のベースは、厚さが非常に薄い。
- エミッタの方がコレクタより不純物が多い。

となっています。

トランジスタの図記号中の矢印はエミッタにあり、電流の流れる向きを示しています。

pnp形と、npn形トランジスタの2つのトランジスタの違いですが、電流の流れる向きが逆なだけで、基本的な動作は同じです。最近の一般的な増幅回路は(a)のnpn形トランジスタを使っていますので、この先の説明は、npn形トランジスタで行います。

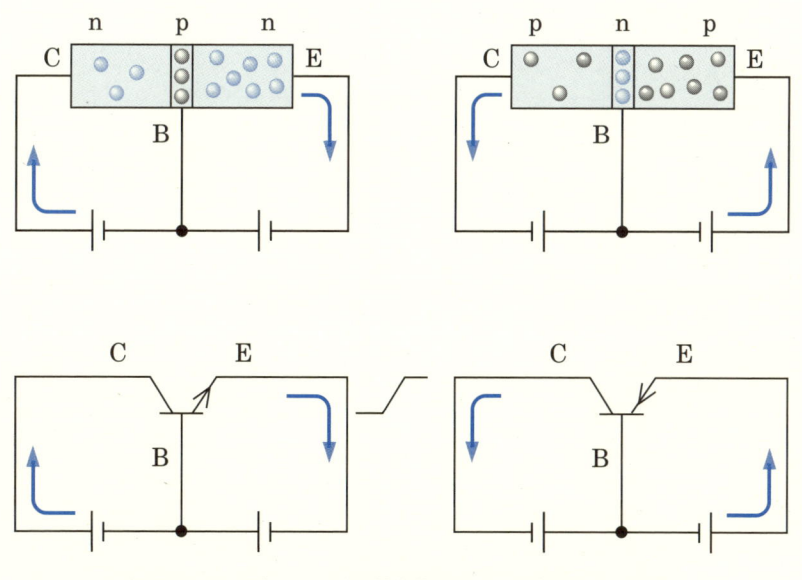

図2.2　npn形とpnp形は基本動作は同じで電流の向きが逆

トランジスタの基本構造

2-2 トランジスタの動作

　図2.3のように、コレクタとベース間に電源E_{CC}[V]を接続し、さらにベースとエミッタ間に電源E_{BB}[V]をそれぞれ接続します。

　今、スイッチSWを開いて、電源E_{CC}だけを加えます。この電源E_{CC}によって、コレクタとベース間の端子電圧はV_{CB}[8][V]となります。この端子電圧V_{CB}は、コレクタのn形半導体とベースのp形半導体において、逆方向電圧になりますので、コレクタ電流I_C[A]は流れません[9]。

　従って、図中のようにコレクタ電流$I_C=0$となっているわけです。

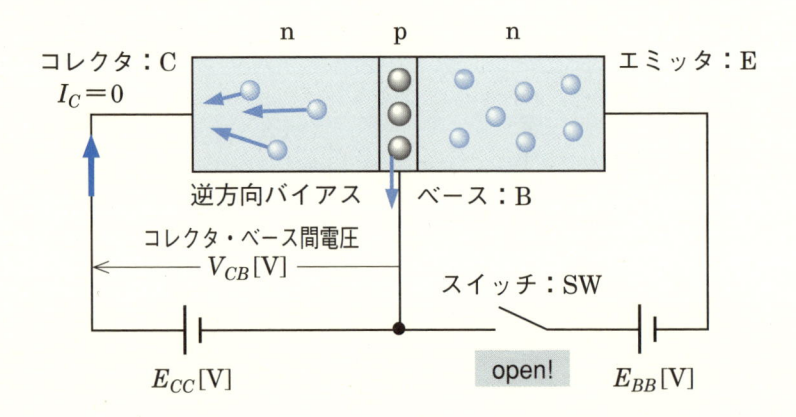

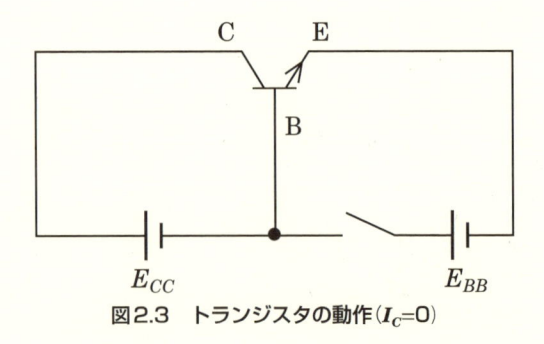

図2.3　トランジスタの動作（I_C=0）

次に、図2.4のようにスイッチSWを閉じてみます。すると、V_{CB}だけのときには流れなかったコレクタI_Cが流れます。どうしてでしょうか？　ゆっくり順を追って説明しますので、一つ一つ噛みしめながら先へ進みましょう。

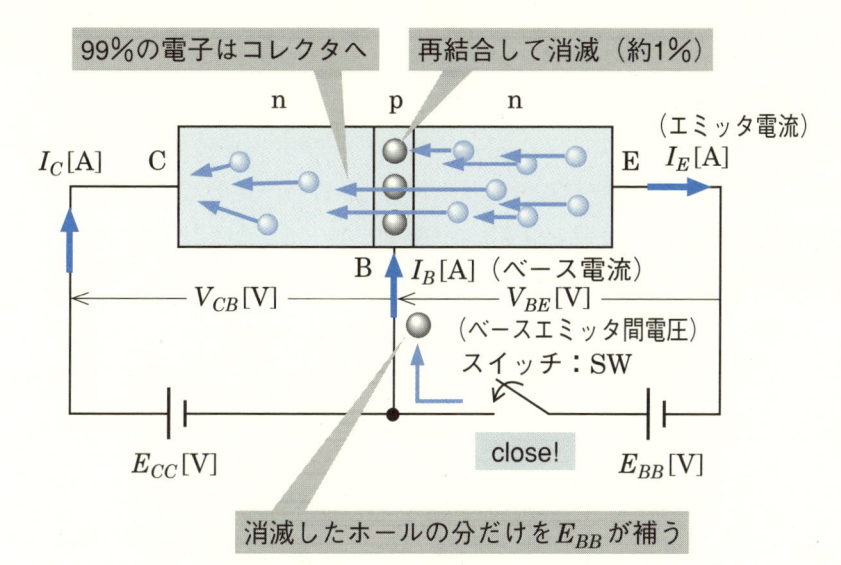

図2.4　トランジスタの動作（I_C, I_B, I_Eが流れる）

スイッチSWを閉じると、ベースエミッタ間に端子電圧V_{BE}が加わります。電源E_{BB}の負（-）極とつながっているエミッタEは、n形半導体なので、多数キャリアは自由電子（-）です。

従って、電源E_{BB}の負とエミッタ内の自由電子の負は、お互いに反発し合うので、エミッタ内の自由電子は、ベース内に入り込みます。

---

(8) [V_{CB}]：Vは電圧、添え字の『CB』は、『ベースBを基準に見たコレクタCの電位（電圧）』という意味です．電圧を表す場合、添え字の順番には意味があります．後の添え字（ここではB）を基準にした電圧を意味しているのです．
(9) [I_C[A]は流れません]：少数キャリアによって、無視できるほど小さな電流が流れています。これを『コレクタ遮断電流I_{CBO}』と言います。トランジスタの規格表に載っていますが、I_{CBO}が小さいほど良いトランジスタと言えます。

ここで、ベース領域は厚さが非常に薄いので、エミッタから来た自由電子のほとんど（約99％）は、コレクタ内へと突き抜けます。しかし、約1％の自由電子は、ベース内のホールと再結合して消滅します。消滅したホールを補うために、電源E_{BB}の正（＋）極から新たなホールを補います。

　さらに、コレクタ領域に突き抜けた自由電子は、電源E_{CC}の正（＋）極と互いに引き合いますので、自由電子は循環します。

　つまり、順方向電圧であるE_{BB}が、少しのベース電流I_Bを流すことによって、エミッタ内の自由電子を移動させ、コレクタ領域に突入させることで、コレクタ電流I_Cを流すのです。

　図式にすると、

> ベース電流I_Bが流れる　➡　コレクタ電流I_C、エミッタ電流I_Eが流れる

ということです。

■ エミッタ電流、コレクタ電流、ベース電流の関係

　ここで、ベース電流I_B、コレクタ電流I_C、エミッタ電流I_Eには、どのような関係があるのかを説明します。

　コレクタ電流の流れる向きは、自由電子と逆（またはホールと同じ向き）ですから、電流はコレクタから、エミッタに向かって流れます。また、ベース電流もエミッタに向かって流れています。従って、次のような関係が成り立ちます。

$$I_E = I_C + I_B \text{ [A]} \qquad \cdots\cdots(2.1)式$$

また大きさの関係は、

$I_C = 99\%$
$I_B = 1\%$

です。ベース電流I_Bは、再結合によって消滅した、ベース領域の1％のホールを補うために流れていたからです。

図2.4をトランジスタの図記号に直し、さらに電流の流れを分かりやすく描くと図2.5のようになります。エミッタ電流I_Eは、コレクタ電流I_Cとベース電流I_Bの和であることが分かります。

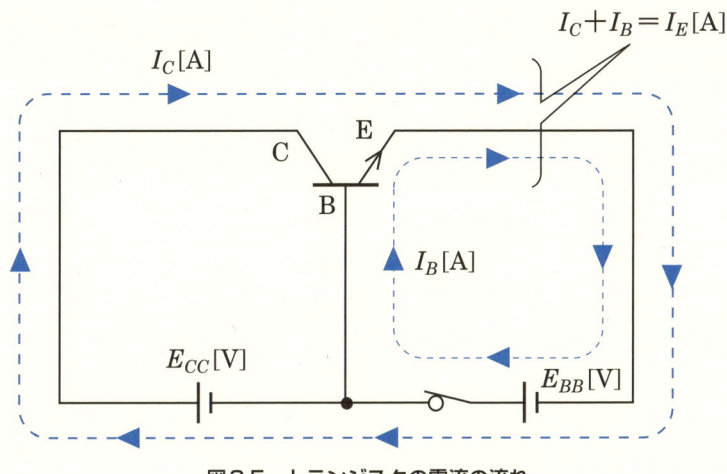

図2.5　トランジスタの電流の流れ

トランジスタは、ベース電流I_Bをほんの少し流してあげると、大きなコレクタ電流I_Cと、エミッタ電流I_Eが流れる電子素子なのです。

2-3 トランジスタの接地法

■ 接地

　トランジスタは、端子(足)が3本ありました。トランジスタを通常の増幅回路などで使う場合、入力・出力端子とも図2.6のように2本ずつ必要です。従って合計4本の端子が必要になります。

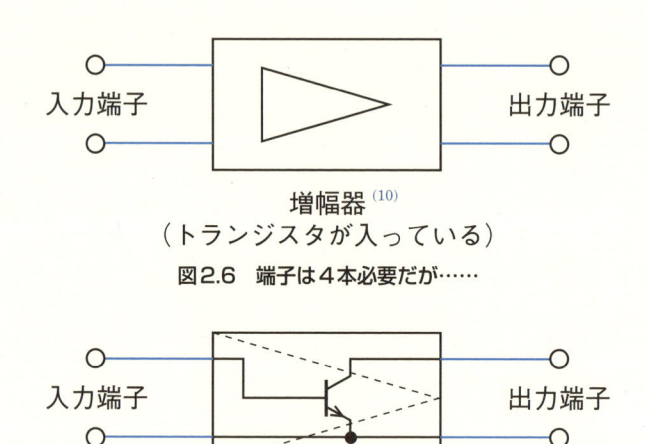

図2.6　端子は4本必要だが……

図2.7　エミッタ接地増幅回路のイメージ

　ところがトランジスタには3本しかありませんから、どこか1本の端子を共通端子として使わなければなりません。大まかな意味でいうと、トランジスタの接地とは、共通端子をどの端子で行うかを意味しています。
　一般的には、共通端子をアース(接地:基準である0[V])として使います。例えば図2.7のように、エミッタを共通端子として接地し、増幅回路として使用すれば、「エミッタ接地増幅回路」と呼ばれます。
　トランジスタの接地法と増幅回路の特徴を次の図2.8にまとめます。

---

(10)[増幅器]:図2.6のような図記号で表されます。本来増幅器というのは、電源を含む増幅回路全体を表す言葉です。

接地方法	特徴
●ベース接地	電圧増幅：大きい 電流増幅：なし（≒1） 入力インピーダンス：低い 出力インピーダンス：高い 入出力波形の位相：同相
●エミッタ接地	電圧増幅：大きい 電流増幅：大きい 入力インピーダンス：中間 出力インピーダンス：中間 入出力波形の位相：逆相（反転：180°違う）
●コレクタ接地 （エミッタホロワ）	電圧増幅：なし（≒1） 電流増幅：大きい 入力インピーダンス：高い 出力インピーダンス：低い 入出力波形の位相：同相

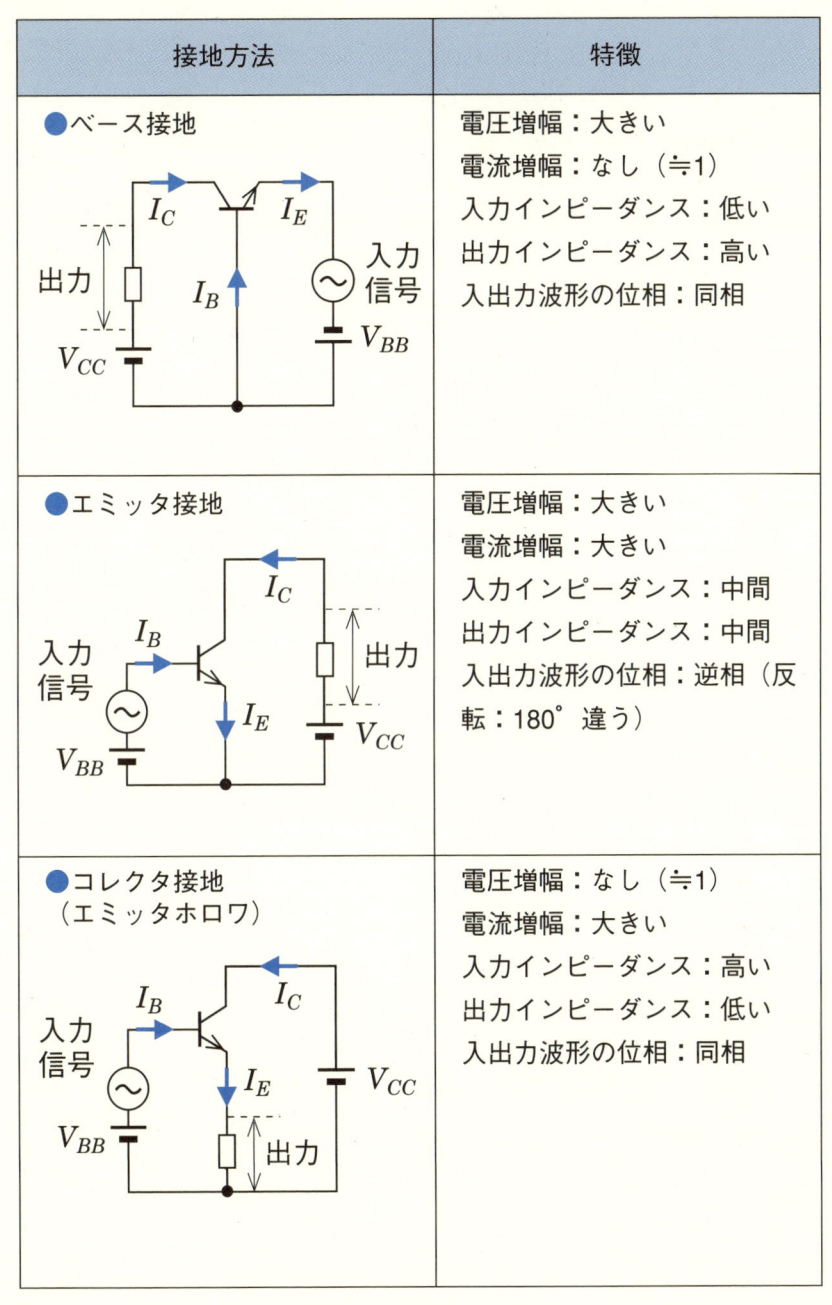

図2.8　各接地方法と特徴

図2.8を見ると、出力は増幅された信号の電流を抵抗の両端の電圧として取り出しています。この場合の抵抗を「負荷抵抗」と言い、増幅された信号電流を実際に使っている負荷を表します。

■ インピーダンス

　インピーダンスとは、交流における電流の流れにくさを表すもので、抵抗と同じ単位、[Ω]を用います。一般的に記号Zを用います。また、式で表すと

$$インピーダンス = \frac{電圧}{電流} [\Omega]$$

となります。これは回路構成がどのようになっているか分からなくても（例えば、抵抗とコンデンサだけの回路構成かもしれません）、電圧を加えたときに電流がどれくらい流れるかを調べれば、電流の流れにくさがわかるのです。

■ 入力インピーダンスと出力インピーダンス

　入力インピーダンスとは、増幅器の入力側を考えたインピーダンスのことで、増幅器の入力インピーダンスが大きいと当然、増幅器にはほとんど電流が流れません。言い換えると増幅器の前に接続している回路から、たくさん電流をもらわない増幅器だと言えます。（図2.9参照）

　出力インピーダンスとは、出力側から考えたインピーダンスで、増幅器の出力インピーダンスが小さいと、次段に接続した回路にたくさん電流を供給できることを意味します。

　簡単に考えると、高入力インピーダンス、低出力インピーダンスの増幅器は他の回路にとても親切な回路と言えそうです。なぜなら、自分自身は大きな電流を手前の回路からもらおうとせず、次段の回路にはたくさん電流を供給してあげられるのですから……。

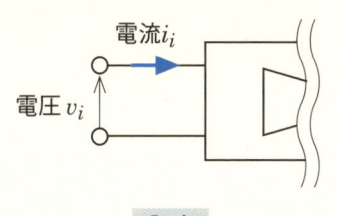

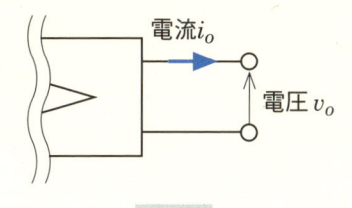

入力インピーダンス Z_i の大きさ

$$Z_i = \frac{v_i}{i_i} \ [\Omega]$$

出力インピーダンス Z_o の大きさ

$$Z_o = \frac{v_o}{i_o} \ [\Omega]$$

図2.9　入力インピーダンスと出力インピーダンス

増幅と減衰

　増幅という言葉は、与えた入力電流・電圧が、大きくなって出力電流・電圧として現れることを言います。

　また、一般的に増幅というと、交流信号（音声など）を増幅させることを言います。

　逆に、入力に対して出力が小さいことを減衰（げんすい）と言います。

　この先、本書では、入力信号源として正弦波交流を用います。

増幅度と利得

■ 増幅度

　入力信号に対して、出力信号がどれくらい大きくなったかを、入力信号の何倍になったかで表し、これを「増幅度」と言います。従って、次のような式で定義できます。

$$増幅度 = \frac{出力信号}{入力信号} \quad \cdots\cdots(2.2)式$$

トランジスタの接地法

入力と出力の信号によって、電圧増幅度、電流増幅度、電力増幅度と呼ばれます。増幅度は、記号Aで表され、単位は[倍]を使うか、またはつけません。

例えば、電圧の増幅度を表す場合は、記号A_vを使用し、

$$電圧増幅度 A_v = \frac{出力電圧 V_o}{入力電圧 V_i} [倍] \qquad \cdots\cdots(2.3)式$$

とします。同様に電流増幅度A_i、電力増幅度A_pは、

$$電流増幅度 A_i = \frac{出力電流 I_o}{入力電流 I_i} [倍] \qquad \cdots\cdots(2.4)式$$

$$電力増幅度 A_p = \frac{出力電力 P_o}{入力電力 P_i} [倍] \qquad \cdots\cdots(2.5)式$$

となります。また、増幅度Aが1未満だと、出力が入力より小さいことを意味しますので、減衰していることを表します。

■ 利得

増幅度Aが、1以上(入力<出力)のときに利得があると言います。しかし、音声増幅では、人間の耳の聞こえ方が対数的なので、一般的に、増幅度Aの常用対数値を利得($gain$)として用います。記号G、単位[B](ベル)を使います。

$$利得 G = 増幅度 A の常用対数値 = \log A \ [B] \qquad \cdots\cdots(2.6)式$$

通常は単位[B]でなはく、1/10の[dB](デシベル)を用います。従って、単位が1/10になりますから、値(式の内容)を10倍しなければならないので、(2.6)式は次のようになります。

利得 $G = 10\log A$ [dB]　　　　　　　　　　……(2.7)式

■ 増幅度と利得の関係

　ここで、増幅度と利得との関係を見てみましょう。まず、電力利得 G_p [dB] から考えます。入力電力 P_i [W]、出力電力 P_o [W] である増幅器の電力利得 G_p [dB] は(2.7)式から、

$$電力利得\, G_p = 10\log \frac{P_o}{P_i}\, [\text{dB}]　　　　……(2.8)式$$

となります。
　次に、この電力利得 G_p の(2.8)式をもとにして、電圧利得 G_v [dB] と電流利得 G_i [dB] を導き出します。まずは、電力 P [W] の式を考えましょう。

　電力 P は、図2.10のような回路に加えた電圧 V [V] と、そのとき流れた電流 I [A] の積です。
　従って電力 P は、

$$電力\, P = 電圧\, V \times 電流\, I\, [\text{W}]　　　　……(2.9)式$$

となります。また、回路に流れる電流 I [A] はオームの法則により、

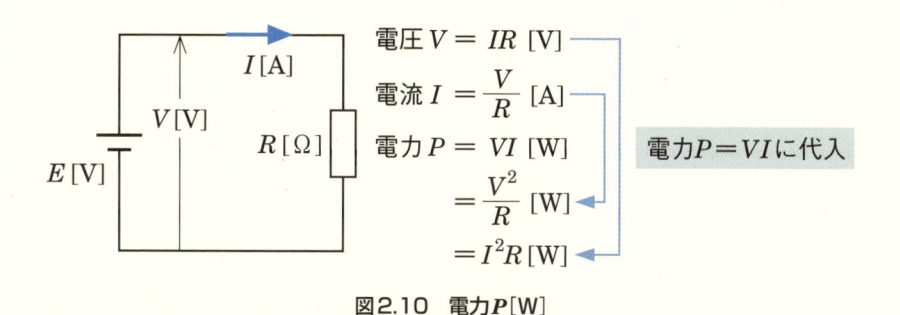

$$電圧\, V = IR\, [\text{V}]$$
$$電流\, I = \frac{V}{R}\, [\text{A}]$$
$$電力\, P = VI\, [\text{W}]$$
$$= \frac{V^2}{R}\, [\text{W}]$$
$$= I^2 R\, [\text{W}]$$

電力 $P = VI$ に代入

図2.10　電力 P [W]

$$I = \frac{V}{R} \ [\text{A}] \quad \cdots\cdots(2.10)式$$

さらに、電圧$V[\text{V}]$は(2.10)式を変形して、

$$V = IR \ [\text{V}] \quad \cdots\cdots(2.11)式$$

でした。ここで、電力の(2.9)式のIに(2.10)式のIを代入すると、

$$P = V \times \frac{V}{R} = \frac{V^2}{R} \ [\text{W}] \quad \cdots\cdots(2.12)式$$

となります。また、(2.11)式のVも電力の(2.9)式に代入すると、

$$P = IR \times I = I^2 R \ [\text{W}] \quad \cdots\cdots(2.13)式$$

となります。これらの式を電力利得の(2.8)式に代入して、電圧利得G_v及び、G_iを求めます。

電流利得G_i、電圧利得G_vを導こう

■ 電流利得G_iを求める

増幅器の入力抵抗$R_i[\Omega]$と出力抵抗$R_o[\Omega]$が等しく、$R = R_i = R_o[\Omega]$であるとします。このとき、(2.8)式の電力利得G_pのP_iとP_oに、(2.13)式を代入して電流利得G_iを導きます。

$$G_p = 10\log\frac{P_o}{P_i} \ [\text{dB}] \ \cdots\cdots \begin{bmatrix} この式に(2.13)式を代入します。このときの \\ 電流を I_i：入力電流、I_o：出力電流とします \end{bmatrix}$$

$$= 10\log\frac{I_o{}^2 R}{I_i{}^2 R} \qquad \cdots\cdots [R は約分してなくなります]$$

$$= 10\log\frac{I_o{}^2}{I_i{}^2}$$

$$= 10\log\left(\frac{I_o}{I_i}\right)^2 \qquad \cdots\cdots [分母分子を2乗でくくります]$$

$$= 2\times 10\log\frac{I_o}{I_i} \qquad \cdots\cdots \begin{bmatrix}指数の2は前に出て掛けることができます\\ (次ページのコラム参照)\end{bmatrix}$$

ここで、右辺は入力電流I_iと出力電流I_oの比(電流増幅度A_i)になっていますから、左辺をG_pではなく電流利得G_iに置き換えて、

$$G_i = 20\log\frac{I_o}{I_i} \qquad \cdots\cdots [電流利得G_i が導けました]$$

$$= 20\log A_i\ [\text{dB}] \qquad\qquad\qquad \cdots\cdots(2.14)式$$

■ 電圧利得G_vを求める

次に同様な手順で(2.8)式から電圧利得G_vを求めます。

$$G_p = 10\log\frac{P_o}{P_i} \qquad \cdots\cdots \begin{bmatrix}この式に(2.12)式を代入します。このときの\\ 電圧をV_i:入力電圧、V_o:出力電圧とします\end{bmatrix}$$

$$= 10\log\frac{\dfrac{V_o{}^2}{R}}{\dfrac{V_i{}^2}{R}} \qquad \cdots\cdots [R は約分してなくなります]$$

$$= 10\log\frac{V_o{}^2}{V_i{}^2}$$

$$= 10\log\left(\frac{V_o}{V_i}\right)^2 \qquad \cdots\cdots [分母分子を2乗でくくります]$$

$$= 2 \times 10 \log \frac{V_o}{V_i} \quad \cdots\cdots [\text{指数の2は前に出て掛けることができます}]$$

この式の右辺は、入力電圧V_iと出力電圧V_oの比（電圧増幅度A_v）になっていますから、左辺をG_pではなく電圧利得G_vに置き換えて、

$$G_v = 20 \log \frac{V_o}{V_i} \quad \cdots\cdots [\text{電圧流利得}G_v\text{が導けました}]$$

$$G_v = 20 \log A_v \, [\text{dB}] \quad \cdots\cdots (2.15)\text{式}$$

COLUMN　指数が前に出て掛けられるわけ

0章の対数のところで書きましたが、対数をとる数のかけ算は、それぞれの数の対数値の和でした。

この考え方の応用で、次のように考えます。

例えば、$G = \log A^2$ だとします。この式は、次のように書き直すことができます。

$$G = \log A^2$$
$$= \log A \times A$$
$$= \log A + \log A$$

となります。これはちょうど、$P + P = 2P$ となるのと同じで、

$$G = 2 \times \log A$$

となります。途中経過を省くと、

$$G = \log A^2$$
$$= 2 \log A$$

となって、指数の2がlogの前に出てきて、掛けていることになりました。

トランジスタの接地法

利得は便利

　一般的に、増幅器を1段で使用することは少ないようです。マイクから音声を入れて、まず1段目の増幅器である程度大きくし、さらに2段目の増幅器でスピーカなどで出力します。

　では、このように多段に増幅器を接続した場合、全体の増幅度は何倍か、または利得は何 [dB] かを計算していきましょう。

　図2.11は、増幅器を2段接続しています。1段目の増幅度A_1は100倍、2段目の増幅器の増幅度A_2は1000倍です。

入力 ─▷─ $A_1=100$ ─▷─ $A_2=1000$ ─ 出力

$$A = A_1 \times A_2 = 100 \times 1000 = 100000 \,[倍]$$

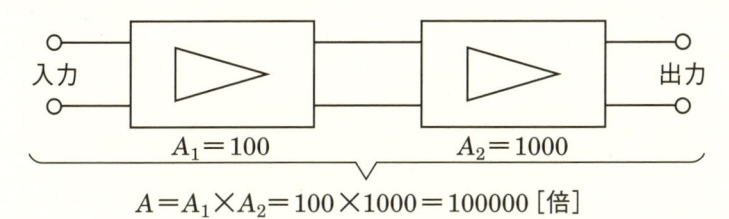

図2.11　増幅度で考えると桁数が多い！

入力 ─▷─ $G_1=20$ ─▷─ $G_2=30$ ─ 出力

$$G = G_1 + G_2 = 20 + 30 = 50 \,[dB]$$

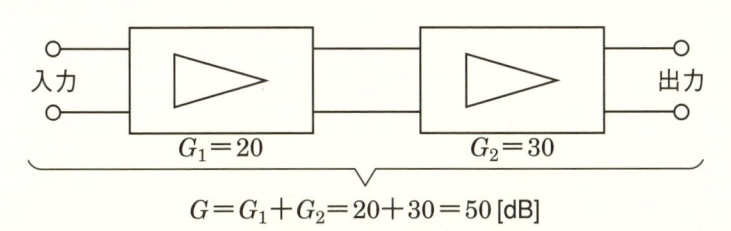

図2.12　利得で考えると桁数が少なく見えやすい！

図2.11における全体の増幅度Aは、

$$\begin{aligned}
A &= A_1 \times A_2 \\
&= 100 \times 1000 \\
&= 10^2 \times 10^3
\end{aligned}$$

トランジスタの接地法

$$= 10^5$$
$$= 100000 [倍]$$

　桁数が多くて、ミスを誘発しそうだと思いませんか？
　次に図2.12を見ると、図2.11と同じ増幅器なのですが、利得で表示されています。電力利得を例にしてみると、1段目の増幅器の増幅度A_1は100ですから、電力利得G_1は、

$$G_1 = 10\log100$$
$$= 10 \times 2$$
$$= 20 [\mathrm{dB}]$$

となります。同様に、2段目の電力利得は、

$$G_2 = 10\log1000$$
$$= 10 \times 3$$
$$= 30 [\mathrm{dB}]$$

となります。従って、全体の電力利得Gは、各増幅器の利得を単に足して求めることができます。これは便利です！　一応、単に足した式だけでなく、詳しい式も書きますので、よく見てください。

（詳しい式）	（単に足し算）
$G = 10\log A_1 A_2$	$G = G_1 + G_2$
$= 10\log 100 \times 1000$	$= 20 + 30$
$= 10\log 10^5$	$= 50 [\mathrm{dB}]$
$= 10 \times 5$	
$= 50 [\mathrm{dB}]$	

2-4 トランジスタの増幅作用と増幅率

トランジスタの増幅作用

　一般に増幅とは、勝手に振幅が大きくなるのではなく、「入力電流」で「出力電流」を制御することを言います。つまり、トランジスタでは、トランジスタを動作させるための電源を使って、出力信号を大きくしているのです。わずかな入力電流の変化で、大きな出力電流を制御することを、「トランジスタの増幅作用」と言います。

　例えば、電流を100倍する増幅器があったとします。入力(ベース)電流が$10[\mu A]$とすると、出力(コレクタ)電流は、100倍の$1[mA]$に増幅されます。そしてこの大きくなった出力電流は、電源電圧から供給されているのです。従って、出力電流や出力電圧は、電源電圧より大きくは出力されません。

　それでも、入力信号がトランジスタ増幅回路を通して得た出力信号は大きくなっていますので、増幅していることになります。

　トランジスタは、入力信号を増幅する増幅作用を持った電子素子です。

増幅率

　トランジスタ増幅回路を通すことで、電流または電圧がどの程度大きくなるのかを示す言葉が「増幅率」です。この増幅率は、「hパラメータ」と呼ばれる記号で表される場合が多いです。

　hパラメータとは、ハイブリッド(混合の意味：$hybrid$)のhをとっています。hパラメータは、トランジスタの能力を表すもので、増幅率だけを表すものではありません。

増幅率は、入力信号がどれだけ大きくなったのかを表すものですから、

$$増幅率 = \frac{出力信号}{入力信号}$$

という基本式が成り立ちます。

ベース接地増幅回路の電流増幅率 h_{FB}、h_{fb}

図2.13は、ベース接地増幅回路図です。この図をよく見ると、入力信号はエミッタ側で、出力はコレクタ側です。

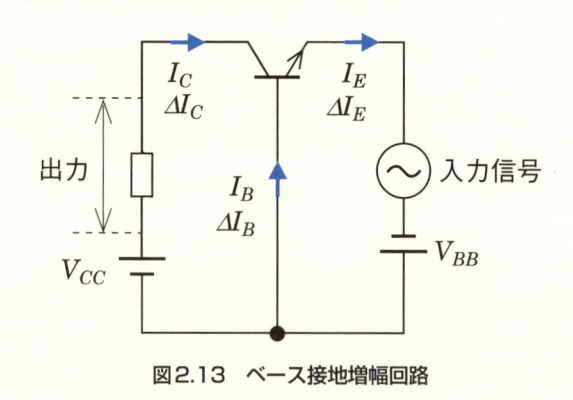

図2.13　ベース接地増幅回路

従って、ベース接地増幅回路の直流電流増幅率は、

$$ベース接地増幅回路の直流電流増幅率 = \frac{出力電流 I_C}{入力電流 I_E}$$

となります。これをhパラメータを使って表すと直流電流増幅率h_{FB}となり、

$$\text{直流の電流増幅率} \, h_{FB} = \frac{I_C}{I_E} \qquad \cdots\cdots(2.16)\text{式}$$

となります。hに付いている添え字FBは、「F」は$forward$（順方向）、「B」はベース接地を意味し、大文字で書かれているので「直流」を表します。

ここで、ベース電流I_BをΔI_Bだけ変化させると、(2.1)式の「$I_E = I_C + I_B$」から、I_CはΔI_C、I_EもΔI_Eだけ変化します。

Δは「変化分」を表し、デルタと読みます。交流も変化をしているので、Δは交流分という意味で解釈してもよく、ちょうど信号に相当します。

従って、(2.1)式に交流(信号)分をのせて書き直すと、

$$I_E = I_C + I_B \qquad \cdots\cdots(2.1)\text{式}$$

$$I_E + \Delta I_E = I_C + \Delta I_C + I_B + \Delta I_B \qquad \cdots\cdots(2.17)\text{式}$$

となります。また、(2.17)式から、交流分と直流分とに分けて式を書くと、

直流分 ➡ $I_E = I_C + I_B$ ……(2.1)式と同じ

交流分 ➡ $\begin{cases} \Delta I_E = \Delta I_C + \Delta I_B \\ \\ i_e = i_c + i_b \end{cases}$ ……(2.18)式

となります。小文字は交流を表します。

この交流分の(2.18)式内に出ているΔI_E、ΔI_Cを使って、電流増幅率の式を書くと、

$$\text{ベース接地の電流増幅率(交流)} = \frac{\Delta I_C}{\Delta I_E}$$

となります。Δは変化分ですから交流とも考えられますので、交流を意味する小文字に直して次のように書くこともできます。

$$交流の電流増幅率 \quad h_{fb} = \frac{\Delta I_C}{\Delta I_E} = \frac{i_c}{i_e} = \alpha \qquad \cdots\cdots(2.19)式$$

上式のように、交流のベース接地の電流増幅率は、h_{fb}と表し、添字にはやはり小文字を使います。またベース接地の電流増幅率のことを「α」とも表します。

一般的に、h_{FB}や$h_{fb}(=\alpha)$の値は、0.95～0.99[11]ぐらいです。

エミッタ接地増幅回路の電流増幅率 h_{FE}、h_{fe}

図2.14は、エミッタ接地増幅回路図です。

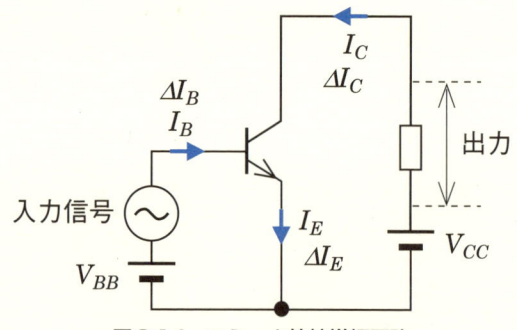

図2.14　エミッタ接地増幅回路

入力はベース、出力はコレクタになっています。従って、エミッタ接地増幅回路の直流電流増幅率h_{FE}は、

---

(11)[0.95～0.99]：増幅率なのに1倍以上ないのはおかしいのでは？　と思う方がいるかもしれませんが、このh_{FB}やh_{fb}は、別名「電流伝達率」と言って、入力電流のI_Eがどれだけ出力電流I_Cとして伝わったかを表しているのです。

エミッタ接地増幅回路の直流電流増幅率 $h_{FE} = \dfrac{I_C}{I_B}$ ……(2.20)式

となります。これを交流のみの式で表すと、エミッタ接地増幅回路の電流増幅率 h_{fe} となり、

交流の電流増幅率　$h_{fe} = \dfrac{\Delta I_C}{\Delta I_B} = \dfrac{i_c}{i_b} = \beta$　……(2.21)式

となります。エミッタ接地の電流増幅率 h_{fe} は「β」と書く場合も多いので覚えましょう

ベース接地の電流増幅率αとエミッタ接地の電流増幅率βの関係

　トランジスタの電流増幅率を考えるとき、α または β のどちらか一方が分かれば、もう一方を知ることができます。そのような式を導きましょう。
　(2.18)式を、「$i_b =$」の形に変形して、エミッタ接地の電流増幅率 β の(2.21)式に代入します。

$i_b = i_e - i_c$　　（(2.18)式を $i_b =$ に変形）　　……(2.22)式

(2.22)式を、(2.21)式の i_b に代入すると、

$\beta = \dfrac{i_c}{i_b} = \dfrac{i_c}{i_e - i_c}$　……(2.23)式

となります。ここで、(2.23)式の分母と分子を i_e で割ると、

$$\beta = \cfrac{\cfrac{i_c}{i_e}}{\cfrac{i_e}{i_e} - \cfrac{i_c}{i_e}} = \cfrac{\cfrac{i_c}{i_e}}{1 - \cfrac{i_c}{i_e}} \qquad \cdots\cdots(2.24)式$$

となります。なんだかややこしい式になったような気がしますが、意味があるのです。ここでもう一度、αの(2.19)式を見直してください。(2.24)式の中にαが隠れていますね。$\cfrac{i_c}{i_e} = \alpha$を(2.24)式に代入すれば、

$$\beta = \cfrac{\cfrac{i_c}{i_e}}{1 - \cfrac{i_c}{i_e}} = \cfrac{\alpha}{1-\alpha} \qquad \cdots\cdots(2.25)式$$

となるので、簡単になりました。

> **例題**
>
> ベース接地の電流増幅率$\alpha = 0.995$のとき、エミッタ接地電流増幅率βを求めましょう。
>
> ----
>
> **解　答**
>
> (2.25)式に、$\alpha = 0.995$を代入すれば求めることができます。
>
> $$\beta = \frac{\alpha}{1-\alpha} = \frac{0.995}{1-0.995} = 199$$
>
> これは、入力電流i_bの変化を199倍にして、出力電流i_cを変化させることを意味します。

2-5 トランジスタの静特性とhパラメータ

トランジスタの静特性

　トランジスタがどのような電気的特性を持つのかを測定し、グラフで表したものをトランジスタの静特性といいます。図2.15は、トランジスタの静特性を測定するための回路です。

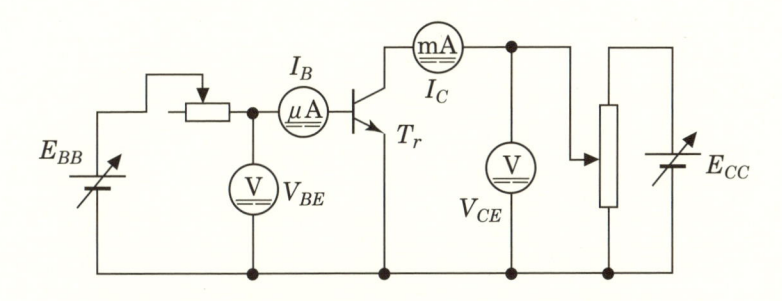

I_B：ベース電流（入力）
I_C：コレクタ電流（出力）
V_{BE}：ベース・エミッタ間電圧（入力）
V_{CE}：コレクタ・エミッタ間電圧（出力）
T_r：トランジスタ

図2.15　トランジスタの静特性測定回路

　図2.15でトランジスタの静特性を測定すると、図2.16が得られました。図2.16をトランジスタの静特性と言います。
　トランジスタ静特性の第1象限は、$V_{CE}-I_C$特性、第2象限はI_B-I_C特性、第3象限はI_B-V_{BE}特性を表しています。各象限の特性を簡単に説明します。

図2.16 トランジスタ静特性

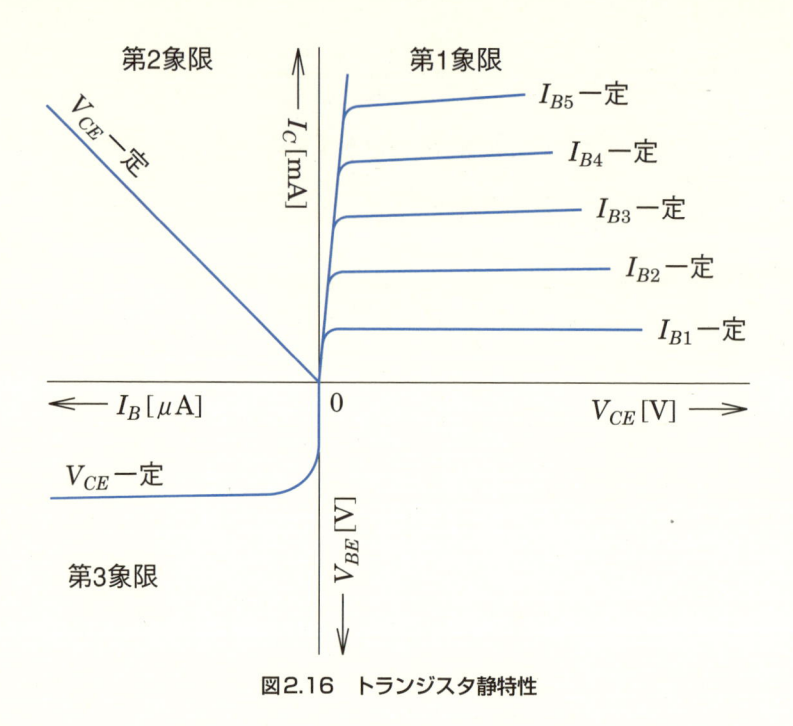

第1象限 $V_{CE}-I_C$ 特性(出力特性)

　図2.17は、$V_{CE}-I_C$ 特性のうち、ベース電流 I_{B3} が一定のときの特性を拡大して見ています。

　この $V_{CE}-I_C$ 特性は、ベース電流 I_B を一定にしている状態で、コレクタエミッタ電圧 V_{CE} の変化に対するコレクタ電流 I_C の変化を測定したものです。いくつかのベース電流 I_B を一定にして何本かの特性を測定します。

　特性をよく見てください。V_{CE} が0から少し大きくなった部分では I_C が急激に大きくなっていますが、V_{CE} がある程度(通常1[V])以上になると V_{CE} を変化させても、コレクタ電流 I_C はほとんど変化しません。

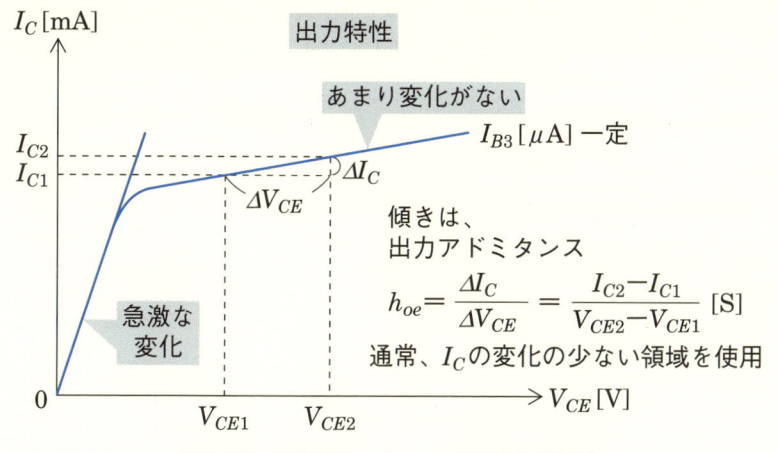

図2.17 第1象限：$V_{CE}-I_C$特性（出力特性）

　この特性の傾きは、出力アドミタンス h_{oe} [12] を表し、単位は [S]（ジーメンス）を用います。出力アドミタンス h_{oe} は、次のように計算されます。

$$\text{傾き}=\text{出力アドミタンス}\,h_{oe}=\frac{\Delta I_C}{\Delta V_{CE}}=\frac{i_c}{v_{ce}}\,[\text{S}] \quad\cdots\cdots(2.26)\text{式}$$

　アドミタンスとは、電流の流れやすさを表すもので、ちょうどインピーダンス（抵抗相当分）の逆数のことです。従って、オームの法則から、インピーダンスは、$\dfrac{\text{電圧}\,v}{\text{電流}\,i}$ であるのに対し、アドミタンスは(2.26)式のように、$\dfrac{\text{電流}\,i}{\text{電圧}\,v}$ になるわけです。

　通常トランジスタを使う場合は、このコレクタ電流 I_C の変化が少ない領域を使用します。

　また、この $V_{CE}-I_C$ 特性に出てくる V_{CE}、v_{ce} や I_C、i_c は、出力電圧・電流なので、「出力特性」とも呼ばれます。

---

(12) [h_{oe}]：o は outoput（出力）を意味します．このほかに，i は input（入力），r は reverse（逆方向）を意味します．

トランジスタの静特性とhパラメータ

第2象限 $I_B - I_C$ 特性(電流伝達特性)

　図2.18は、トランジスタの静特性から第2象限だけを拡大して見ている図です。この図では、グラフの原点0が左下になるように描き直しています。

　この特性は、V_{CE} を一定に保ち、ベース電流 I_B の変化に対するコレクタ電流 I_C の変化を測定したものです。ほぼ比例関係にあって、直線です。

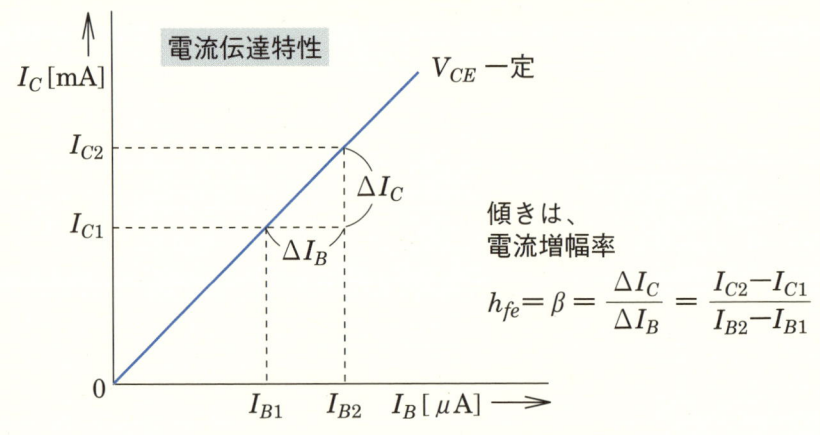

図2.18　第2象限：$I_B - I_C$ 特性(電流伝達特性)

　この特性の傾きは、電流増幅率 $h_{fe}(=\beta)$ を表しています。式は(2.21)式と全く同じです。

$$傾き = h_{fe} = \frac{\Delta I_C}{\Delta I_B} = \frac{i_c}{i_b} = \beta \qquad \cdots\cdots (2.21)式$$

　図2.18の単位に注目すると、ベース電流 I_B は $[\mu A](=10^{-6})$、コレクタ電流 I_C は $[mA](=10^{-3})$ です。従って、入力電流 I_B が $[\mu A]$ の単位の変化に対して、出力電流 I_C が $[mA]$ の単位で変化しますから、やはり増幅作用のあることが、この図でも確認できます。

またこの特性は、入力した電流が、出力としてどれくらい伝わったかを表していますので、「電流伝達特性」とも呼ばれます。

第3象限 $I_B - V_{BE}$ 特性（入力特性）

図2.19は、トランジスタの静特性から$I_B - V_{BE}$特性（第3象限）を拡大して見ています。グラフの原点0が左下になるように書き直しています。

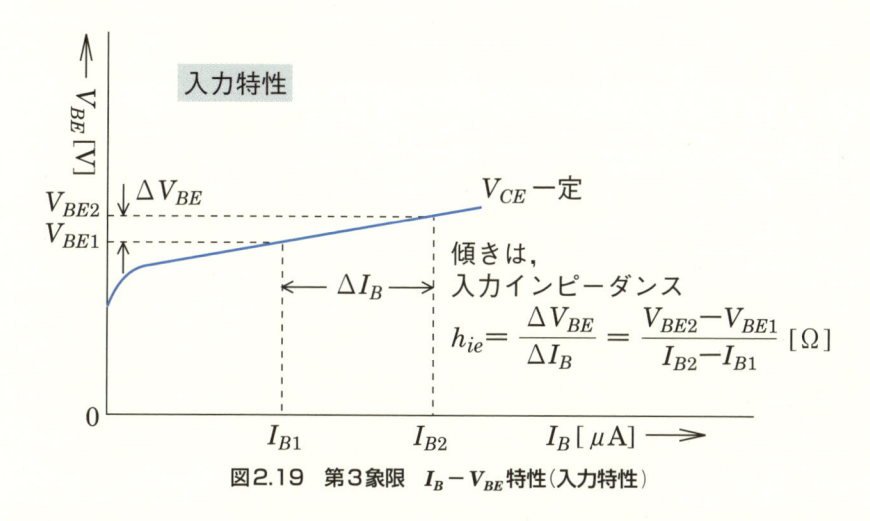

図2.19 第3象限 $I_B - V_{BE}$ 特性（入力特性）

$$h_{ie} = \frac{\Delta V_{BE}}{\Delta I_B} = \frac{V_{BE2} - V_{BE1}}{I_{B2} - I_{B1}} \ [\Omega]$$

この特性もコレクターエミッタ電圧V_{CE}を一定に保ったままで、V_{BE}の変化に対するベース電流I_Bの変化を表しています。

この説明から考えると、図2.20のようにして、$V_{BE} - I_B$特性とした方がよいのですが（多くの参考書がこのように表記しています）、次に述べる傾きの式から考えると、$I_B - V_{BE}$特性と書いた方が分かりやすいのではないでしょうか？この理由から、筆者は$I_B - V_{BE}$特性とし、使っています。

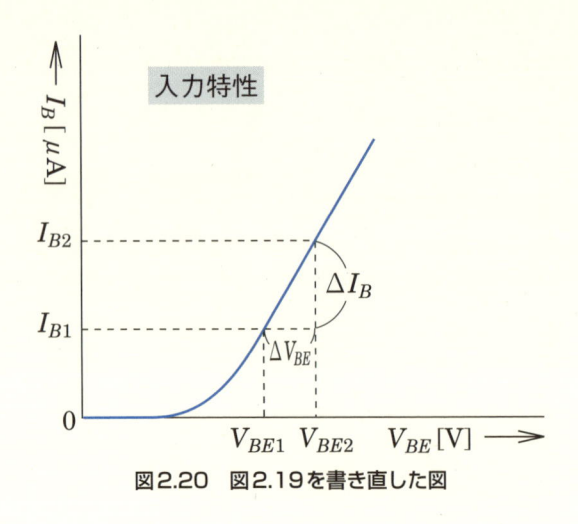

図2.20 図2.19を書き直した図

　図2.19の特性の傾きは、入力インピーダンスh_{ie}[Ω]を表しています。単位が[Ω]ですから、抵抗分を表し、式は当然オームの法則により、$\frac{電圧v}{電流i}$です。従って、

$$入力インピーダンス h_{ie} = \frac{\Delta V_{BE}}{\Delta I_B} = \frac{v_{be}}{i_b} \ [\Omega] \quad \cdots\cdots(2.27)式$$

となります。
　また、この特性に出てくるV_{BE}、v_{be}やI_B、i_bは、入力電圧・電流なので、この特性を「入力特性」とも呼びます。

第4象限　$V_{CE} - V_{BE}$特性(電圧帰還率)

　トランジスタ静特性(図2.16)には描かなかったのですが、実は、$V_{CE} - V_{BE}$特性は存在します。ベース電流I_Bを一定にして、コレクターエミッタ間電圧V_{CE}の変化に対するベースーエミッタ間電圧V_{BE}を測定した特性です。この特

性の傾きは、電圧帰還率 h_{re} を表します。

$$傾き＝電圧帰還率\, h_{re} = \frac{\Delta V_{BE}}{\Delta V_{CE}} = \frac{v_{be}}{v_{ce}} \qquad \cdots\cdots(2.28)式$$

となります。しかし、この値は非常に小さいので、トランジスタ増幅回路を設計する場合、無視することが多いので、本書でも省きます。

第2象限
電流増幅率 h_{fe}
（電流伝達特性）

第1象限
出力アドミタンス h_{oe} [S]
（出力特性）

第3象限
入力インピーダンス h_{ie} [Ω]
（入力特性）

第4象限
電圧帰還率 h_{re}

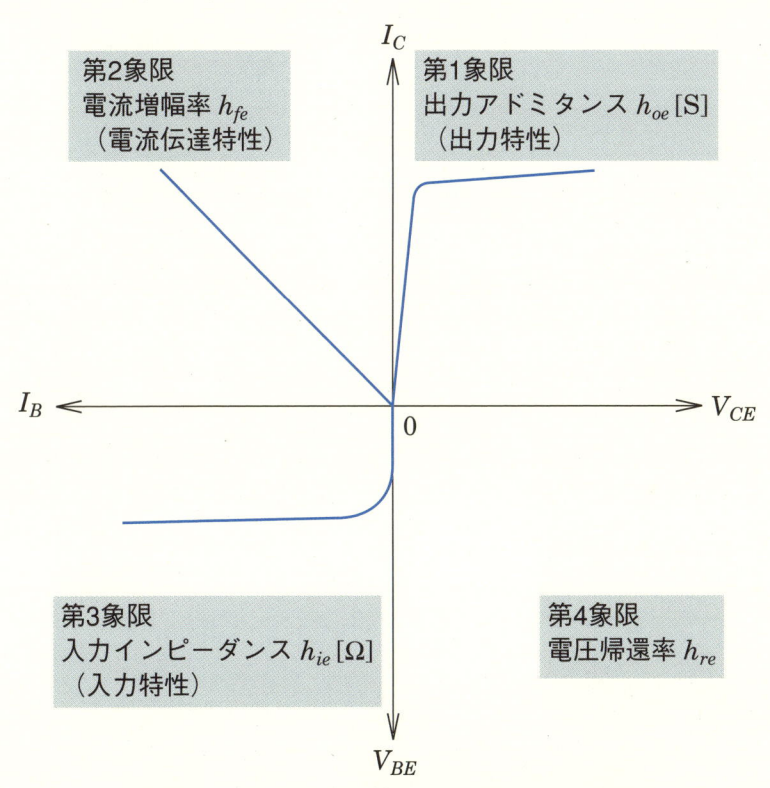

図2.21　トランジスタ静特性の各象限から分かる数値

2-6 トランジスタの等価回路

等価回路

　トランジスタの電気的特性を知ることは、回路を設計する上で非常に重要なことです。トランジスタ回路の設計では、トランジスタを使って描いた回路図よりも、入出力特性がトランジスタと同じで、わかりやすい素子(例えばインピーダンス h_{ie} を抵抗に置き換えるなど)を使って、回路を表現した方が、簡単になります。

　図2.22(a)のようなトランジスタのエミッタ接地回路に入力電圧 v_i を加えると、入力電流 i_i が流れ、出力電流 i_o、出力電圧 v_o が生じます。これらのことは次式のような関係があります。

$$\left. \begin{array}{l} 入力電圧 \quad v_i = h_{ie} i_i + h_{re} v_o \\ \\ 出力電流 \quad i_o = h_{fe} i_i + h_{oe} v_o \end{array} \right\} \quad \cdots\cdots(2.29)式$$

h_{ie}：入力インピーダンス [Ω] 　　h_{re}：電圧帰還率
h_{fe}：電流増幅率 　　　　　　　h_{oe}：出力アドミタンス [S]

　今度は、この関係式である(2.29)式をもとに回路を描くのです。この関係式通りに考えて描いたのが、図2.22(b)の回路図です。この図(b)は、トランジスタの関係式から導いて描いた図なので、図(a)のトランジスタ回路と等価な回路と言えます。この図(b)のような回路を等価回路と言います。

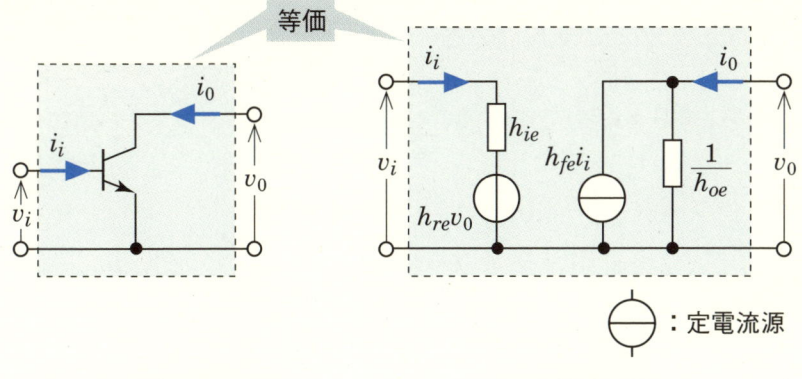

(a) トランジスタの
エミッタ接地回路

(b) 等価回路

図2.22　トランジスタ等価回路

(b)内の定電流源とは、負荷に関係なく常に一定な電流 $h_{fe}\,i_i$ を流すものだと考えます。

この図で、h_{re} は非常に小さいので、$h_{re}\,v_o$ が無視できるほどになり、また、$\dfrac{1}{h_{oe}}$ ᵘ⁽*⁾ は非常に大きく、ここには電流がほとんど流れないために無視しても大きな問題になりません。

従って、これら2つを取り除いた、図2.23のような簡易等価回路が回路設計などに多用されます。

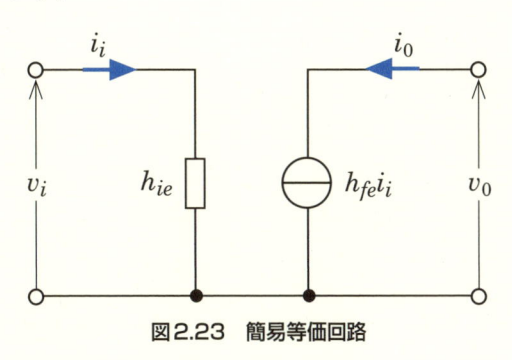

図2.23　簡易等価回路

(*) $h_{oe} = \dfrac{i_c}{v_{ce}}$ [S] であり、$\dfrac{1}{h_{oe}} = \dfrac{v_{ce}}{i_c}$ なので、単位は [Ω] ですね。

もちろん(2.29)式は簡易等価回路にあわせて、

$$\left.\begin{array}{l} 入力電圧 \quad v_i ≒ h_{ie} i_i \\ \\ 出力電流 \quad i_o ≒ h_{fe} i_i \end{array}\right\} \quad \cdots\cdots(2.30)式$$

となります。

hパラメータの測定

　トランジスタの規格表などを見ると、h_{fe}やh_{ie}などの具体的な数値が載っています。これらは、どのように測定されたのでしょうか？
　図2.24は、エミッタ接地回路のトランジスタの部分を覆い隠し、4本の入出力端子が出ている状態です。
　左側の入力端子に入力電圧v_i、入力電流i_iを入力して、右側の出力端子に出力電流i_o、出力電圧v_oが出てくるようになっています。この測定法は、入力側の開放や出力側の短絡で、よけいなものを接続しないで各hパラメータを測定するために、非常に正確な値が出ます。

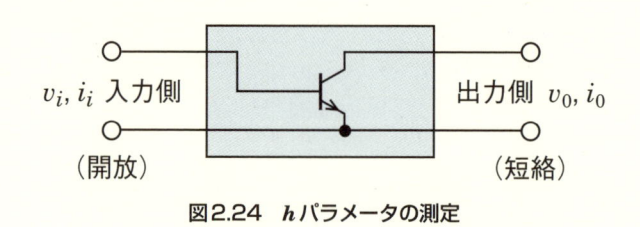

図2.24　hパラメータの測定

　入力インピーダンスh_{ie}は、出力端子の短絡状態で測定します。

$$\text{入力インピーダンス}\, h_{ie} = \left(\frac{v_i}{i_i}\right)_{v_o=0} \qquad \cdots\cdots(2.31)\text{式}$$

電流増幅率 h_{fe} は、出力端子を短絡して測定します。

$$\text{電流増幅率}\, h_{fe} = \left(\frac{i_o}{i_i}\right)_{v_o=0} \qquad \cdots\cdots(2.32)\text{式}$$

出力アドミタンス h_{oe} は、入力端子開放の状態で測定します。

$$\text{出力アドミタンス}\, h_{oe} = \left(\frac{i_o}{v_o}\right)_{i_i=0} \qquad \cdots\cdots(2.33)\text{式}$$

電圧帰還率 h_{re} は、入力端子開放の状態で測定します。

$$\text{電圧帰還率}\, h_{re} = \left(\frac{v_i}{v_o}\right)_{i_i=0} \qquad \cdots\cdots(2.34)\text{式}$$

となります。

実際のエミッタ接地回路では、

入力電圧　$v_i = v_{be}$、入力電流　$i_i = i_b$
出力電圧　$v_o = v_{ce}$、出力電流　$i_o = i_c$

として使います。

2-7 hパラメータと増幅度

ここでは、hパラメータを使って、増幅度を導きます。

電圧増幅度 A_v

電圧増幅度 A_v は、(2.3)式のように、$\dfrac{v_o}{v_i}$ でした(ここでは交流を扱いますので、小文字になっています)。この式の v_o は、オームの法則から、

v_o = 出力電流 i_o × 負荷抵抗 R_L

です。これを(2.3)式に代入します。

$$A_V = \frac{v_o}{v_i} = \frac{i_o R_L}{v_i} \qquad \cdots\cdots(2.35)式$$

また、v_i は(2.30)式より、$h_{ie} i_i$ です。さらに i_o も(2.30)式から、$h_{fe} i_i$ ですので、これらを(2.35)式に代入すると、

$$A_v = \frac{i_o R_L}{v_i} = \frac{h_{fe} i_i R_L}{h_{ie} i_i} = \frac{h_{fe}}{h_{ie}} \times R_L \qquad \cdots\cdots(2.36)式$$

となって、hパラメータを使って表現できました。

電流増幅度 A_i

電流増幅度 A_i は (2.4)式より、$\dfrac{i_o}{i_i}$ です。従って、i_o は(2.30)式より、$h_{fe}\,i_i$ ですので、これらを(2.4)式に代入すると、

$$A_i = \frac{i_o}{i_i} = \frac{h_{fe}\,i_i}{i_i} = h_{fe} \qquad \cdots\cdots(2.37)\text{式}$$

となります。

電力増幅度 A_p

電力増幅度 A_p は(2.5)式より、$\dfrac{p_o}{p_i}$ です。電力 p は、$i^2 R$ で表すことができ、この場合の R は、入力側では入力インピーダンス h_{ie} を、出力側では負荷抵抗 R_L を使用します。従って、入力電力 p_i と出力 p_o は、次のようにも表せます。

$$p_i = i_i^2 h_{ie},\quad p_o = i_o^2 R_L \qquad \cdots\cdots(2.38)\text{式}$$

これらを電力増幅度 A_p の(2.5)式に代入すると、

$$A_p = \frac{p_o}{p_i} = \frac{i_o^2 R_L}{i_i^2 h_{ie}} \qquad \cdots\cdots(2.39)\text{式}$$

となります。また、i_o は、先ほどから何回も出てきている通り、(2.30)式を使って(2.39)式に代入すると、

$$A_p = \frac{i_o{}^2 R_L}{i_i{}^2 h_{ie}} = \frac{(h_{fe} i_i)^2 R_L}{i_i{}^2 h_{ie}} = \frac{h_{fe}{}^2 i_i{}^2 R_L}{i_i{}^2 h_{ie}} = \frac{h_{fe}{}^2}{h_{ie}} \times R_L \quad \cdots\cdots(2.40)式$$

ここで、(2.37)式より $h_{fe} = A_i$、$\dfrac{h_{fe}}{h_{ie}} R_L$ は、(2.36)式の電圧増幅度 A_v ですから、(2.40)式を詳しく書いて、この A_v を代入すれば、

$$A_p = \frac{h_{fe} h_{fe}}{h_{ie}} \times R_L = A_v h_{fe} = A_v A_i \quad \cdots\cdots(2.41)式$$

となります。

　hパラメータから、増幅度を計算することもできるようになりました。

> **例題**
>
> あるトランジスタ増幅回路において、入力インピーダンス $h_{ie} = 1$「kΩ」、電流増幅率 $h_{fe} = 100$、負荷抵抗 $R_L = 5$「kΩ」でした。各増幅度を求めましょう。
>
> ------
>
> **解　答**
>
> 電流増幅度 $A_i = h_{fe} = 100$
>
> 電圧増幅度 $A_v = \dfrac{h_{fe}}{h_{ie}} R_L = \dfrac{100}{1 \times 10^3} \times 5 \times 10^3 = 500$
>
> 電力増幅度 $A_p = A_v A_i = 500 \times 100 = 50000 = 50 \times 10^3$

2-8 バイアス回路

バイアス回路の必要性

　トランジスタの増幅回路を作ろうとするときに忘れてはならないのが、バイアス回路です。

　バイアスを簡単にいうと、トランジスタ回路においては「直流」のことを示します。

■ バイアスがない場合

　一般に増幅しようとするのは音声などの交流信号ですが、これらの信号を図2.25のように直接ベース・エミッタ間に接続すると、出力波形がきれいに出ず、出力の一部が無くなったりするため、適切な増幅が行えません（わざと入力波形の一部のみを増幅する回路もあります）。

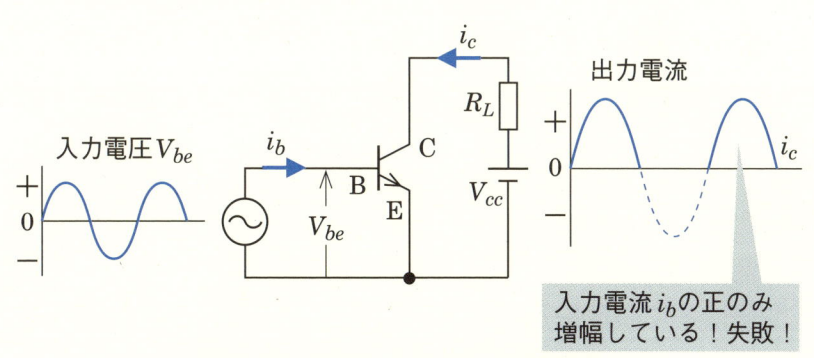

図2.25　バイアスがないために増幅に失敗！

　どうしてこのような出力になってしまったのでしょうか？
　答えは簡単です。トランジスタの静特性の第3象限、$I_B - V_{BE}$（入力特性）を

思い出してみてください。

■ 入力電圧が0.7V以上必要

図2.26のように、トランジスタに入力する電圧V_{be}が常に0.7[V]以上ないと、入力電流I_bが入力されず、出力であるI_cやV_{ce}が出ません。

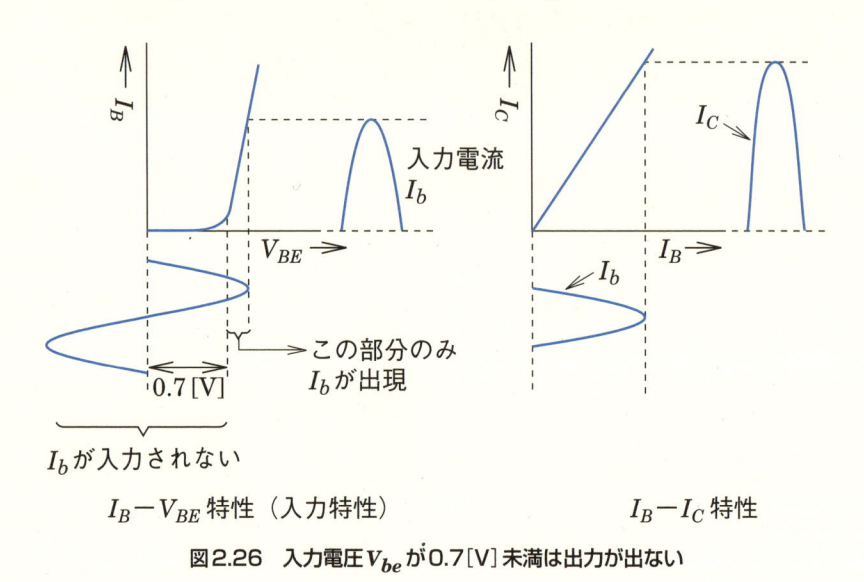

図2.26 入力電圧V_{be}が0.7[V]未満は出力が出ない

つまり、出力波形を適切に得るためには、入力電圧V_{be}が常に0.7[V]以上あればいいことになります。

では、正・負と交互に繰り返す交流を、どのようにして常に＋0.7[V]以上に保つのでしょうか？　これも答えは簡単です。

■ 交流信号に直流を加える

図2.27のように、入力信号（交流）に直流を加えてあげればいいのです。例えば、直流を0.8[V]加えるとします。交流の正の最大値が＋0.1[V]なら、足し算をして0.9[V]になり、交流の負の最大値が－0.1[V]なら、加えると＋0.7[V]になります。これで常に＋0.7[V]以上に保つことができます。

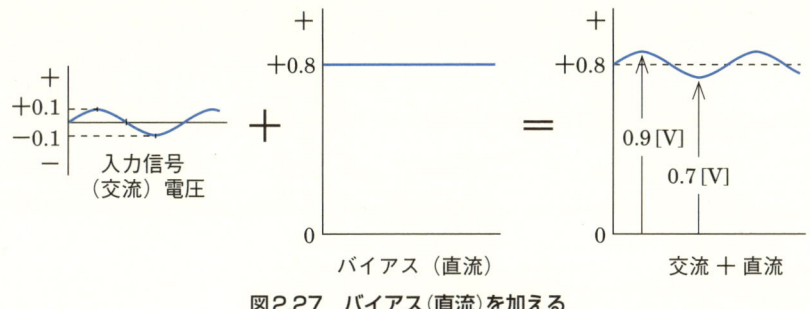

図2.27 バイアス(直流)を加える

　言い換えると、交流と直流を混ぜると、加えた直流の値を中心にして交流が動くと言えます。

　トランジスタのベース・エミッタ間電圧 V_{be} が、常に $0.7\,[\mathrm{V}]$ 以上になるためには、このように入力信号(交流)に直流を加えてあげればいいことになります。

　このような目的で加える直流を特に**バイアス**と言います。バイアスとして与える直流の電圧を「バイアス電圧」と言い、バイアスとして与える直流の電流を「バイアス電流」と言います。

　また、ベースに加えた直流電圧をベースバイアス電圧などと呼びます。

　以上のように、適切に増幅された信号をトランジスタから得るためには、バイアスが必要になるのです。

ちょっと一言

　ここで添え字について簡単に説明します。一般的に大文字の英字を使う場合は「直流」を表し、小文字または筆記体を使った場合は「交流」を表現します。

　例えば、i_b は、交流のベース電流を表現します。また、I_B は、直流のベース電流を表しています。

　この先本書では、今勉強したばかりの『直流+交流』の表現を、大文字と小文字の混在で表現します。例えば、「直流 V_{BE} +交流 v_{be}」を「V_{be}」と表しますので注意してください。

バイアス回路

バイアス回路のいろいろ

バイアスを与える回路を、バイアス回路と呼びます。次に基本的な4種類のバイアス回路を説明します。どれも一長一短がありますので、用途によって使い分けます。

（1）二電源方式（独立電源方式）

図2.28は入力側のベースと、出力側のコレクタにそれぞれ独立した電源を接続しています。回路としては二つの電源があるので、二電源方式バイアス回路と言われます。

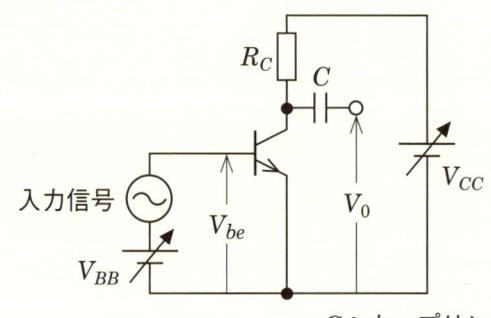

図2.28　二電源方式バイアス回路

■ カップリングコンデンサ

回路内のコンデンサ C は、出力波形に交流のみを得るためのもので、カップリングコンデンサと言います。コンデンサは、直流を通しませんから、出力波形内の「直流＋交流」のうち、直流分をカットし、交流分のみを通すようにしています。

コンデンサは、交流に対して抵抗と同じ働きをする、容量インダクタンス $X_C[\Omega]$ を持っています。容量インダクタンスは、

$$容量インダクタンス X_C = \frac{1}{2\pi fC} [\Omega]$$

という式で表され、周波数$f=0\,[\mathrm{Hz}]$の直流は、分母が0になって、X_Cは$\infty\,[\Omega]$になります。つまり、電流の流れにくさX_Cが、∞(無限大)ですから、直流を流さないという意味になります。

この二電源方式バイアス回路の特徴としては、入出力を別々の電源でバイアスを決められるので、自由度が高く、簡単です。しかし、電源を二つ使うことから、経済性・小型化の面で不利だと言えます。

(2) 固定バイアス回路

図2.29は、電源がV_{CC}1つになり、その代わり抵抗R_B1つを追加してできる固定バイアス回路です。

$$R_B = \frac{V_{CC}-V_{BE}}{I_B}\,[\Omega]$$

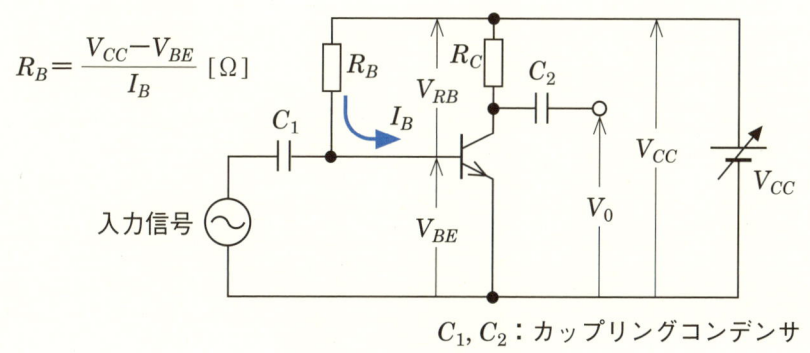

図2.29　固定バイアス回路

C_1, C_2：カップリングコンデンサ

このバイアス回路は、電源V_{CC}を抵抗$R_B\,[\Omega]$で小さくして、ベースバイアスとして与えています。

このバイアス回路は電源が1つで済み、さらに抵抗1本でできることから、非常に簡単で経済的・小型にできます。しかし、トランジスタの温度が変化すると、出力電流I_Cも変化するなど、不安定で、出力波形も歪む場合があります。

■ 抵抗R_Bを求める

ではこの固定バイアス回路のバイアスを与えるための抵抗R_Bを求めましょう。

各端子電圧の和は電源電圧になりますから、抵抗R_Bの端子電圧をV_{RB}とすると、電源電圧V_{CC}は次のように表せます。

$$V_{CC} = V_{RB} + V_{BE} \qquad \cdots\cdots (2.42)式$$

(2.42)式を「$V_{RB}=$」の変形すると、

$$V_{RB} = V_{CC} - V_{BE} \qquad \cdots\cdots (2.43)式$$

となります。また、抵抗R_Bはオームの法則より、

$$抵抗 R_B = \frac{V_{RB}}{I_B} \qquad \cdots\cdots (2.44)式$$

ですから、V_{RB}に(2.43)式を代入すると、

$$R_B = \frac{V_{RB}}{I_B} = \frac{V_{CC} - V_{BE}}{I_B} [\Omega] \qquad \cdots\cdots (2.45)式$$

となります。

　例えば、出力波形を適切に得るためのバイアス電流I_Bが50[μA]、バイアス電圧V_{BE}が0.7[V]、電源電圧V_{CC}が9[V]なら、バイアスを与えるための抵抗R_Bの値は、(2.45)式より、

$$R_B = \frac{V_{CC} - V_{BE}}{I_B} = \frac{9 - 0.7}{50 \times 10^{-6}} = 166 [k\Omega]$$

ということになります。

(3) 自己バイアス回路

　図2.30は、固定バイアス回路と同じように、電源が1つ、追加する抵抗が1本でできる簡単なバイアス回路です。この自己バイアス回路は、固定バイアス

回路に比べて、バイアスの安定性が向上しています。温度などの影響で不安定になりかけると、回路自身が安定になるように働きかけます。

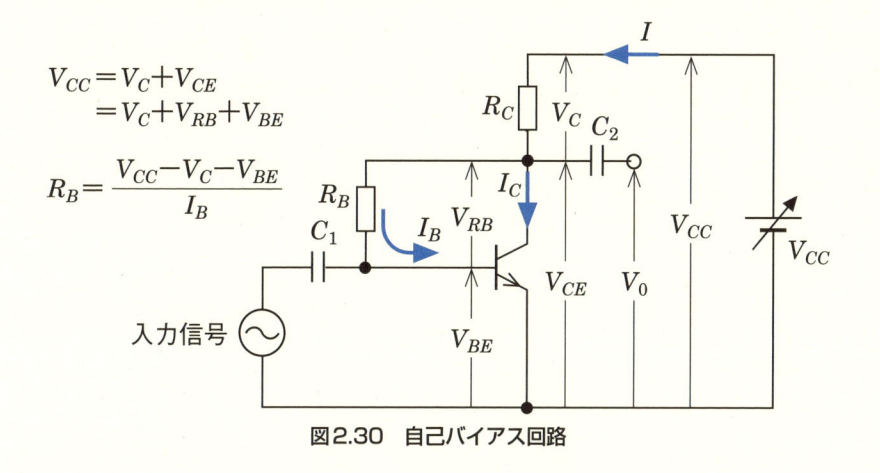

$$V_{CC} = V_C + V_{CE}$$
$$= V_C + V_{RB} + V_{BE}$$

$$R_B = \frac{V_{CC} - V_C - V_{BE}}{I_B}$$

図2.30 自己バイアス回路

では、バイアスを与えるための抵抗R_Bを求めましょう。

まずは、電流関係から考えましょう。図より、電流Iはコレクタ電流I_Cとベース電流I_Bに分流していますから、

$$I = I_B + I_C \qquad \cdots\cdots(2.46)式$$

です。ここで、I_BはI_Cに比べて非常に小さい(これを、$I_B \ll I_C$と書きます)ので、(2.45)式は、

$$I \fallingdotseq I_C \qquad \cdots\cdots(2.47)式$$

となります。

次に、電圧関係を考えます。抵抗R_Cの端子電圧V_Cは、オームの法則より、

$$V_C = I \cdot R_C$$
$$\fallingdotseq I_C \cdot R_C \quad \cdots\cdots [I \fallingdotseq I_C \text{より}]$$
……(2.48)式

となります。全体の電圧V_{CC}は、V_Cとコレクタ・エミッタ間電圧V_{CE}の和ですから、

$$V_{CC} = V_C + V_{CE} [\text{V}]$$
……(2.49)式

です。また、V_{CE}は、抵抗R_Bの端子電圧V_{RB}とベース・エミッタ間電圧V_{BE}の和ですから、

$$V_{CE} = V_{RB} + V_{BE} [\text{V}]$$
……(2.50)式

V_{RB}はオームの法則より、

$$V_{RB} = I_B \cdot R_B [\text{V}]$$
……(2.51)式

となります。従って、抵抗R_Bの値は、(2.51)式を変形すれば求めることができます。

$$\text{抵抗} R_B = \frac{V_{RB}}{I_B} [\Omega]$$
……(2.52)式

また、V_{RB}は、(2.50)式を変形すると求めることができるので、

$$V_{RB} = V_{CE} - V_{BE} [\text{V}]$$
……(2.53)式

となり、(2.53)式を(2.52)式に代入します。

$$抵抗 R_B = \frac{V_{RB}}{I_B} = \frac{V_{CE} - V_{BE}}{I_B} [\Omega] \qquad \cdots\cdots(2.54)式$$

さらに、V_{CE}は、(2.49)式を変形して求めます。

$$V_{CE} = V_{CC} - V_C [V] \qquad \cdots\cdots(2.55)式$$

これを(2.54)式に代入し、V_Cは、(2.48)式($V_C \fallingdotseq I_C \cdot R_C$)ですから、

$$\begin{aligned}
抵抗 R_B &= \frac{V_{RB}}{I_B} = \frac{V_{CE} - V_{BE}}{I_B} \qquad \cdots\cdots(2.56)式 \\
&= \frac{V_{CC} - V_C - V_{BE}}{I_B} \\
&\fallingdotseq \frac{V_{CC} - I_C \cdot R_C - V_{BE}}{I_B} [\Omega]
\end{aligned}$$

となります。

■ 安定性の検討

　自己バイアス回路が安定である証明を簡単に説明します。
　今、トランジスタの温度の影響によって、電流I_Cが上昇したとします。ここで、(2.56)式をベース電流「$I_B =$」の形に変形すると、

$$抵抗 R_B \fallingdotseq \frac{V_{CC} - I_C \cdot R_C - V_{BE}}{I_B} [\Omega] \qquad \cdots\cdots(2.56)式です$$

両辺にI_Bを掛けて、右辺の分母I_Bを約分して消します。

$$I_B R_B \fallingdotseq V_{CC} - I_C \cdot R_C - V_{BE}$$

スッキリとした形になりました。次に、両辺をR_Bで割ると、「$I_B=$」に変形完了です。

$$I_B \fallingdotseq \frac{V_{CC} - I_C \cdot R_C - V_{BE}}{R_B} \ [\mathrm{A}] \qquad \cdots\cdots(2.57)式$$

話を元に戻して、出力電流I_Cの上昇は、(2.57)式の分子$I_C \cdot R_C (\fallingdotseq V_C)$の上昇になります。従って、引く数値が大きくなると分子が小さくなりますので、ベース電流I_Bが減ります。こうなればしめたものです。

I_Bの減少は、エミッタ接地の電流増幅率の(2.20)式、

$$I_C = h_{FE} I_B \ [\mathrm{A}]$$

より、増えようとしたI_Cを減少させて、安定性を確立しています。ブロック図で見ると、図2.31のようになります。

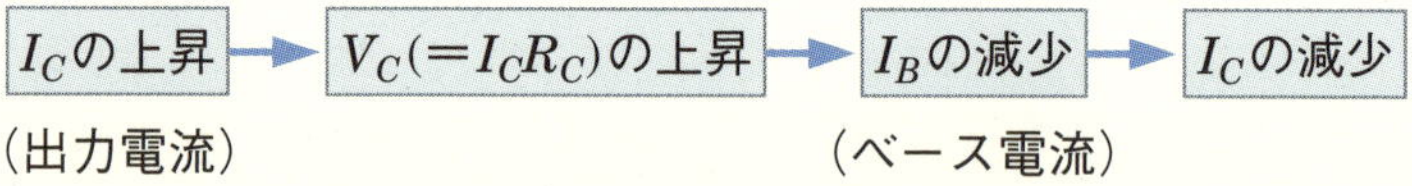

I_Cの上昇	→	$V_C(=I_C R_C)$の上昇	→	I_Bの減少	→	I_Cの減少
（出力電流）				（ベース電流）		

図2.31　自己バイアス回路の安定性

では、なぜこのようなことが可能なのでしょうか？　今度は数式ではなく、現象から考えましょう。

■ 負帰還(negative feedback)

図2.32は、この自己バイアス回路を使用した、エミッタ接地増幅回路の入出力電圧関係を表しています。出力電圧は、振幅(電圧の大きさ)が増幅されて大きくなっていると共に、位相が180°ずれて(反転している)いることに気が

付きます。周波数は同じです。これは、エミッタ接地増幅回路の特徴でもありました。

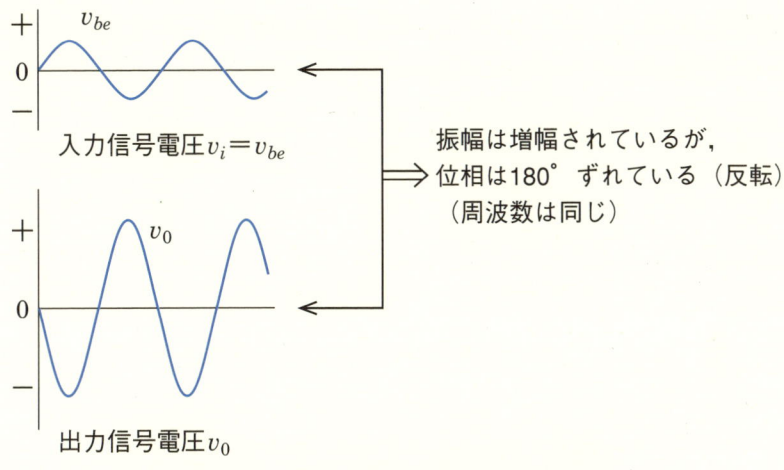

図2.32　エミッタ接地増幅回路の入出力電圧

　図2.30の自己バイアス回路を利用した増幅回路をもう一度よく見ると、出力を取り出すコレクタ端子には、もう一つ線が出ていて、抵抗$R_B[\Omega]$を通してベースに入っています。これは、出力を抵抗で小さくして入力に戻しています。このように出力の全部、または一部を入力側に戻すことを特別に帰還（*feedback*）と言います。

　この場合、入力波形に対し、反転している出力波形を入力に戻しているので、入力波形と合成すると、トランジスタのベースへ入る波形は小さくなってしまいます。

　このように、帰還した波形と、入力波形を合成してベースに入る波形が小さくなるような帰還を負帰還（*negative feedback*）と言います。

　逆に、ベースに入る波形が増えるような帰還を正帰還（*positive feedback*）と言います。

　図2.33は、入力信号がベースに入るまでの現象を示しています。反転して

いる出力電圧v_oを、抵抗R_B[Ω]を通して負帰還電流i_fを得ます。負帰還なのでマイナス（−）が付いています。これを、入力信号電流i_iと合成すると、i_fの分だけ小さくなった電流i_bが得られるのです。

また、ベースにはバイアス電流I_B（直流）が、R_Bを通して供給されていますので、i_bと合成すると、I_bになって、ベースに入力されます。

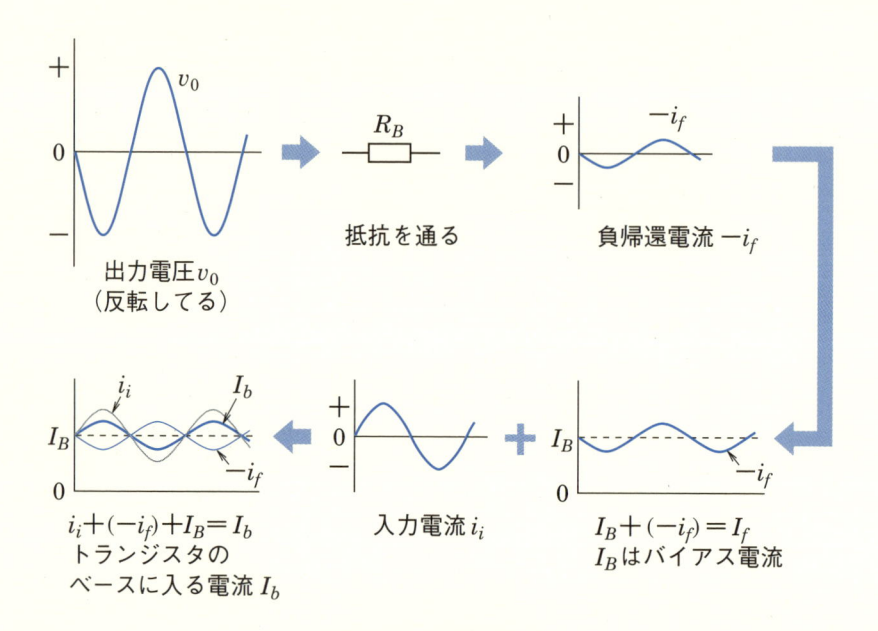

図2.33 負帰還の様子

■ 負帰還のメリットとデメリット

負帰還をかけると、次のようなメリットがあります。

(1) 雑音が低下する。
(2) 回路が安定する。
(3) 広範囲な周波数で安定した増幅ができる（広帯域）。

しかし、図2.34のように、トランジスタに入る波形が小さくなるので、「増幅度Aが下がったかのように見える」というデメリットがあります。

増幅度を上げるためには、増幅回路を2段、3段と増やせば済むことですが、安定性や、低雑音を得るには、負帰還が必要になります。

負帰還については、もう少し詳しく、後で述べます。

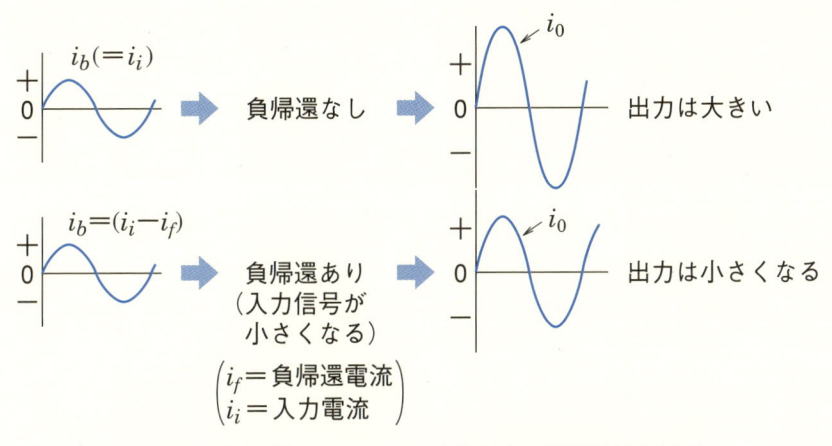

図2.34　出力が小さくなるので、見かけ上の増幅度は低下する。

（4）電流帰還バイアス回路

ここでは、増幅度を低下させずに、安定した増幅回路を考えます。決して欲張りなことではありません。自己バイアス回路では、交流に負帰還をかけていたので、入力波形が小さくなり、増幅度が下がったようになりました。

従って、交流には負帰還をかけず、直流のみに負帰還をかければよいことになります。

そこで図2.35のような電流帰還バイアス回路の登場です。ちょっと複雑な回路に見えますが自己バイアス回路に比べて、抵抗が2つ、コンデンサが1つ増えただけの回路ですから、しりごみする必要はありません。

図2.35　電流帰還バイアス回路

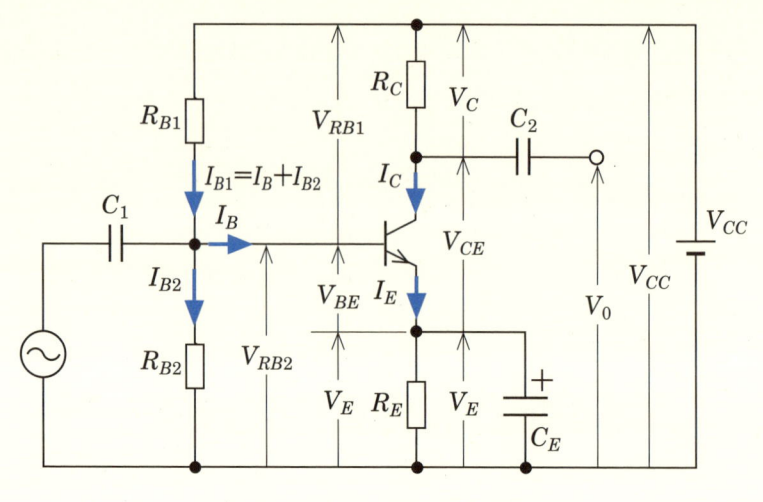

（C_E：バイパスコンデンサ）

■ ブリーダ抵抗

　このバイアス回路は、電源電圧V_{CC}を、抵抗R_{B1}とR_{B2}で分割（分圧）してベースバイアスとしています。このR_{B1}とR_{B2}をブリーダ抵抗と呼びます。

　ブリーダ抵抗を算出していきましょう。

　ブリーダ抵抗R_{B1}、R_{B2}は、オームの法則より、

$$R_{B1} = \frac{V_{RB1}}{I_{B1}} \qquad \cdots\cdots(2.57)式$$

$$R_{B2} = \frac{V_{RB2}}{I_{B2}} \qquad \cdots\cdots(2.58)式$$

となります。しかし、抵抗値を決める上で、バイアスの安定や消費電力の大きさを考慮しなくてはならないために、もう少し、電流・電圧を詳しく算出し、ノウハウを説明していきます。

■ 電流関係

まずは、電流関係から考えていきましょう。トランジスタの電流関係は、

$$I_E = I_C + I_B \qquad \cdots\cdots(2.1)式$$

でした。しかし、この場合のI_CとI_Bの大小関係は、$I_B \ll I_C$ですから、

$$I_E \fallingdotseq I_C \qquad \cdots\cdots(2.59)式$$

として扱うことにします。次に、ブリーダ抵抗の部分に流れる電流を考えましょう。

抵抗R_{B1}に流れる電流I_{B1}は、トランジスタのベースに向かうI_Bと、抵抗R_{B2}に向かうI_{B2}に分流しています。従って、I_{B1}は、

$$I_{B1} = I_B + I_{B2} \qquad \cdots\cdots(2.60)式$$

となります。この式の場合、電流の大小関係を考えると、I_Bは無視できません。

■ 電圧関係

次に、電圧関係を考えます。まず、電源電圧V_{CC}は、抵抗R_Cの端子電圧V_Cと、エミッタ・コレクタ間電圧V_{CE}、抵抗R_Eの端子電圧V_Eの和ですから、

$$V_{CC} = V_C + V_{CE} + V_E \qquad \cdots\cdots(2.61)式$$

となります。

また、これは、2つのブリーダ抵抗の端子電圧V_{RB1}とV_{RB2}の和でもあるので、

$$V_{CC} = V_{RB1} + V_{RB2} \qquad \cdots\cdots(2.62)式$$

となります。(2.62)式を「$V_{RB2}=$」に変形すると、V_{RB2} は、V_{CC} から V_{RB1} を差し引いた値ですので、

$$V_{RB2} = V_{CC} - V_{RB1} [\text{V}] \qquad \cdots\cdots(2.63)式$$

です。また、ベース・エミッタ間電圧 V_{BE} とエミッタ抵抗 R_E の端子電圧 V_E の和でもあるので、

$$V_{RB2} = V_{BE} + V_E [\text{V}] \qquad \cdots\cdots(2.64)式$$

になります。

これで何とかブリーダ抵抗 R_{B1}、R_{B2} を詳細な電流・電圧を使って求めることができそうです。

オームの法則で表した、(2.57)式、(2.58)式にいろいろ代入していくことにします。

■ 抵抗 R_{B2} を求めよう

まずは、R_{B2} の(2.58)式から考えます。ブリーダ抵抗の端子電圧 V_{RB2} には(2.64)式を使います。

$$R_{B2} = \frac{V_{RB2}}{I_{B2}} = \frac{V_{BE} + V_E}{I_{B2}} [\Omega] \qquad \cdots\cdots(2.65)式$$

ここでどのようにしたら、バイアスの安定性を向上できるのかを考えましょう。

バイアスの安定はズバリ、ベース電圧の安定になります。ベース電圧とは、ベースとアースの間の電圧のことで、図2.35で見ていくと、V_{RB2} に当たります。

V_{RB2} を安定させるためには、次のようなことを考えます。

R_{B2} の(2.58)式を「$V_{RB2}=$」のように変形し、(2.60)式を「$I_{B2}=$」に変形して代入すると、

$$V_{RB2} = I_{B2} R_{B2} \qquad \cdots\cdots [(2.58)式の変形]$$

$$= (I_{B1} - I_B) R_{B2} \qquad \cdots\cdots \begin{bmatrix} (2.60)式を「I_{B2}=」に \\ 変形して代入 \end{bmatrix} (2.66)式$$

となります。この(2.66)式の電流を見ると、I_{B1}が大きいほど、また差し引いているI_Bが小さいほど、V_{RB2}への影響が少ないことが分かります。

しかし、I_{B1}やI_{B2}を大きくするために抵抗R_{B1}、R_{B2}をむやみに小さくし過ぎると、今度は回路全体の増幅に使う電力とは関係のない消費電力が増えていき、無駄が増えていきます。従って、I_{B2}は、I_Bの10倍程度にすることが普通です。

$$I_{B2} = 10 \times I_B \qquad \cdots\cdots (2.67)式$$

また、エミッタ抵抗R_Eの端子電圧V_Eを大きくすることは、後で述べるように安定度の向上という意味ではよいことです。しかし、大きくしすぎるとあまり大きな出力波形が得られなくなりますので、電源電圧V_{CC}の10％程度にします。

$$V_E = 0.1 \times V_{CC} [\text{V}] \qquad \cdots\cdots (2.68)式$$

V_{BE}は普通 0.6〜0.7[V] 程度ですから、ベース電流I_Bは、$I_B - V_{BE}$特性から読みとることができます。従って、電源電圧V_{CC}を決定すれば、抵抗R_{B2}を求めることができます。

■ 抵抗R_{B1}を求めよう

続いて、抵抗R_{B1}を求めます。オームの法則の(2.57)式に、(2.63)式を「$V_{RB1}=$」に変形して代入し、I_{B1}へは、(2.60)式と(2.67)式を代入すると、

$$V_{RB1} = V_{CC} - V_{RB2} \qquad \cdots\cdots [(2.63)式を「V_{RB1}=」に変形] (2.69)式$$

$$R_{B1} = \frac{V_{RB1}}{I_{B1}} = \frac{V_{CC}-V_{RB2}}{I_B+I_{B2}} = \frac{V_{CC}-V_{RB2}}{I_B+10\times I_B} \ [\Omega] \qquad \cdots\cdots(2.70)式$$

となり、ブリーダ抵抗を求めることができます。

■ 安定性

電流帰還バイアス回路の安定性を証明していきましょう。

熱などの影響によって、I_Cが上昇したとしましょう。$I_C \fallingdotseq I_E$ですから、それに伴って、$V_E(=I_E R_E)$が上昇します。ここで(2.64)式を「$V_{BE}=$」に変形すると、

$$V_{BE} = V_{RB2} - V_E \ [V] \qquad \cdots\cdots[(2.64)式を「V_{BE}=」に変形]$$

となります。V_{RB2}は一定(安定)ですから、V_Eの上昇はすなわち、V_{BE}の減少になります。

V_{BE}の減少は、I_B-V_{BE}特性より、I_Bの減少になります。エミッタ接地の電流増幅率を表す(2.20)式の$I_C=h_{FE}I_B$から、I_Bの減少は、I_Cの減少になり、I_Cの上昇を抑えます。これで安定性の証明を終わります。ブロック図にすると、図2.36のようになります。

I_Cの上昇 → I_Eの上昇 → $V_E(=I_E R_E)$の上昇

I_Cの減少 ← I_Bの減少 ← V_{BE}の減少

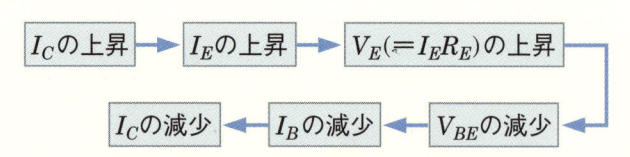

図2.36 電流帰還バイアス回路の安定性のしくみ

このように安定であるのは、自己バイアス回路にも出てきた、負帰還のおかげなのです。エミッタに抵抗R_Eを入れたことにより(図2.35)、エミッタ電圧V_Eが生じました。V_Eの増減が、V_{BE}、I_Bをコントロールして、安定させていたのです。

つまり、エミッタ電流I_EによるV_Eが、負帰還をかけていたのです。従って、V_Eのことを「帰還電圧」と呼びます。

■ 増幅度の低下を解決

もう1つ問題を解決しなければなりません。それは、見かけ上の増幅度の低下です。自己バイアス回路(図2.30)では、交流にも負帰還がかかっていましたから、見かけ上の増幅度が低下していたのです。

しかし電流帰還バイアス回路(図2.35)では、コンデンサC_Eのおかげで、交流には負帰還がかからないので、増幅度が低下せず、バイアス(直流)は負帰還によって安定しています。

では、なぜC_EをR_Eに並列に入れることで、交流には負帰還がかからないのかを考えます。

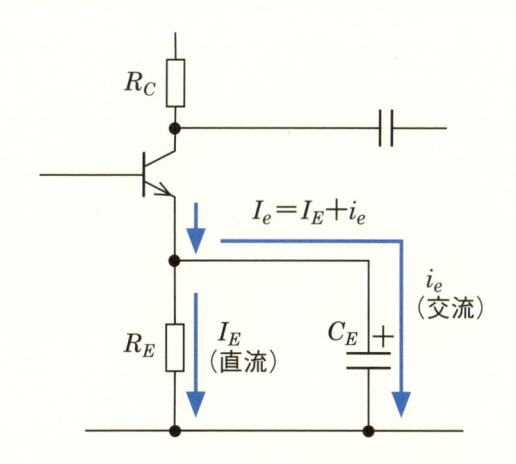

図2.37 バイパスコンデンサによる働きで交流には負帰還がかからない

コンデンサは、直流を通さず、交流は通します。従って、図2.37のように、交流はコンデンサC_Eを通り、直流は抵抗R_Eを通るために負帰還がかかります。このような働きをするコンデンサを特に「バイパスコンデンサ」と言います。

コンデンサのリアクタンス$X_C[\Omega]$は、周波数$f[Hz]$に反比例しますから、

$$X_C = \frac{1}{2\pi f C} \, [\Omega]$$

で表されました。この式から分かるように、周波数 f が一定でも、リアクタンス $X_C[\Omega]$ を低下させて交流をよく通すようにするには、コンデンサの静電容量 $C[\mathrm{F}]$ を大きくすればよいことになります。

同様に、低周波でも、リアクタンス X_C を低下させることができます。

静電容量 C が大きいコンデンサは、一般的に電解コンデンサと呼ばれる物を使います。このコンデンサは、極性を持っていますので、使用するときには注意が必要です。

例題

図で、トランジスタの $h_{FE}=100$、$V_{BE}=0.7[\mathrm{V}]$、$V_{CC}=10[\mathrm{V}]$、$I_C=2[\mathrm{mA}]$ のとき、ブリーダ抵抗 R_{B1}、R_{B2} と R_E を求めましょう。

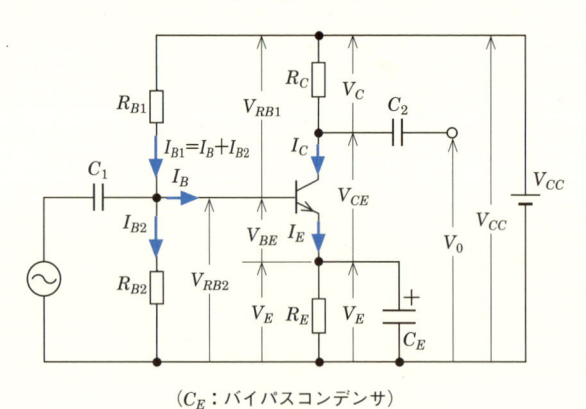

図（C_E：バイパスコンデンサ）

解　答

まず、エミッタ電圧 V_E は、V_{CC} の10％ですから、

$$V_E = 0.1 \times 10 = 1[\mathrm{V}]$$

です。また、$I_E \fallingdotseq I_C$ ですから、抵抗 R_E は、

$$R_E = \frac{V_E}{I_E} = \frac{1}{2 \times 10^{-3}} = 500[\Omega]$$

となります。次に、I_B を求めます。

$$I_B = \frac{I_C}{h_{FE}} = \frac{2 \times 10^{-3}}{100} = 20[\mu A]$$

従って、抵抗 R_{B2} に流れる電流 I_{B2} は、

$$I_{B2} = 10 I_B = 10 \times 20 \times 10^{-6} = 200[\mu A]$$

になりますから、抵抗 R_{B2} は、

$$R_{B2} = \frac{V_{RB2}}{I_{B2}} = \frac{V_{BE} + V_E}{I_{B2}} = \frac{0.7 + 1}{200 \times 10^{-6}} = 8500 = 8.5[k\Omega]$$

になります。さらに抵抗 R_{B1} は、

$$R_{B1} = \frac{V_{RB1}}{I_{B1}} = \frac{V_{RB1}}{I_B + I_{B2}} = \frac{V_{CC} - V_{RB2}}{I_B + I_{B2}}$$

$$= \frac{10 - 1.7}{(20 + 200) \times 10^{-6}}$$

$$\fallingdotseq 37727.27$$

$$\fallingdotseq 37.7[k\Omega]$$

となりました。

バイアス回路

2-9 簡単な低周波増幅回路の設計

ここでは、低周波増幅回路の設計を簡単に説明します。

増幅回路を設計するには、トランジスタの電気的特性を規格表などで調べておく必要があります。

例えば、静特性や、h_{FE}などです。特に静特性は、設計をする上で重要です。$V_{CE} - I_C$特性上では、設計した増幅回路の出力電圧や出力電流の波形を見ることができます。では、頑張っていきましょう。

負荷線と動作点

図2.38は、バイアス回路として、電流帰還バイアス回路を用いた増幅回路です。この回路内には、直流と交流が同時に流れています。

コンデンサは直流を流さないことをすでに学びましたから、図2.38を、直流が通る「直流等価回路」(図2.39)と、交流が通る「交流等価回路」(図2.40)の2つに分けて考えます。

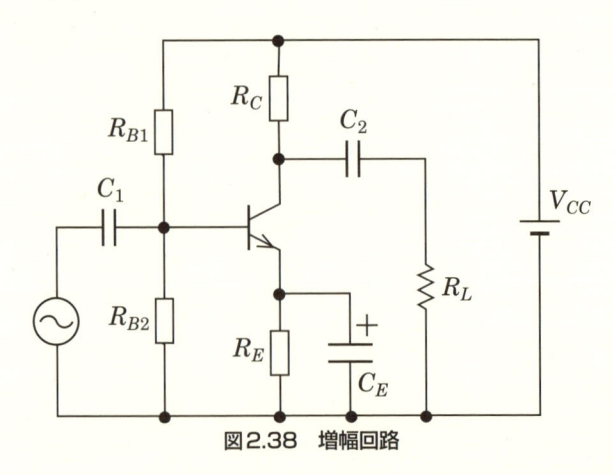

図2.38 増幅回路

図2.39 直流等価回路

図2.40 交流等価回路

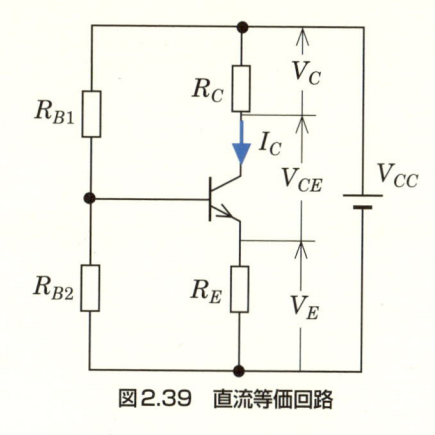

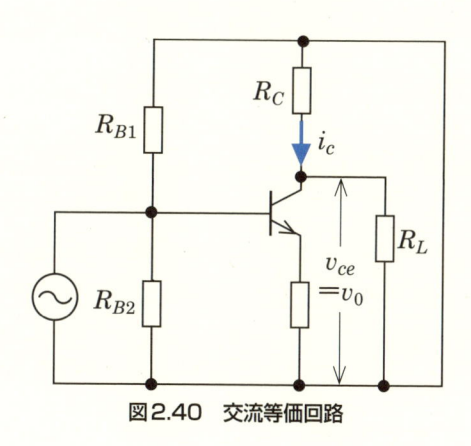

■ 直流負荷線を描く

　まずは、直流等価回路から、「直流負荷線」を描きましょう。

　図2.39の直流等価回路は、直流が通れないところは、省かれて描かれています。交流も同時に流れている部分もありますが、それは交流等価回路でも描かれています。

　電源電圧V_{CC}は、抵抗R_Cの端子電圧V_Cと、コレクタ・エミッタ間電圧V_{CE}、抵抗R_Eの端子電圧V_Eの和ですから、

$$V_{CC} = V_C + V_{CE} + V_E \qquad \cdots\cdots(2.71)式$$

簡単な低周波増幅回路の設計

となります。また、V_C、V_Eはオームの法則より、

$$V_C = I_C R_C$$
$$V_E = I_E R_E$$

ですから、(2.71)式に代入すると、

$$V_{CC} = I_C R_C + V_{CE} + I_E R_E \text{[V]} \quad \cdots\cdots (2.72)\text{式}$$

となります。ここで、電流I_Eは、$I_C + I_B$ ですが、$I_B << I_C$なので、$I_E ≒ I_C$ とします。従って、(2.72)式は、

$$V_{CC} = I_C(R_C + R_E) + V_{CE} \text{[V]} \quad \cdots\cdots [I_E ≒ I_C \text{より}] (2.73)\text{式}$$

となります。この式を使って、$V_{CE} - I_C$特性に直線を描きます。

まず(2.73)式に「$I_C = 0$」を代入して、横軸であるV_{CE}軸上との交点を求めます。

$$V_{CC} = 0 \times (R_C + R_E) + V_{CE}$$
$$= V_{CE} \text{[V]} \quad \cdots\cdots [\text{A点}]$$

となります。従って、図2.41中の$V_{CE} = V_{CC}$のところに点を打ち、A点とします。

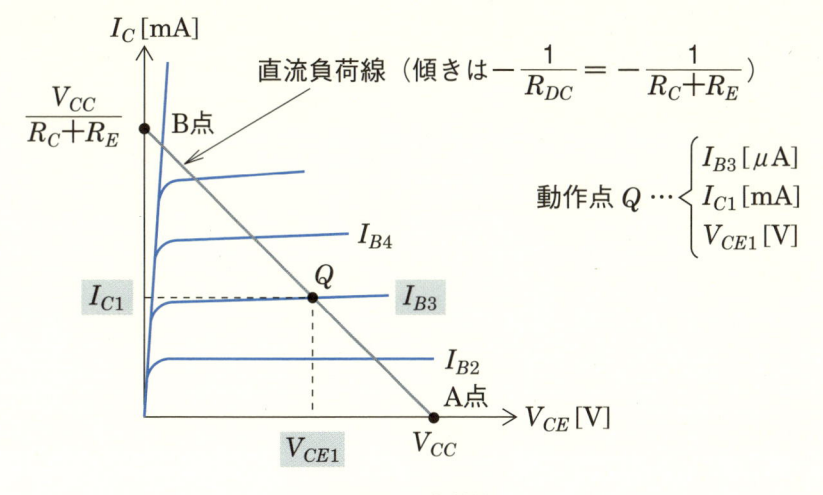

図2.41　負荷線

次に、$V_{CE}=0$ を(2.73)式に代入して、縦軸である I_C 軸上との交点を求めます。

$$V_{CC}=I_C(R_C+R_E)+0$$
$$=I_C(R_C+R_E)\,[\text{V}]$$

となります。この式を「$I_C=$」に変形しましょう。両辺を R_C+R_E で割り、右辺を約分すると、

$$\frac{V_{CC}}{R_C+R_E}=I_C \qquad\cdots\cdots[\text{B点}]\,(2.74)\text{式}$$

となり、「$I_C=$」の形になりました。これを縦軸 I_C 上のB点とします。この式で、R_C+R_E は直流回路の負荷ですから、R_{DC} と置くことにします。

$$R_{DC}=R_C+R_E\,[\Omega] \qquad\cdots\cdots(2.75)\text{式}$$

$V_{CE}-I_C$特性上の点Aと、点Bを直線で結びます。この直線を「直流負荷線」と呼びます。

この直流負荷線の傾きは、

$$-\frac{1}{R_{DC}} = -\frac{1}{R_C+R_E}$$

です。中学数学で習ったように、右下がりのグラフの傾きはマイナス(負)でした。直流回路における負荷抵抗$R_{DC}(=R_C+R_E)$によって決まる傾きの直線なので直流負荷線と呼ばれます。

直流値は、常にこの直流負荷線上のどこかにあります。例えば、図2.41中のQ点からI_B、I_C、V_{CE}を読みとると、

$I_B\ =I_{B3}$　（ベースバイアス電流I_Bが$I_{B3}[\mu A]$）
$I_C\ =I_{C1}$　（出力バイアス電流が$I_{C1}[mA]$）
$V_{CE}=V_{CE1}$（出力バイアス電圧が$V_{CE1}[V]$）

となります。

バイアスは直流のことで、このバイアスを中心に交流(信号)が動く(動作する)のです。言い換えると、**交流が動作する中心が、どのようなバイアスであるかが、直流負荷線上の1点で決まるのです。**

このようなことから、直流負荷線上の1点を「動作点」と言います。一般的に動作点は記号Qで表します。

従って、動作点をどこに設定するかによって、適切な出力波形が得られたり、波形の1部が切れてしまったりと、出力波形がどのようになるかを決めるので、非常に重要になります。

> **COLUMN　動作点は静止点**
>
> 　動作点とは、前述したように、交流がどのように動作するのかを決める重要な1点ですのでこう呼ばれました。しかし、信号(交流)が入力されていないときは、出力は、動作点の直流が出ます。波形を観測すると、直流ですから、1点に止まっています。従って、静止点とも言えそうです。実際に英書などに書いてある「動作点」を直訳すると、「静止点」となりそうです。英語が得意な方は、是非探してみてください。

■ 交流負荷線を描く

　次に、図2.40の交流等価回路を使って、交流負荷線を描きます。

　まず交流等価回路をもう少し見(考え)やすくするために、図2.42のように描き換えます。ちょうどR_CとR_LはP点で接続されていて、さらにX点とY点は同じ線上にありますから、このような図に描き直すことができるのです。

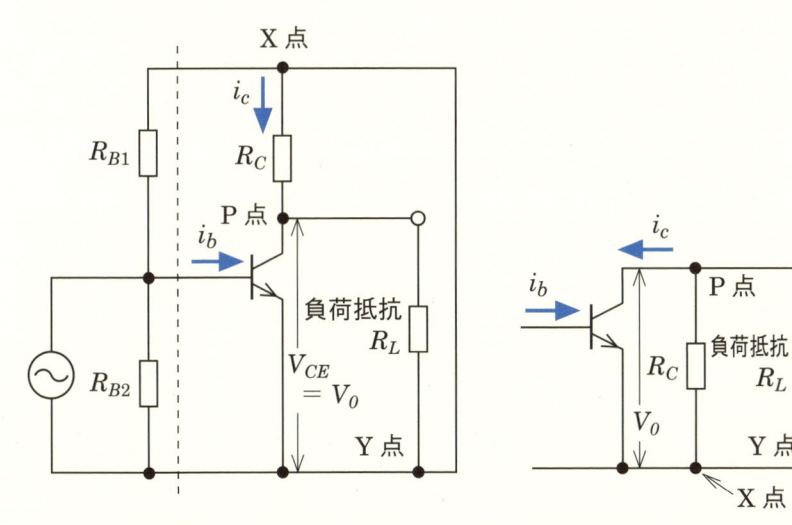

(a) 交流等価回路（図2.40と同じ）　　**(b) (a)の点線より右を書き直した図**

図2.42　計算しやすく描き直した図

このようにすると、出力側の抵抗は、並列接続になりますから、計算がしやすくなります。R_CとR_Lの並列接続の合成抵抗R_{AC}は、2つの抵抗の逆数を足して、さらに逆数にしたものですから、

$$R_{AC} = \frac{1}{\frac{1}{R_C} + \frac{1}{R_L}} [\Omega]$$

となり、これを変形すると、「和分の積」という形になりますので、

$$合成抵抗 R_{AC} = \frac{R_C R_L}{R_C + R_L} = \frac{2つの抵抗の積}{2つの抵抗の和} [\Omega]$$

となります。合成抵抗R_{AC}は、交流回路におけるトランジスタの負荷です。

　交流負荷が分かったところで、出力電圧v_o(=コレクタ・エミッタ間電圧v_{ce})を求めます。オームの法則より、

$$v_o = v_{ce} = i_c R_{AC} \qquad \cdots\cdots(2.76)式$$

です。また、出力電流i_o(=コレクタ電流i_c)は、(2.76)式を変形して、

$$i_c = \frac{v_{ce}}{R_{AC}} \qquad \cdots\cdots(2.77)式$$

となります。これら2つの式を使って、直流負荷線とそっくりな、交流負荷線を描きます。

　しかし、直流負荷線を描いたときのように、「$i_c=0$」や「$v_{ce}=0$」を代入してしまうと、どちらも答えは0になってしまい、直線は描けません。しかし、これでよいのです。$i_c=0$の時は当然$v_{ce}=0$ですが、これは動作点の位置を指しているのです。

　前にも書いたように図2.43のように、交流は直流負荷線上の動作点Qを中

心に動くのですから、i_c や v_{ce} が 0 ということは、動作点 Q の位置を指していることなのです。

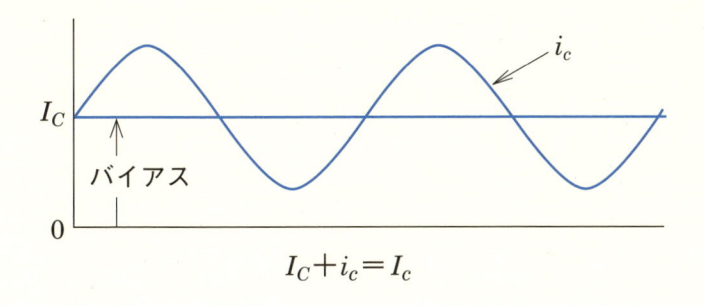

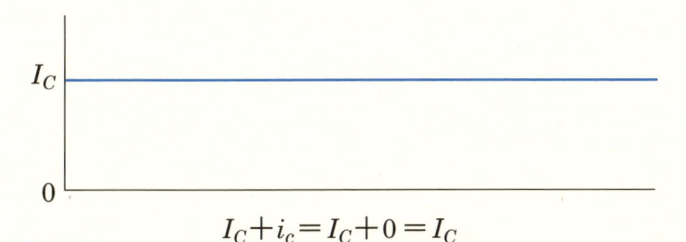

$I_C + i_c = I_c$

$I_C + i_c = I_C + 0 = I_C$

図2.43 $i_c = 0$ は I_C（出力バイアス電流）の位置

従って、交流負荷線は動作点を原点に、$-\dfrac{1}{R_{AC}}$ の傾きを持つ直線になるのです。交流（信号）は、交流負荷線上を動きます。出力信号の動作を図上で見るためには、交流負荷線と動作点が必要になります。

■ 入力波形を描く

入力信号に対して出力がどのようになっているのかを、$V_{CE}-I_C$ 特性図で設計するのですから、まず最初に、入力信号電流 i_b がどのような波形で、そして、入力バイアス電流 I_B と合成するとどのような波形になるのかを考えます。

入力信号電流 i_b は、図2.44(a) のような波形だとします。入力バイアス電流 I_B が I_{B3} であるとき、トランジスタのベースに入る電流 I_b は $I_{B3} + i_b$ であり、(b) のようになります。

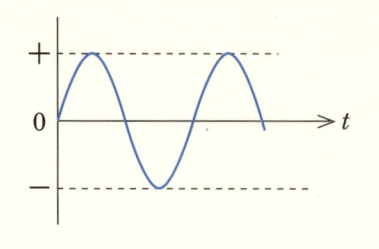

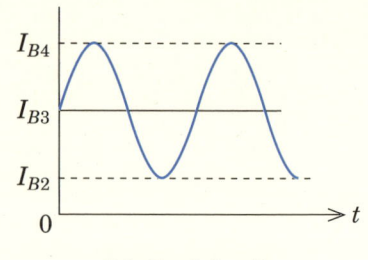

(a) 入力信号電流 i_b

(b) $I_{B3}+i_b=I_b$

図2.44　入力電流 I_b

(b)図を見ると、I_b は、入力バイアス電流 $I_{B3}[\mu A]$ を中心に、I_{B2} から I_{B4} の間を動いています。これを図2.45の $V_{CE}-I_C$ 特性に描き込みましょう。

最適な動作点 Q の位置が、入力バイアス電流が $I_{B3}[\mu A]$、出力バイアス電流が $I_{C3}[mA]$、出力バイアス電圧 V_{CE} が $V_{CE3}[V]$ であるとします。

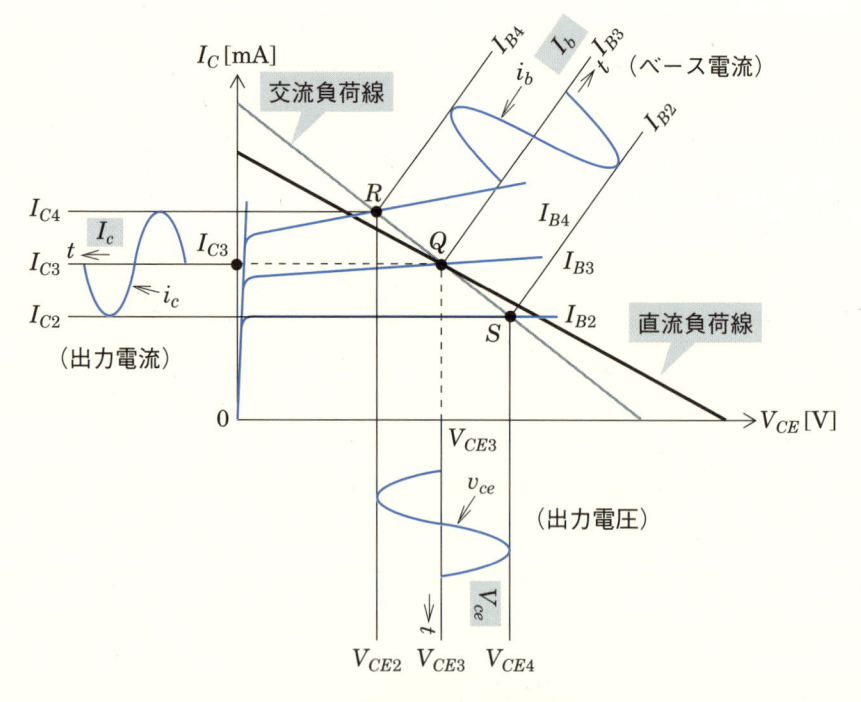

図2.45　増幅回路の入出力波形の関係

入力信号電流I_bは、図2.44(b)のようになっていますから、I_{B3}と交流負荷線とが交差する動作点Qから、交流負荷線と直角に交わる線を引きます。

I_bはI_{B3}を中心に、I_{B4}とI_{B2}を動くような波形だったのですから、I_{B4}の交点R、I_{B2}の交点Sから交流負荷線と直角に交わる線を引きます。ここに、I_bを描き込みます。これが入力波形です。

■ 出力波形を描く

次に、入力波形に対して、出力波形がどのようになるかを見ていきましょう。
まずは、出力電流I_c[mA]から説明します。
$V_{CE}-I_C$特性の縦軸はI_Cですから、点R、Q、Sから水平に縦軸I_Cと交わるように線を引きます。

■ 出力電流

入力信号I_bは、$Q \to R \to Q \to S \to Q$という順番で動いていますので、出力電流$I_c$もその順番で動きます。従って、図2.45のように、I_{C3}を中心にI_{C4}からI_{C2}までを動くことになります。

■ 出力電圧

同様に、出力電圧V_{ce}は、点R、Q、Sから真下に向かって線を引き、横軸であるV_{CE}と直角に交差させます。もちろん入力信号I_bは、$Q \to R \to Q \to S \to Q$という順番で動いていますので、$V_{ce}$もその順番で動きますが、その順番をよく見てください。

入力信号I_bが、$I_{B3}(Q) \to I_{B4}(R)$というように大きくなると、出力電圧V_{ce}は、$V_{CE3}(Q) \to V_{CE2}(R)$のように小さくなっていることに注意してください。

従って、図2.45のように、V_{CE3}を中心に、V_{CE4}からV_{CE2}までを動くことになります。

■ 入力電圧

入力電圧V_{be}がどこにもありませんが、入力電圧波形は、I_B-V_{BE}特性を使って知ることができます。図2.46は、I_B-V_{BE}特性です。この図に図2.44(b)の入力信号電流I_bを描き入れると、入力電圧V_{be}が分かるのです。

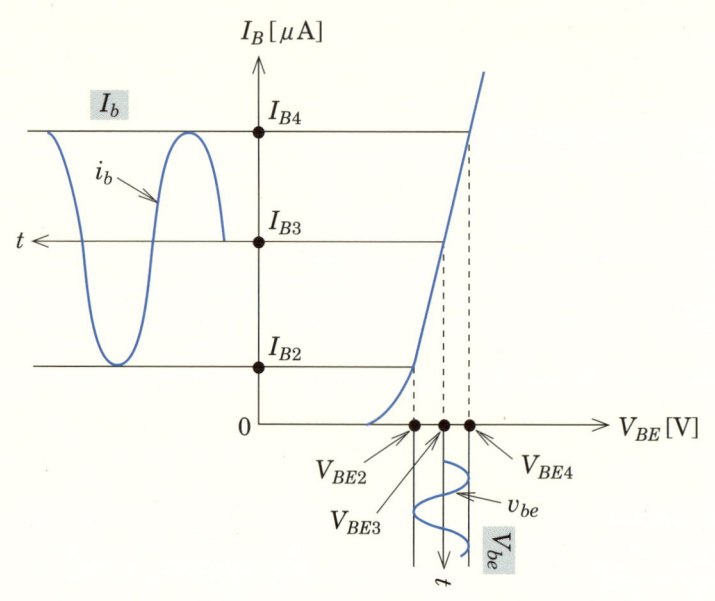

図2.46　I_B-V_{BE}特性で入力電流・電圧関係を知る

トランジスタへ入力される信号電流I_bは、

$I_{B3} \to I_{B4} \to I_{B3} \to I_{B2} \to I_{B3}$

というように動いてますから、それに伴って入力電圧V_{be}は、V_{BE3}を中心に、

$V_{BE3} \to V_{BE4} \to V_{BE3} \to V_{BE2} \to V_{BE3}$

と動きます。

ここで、$V_{CE}-I_C$特性上の入出力波形のみを図2.47に描きます。エミッタ接地増幅回路の特徴でもある「電圧波形の位相が反転」するのが分かりますね。

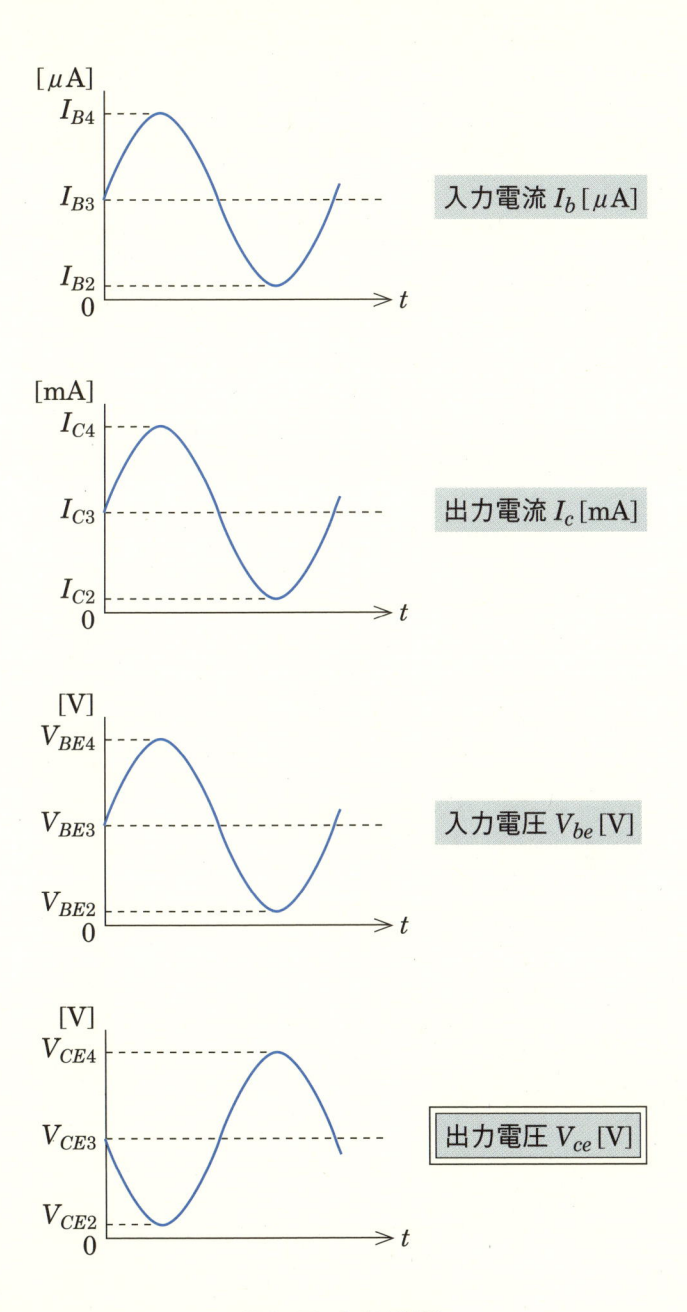

図2.47　入出力関係

■ 増幅の検証

　増幅されているかどうかをみてみましょう。振幅はみんな同じに描きましたが、電流の単位は、I_b が $[\mu A]$、I_c が $[mA]$ であることから増幅されていることが分かります。

　電圧も、入力電圧 V_{be} が $0.7[V]$ 程度に対し、出力電圧 V_{ce} は、オームの法則より、I_{C3}（出力バイアス電流）とコレクタ抵抗 R_C の積ですから、

$$V_{CE3} = I_{C3} R_C$$

となり、これを中心に動いているので、電圧も増幅されている様子が分かります。

　以上で、すべての入出力波形関係が分かりました。
　$V_{CE}-I_C$ 特性や、I_B-V_{BE} 特性に対して、どのように波形を描き入れて、その関係を知るのかを必ずマスターするようにしてください。

最適な動作点の決定

　動作点の位置は、増幅回路にとって「非常に重要である」と前に書きました。動作点の位置次第では、出力波形の一部がつぶれてしまったり、歪んだり、出力波形として欲しかった波形が得られないことがあります。
　従って、出力波形として得たい波形を出力させるには、最適な動作点の位置を設定することが必要になります。

■ 出力波形の種類と動作点

　まず、出力波形の種類に応じて、3つの動作点について簡単に説明します。

① A級増幅回路

A級増幅回路は、入力波形と同じような出力波形を得るための動作点を設定します。さらに、出力波形の正・負の振幅が同じだけ増幅され、最大にとれるように設定したものです。

従って、このような出力波形を得るためには、図2.48のように、交流が動作する「交流負荷線のほぼ中央に動作点Qを設定する」ことになります。

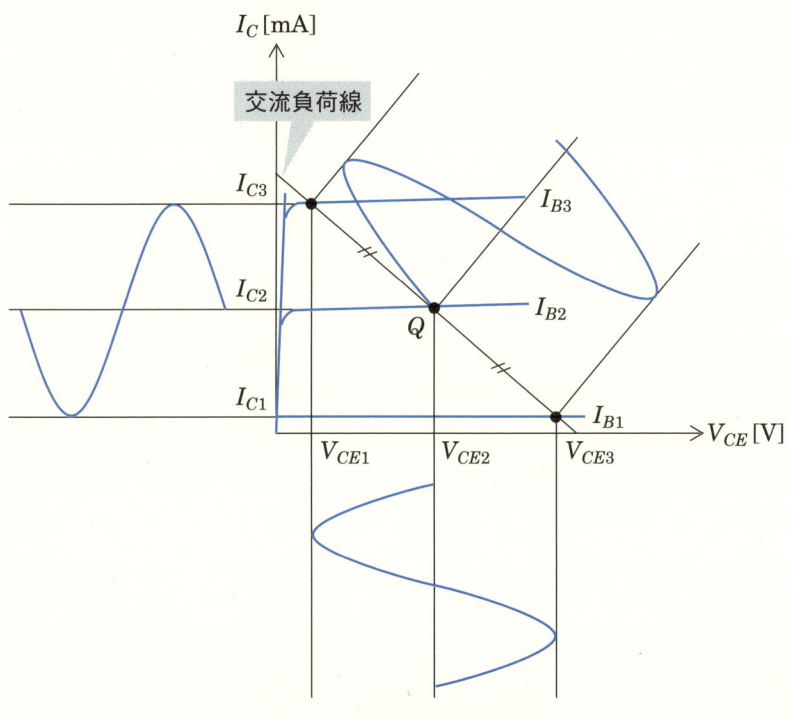

図2.48　A級動増幅回路の波形

トランジスタ1つで、ひずみの少ない出力波形が得られますが、入力信号（交流）が無いときも、バイアス電流が常に流れるので、発熱も多く、電源の効率があまりよくないのが特徴です。

② B級動増幅回路

　B級動増幅回路は、入力波形の正または負の半サイクルのみを増幅するように設定した動作点のことです。図2.49のように、動作点Qを交流負荷線の一番下側に設定することによって、入力波形が正の半サイクルしか入力できませんが、半サイクルのみを大きく増幅できます。

　通常は正・負の半サイクルを、それぞれのトランジスタで最大に増幅して出力側で合成して使います。このような電力増幅回路を「B級プッシュプル回路」と言います。

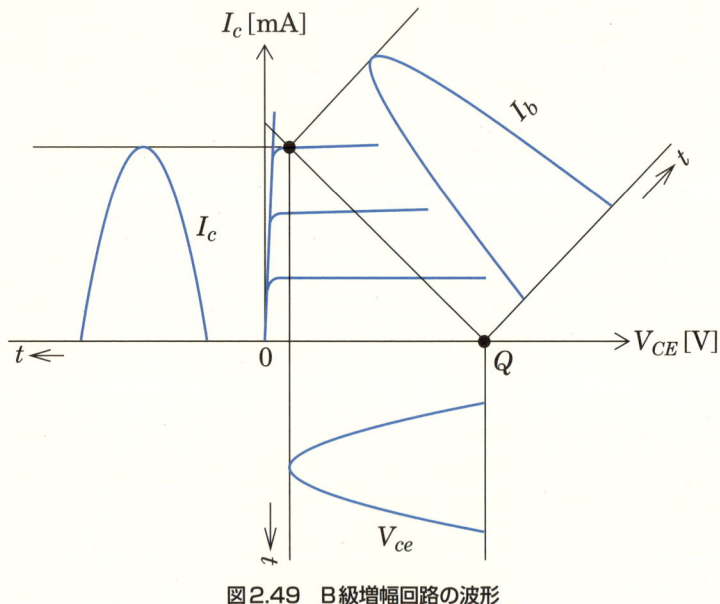

図2.49　B級増幅回路の波形

　A級増幅回路に比べて、入力信号が無いときにはバイアス電流も無いので、効率が良い回路と言えます。

A級増幅

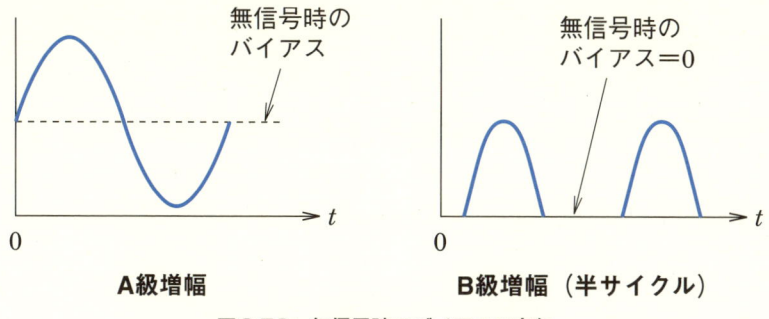

B級増幅（半サイクル）

図2.50　無信号時のバイアスの有無

③ C級増幅回路

　図2.51のようにB級増幅回路より、さらに下側に動作点を設定して、入力波形の頂点付近のみを増幅するための回路です。一般的に高周波増幅回路で使われます。

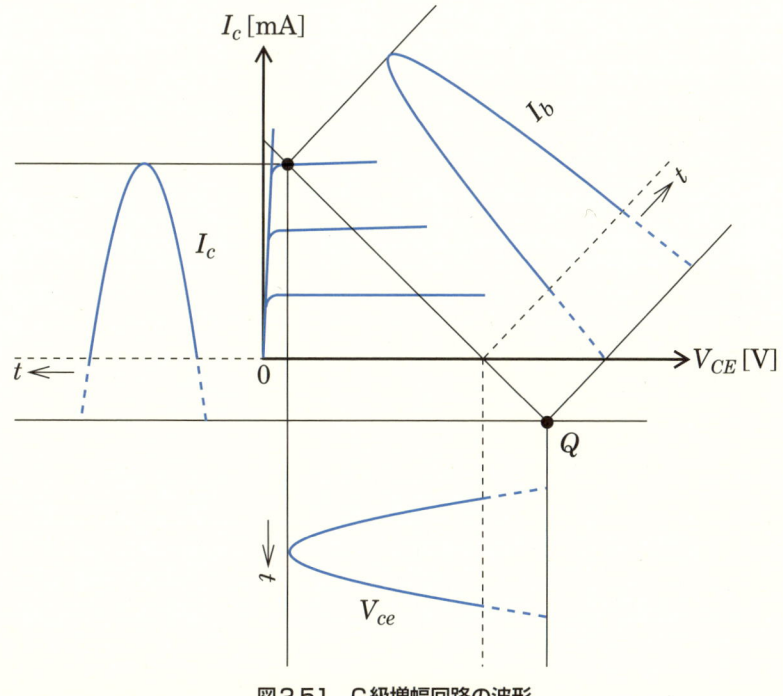

図2.51　C級増幅回路の波形

簡単な低周波増幅回路の設計

出力波形には大きなひずみを伴います。

以上のように、3つの増幅回路と動作点の位置を簡単に説明しました。

■ 最適な動作点の求め方

では、ここから先、最適な動作点の求め方を説明していきましょう。

説明する動作点は、A級増幅回路で小信号を扱います。出力として大きな信号が欲しい場合は、後で説明する電力増幅回路をお読みください。

図2.52は、負荷抵抗$R_L[\Omega]$を接続した、エミッタ接地増幅回路です。バイアス回路としては、電流帰還バイアス回路を使用しています。

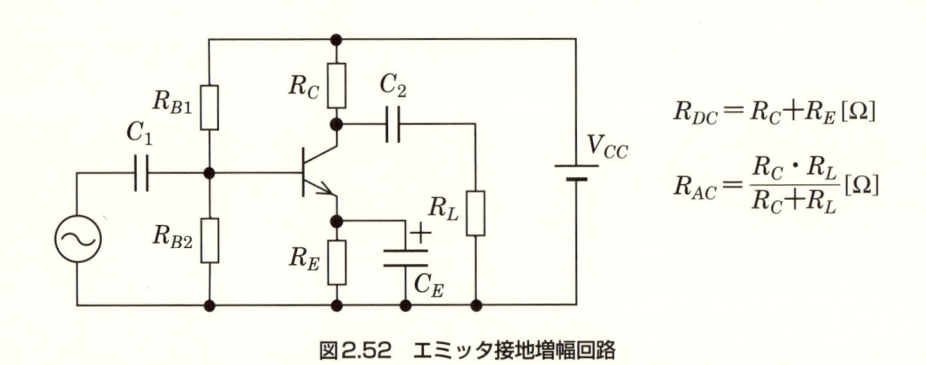

$$R_{DC} = R_C + R_E [\Omega]$$

$$R_{AC} = \frac{R_C \cdot R_L}{R_C + R_L} [\Omega]$$

図2.52 エミッタ接地増幅回路

まずは、(2.73)式によって、図2.53のように、直流負荷線を描きましょう。

$$V_{CC} = I_C(R_C + R_E) + V_{CE} \qquad \cdots\cdots(2.73)式$$

$$I_C = 0 \rightarrow V_{CE} = V_{CC} \qquad \cdots\cdots [図のB点]$$

$$V_{CE} = 0 \rightarrow I_C = \frac{V_{CE}}{R_{DC}}$$

これら2点を直線で結ぶと、直流負荷線が描けます。

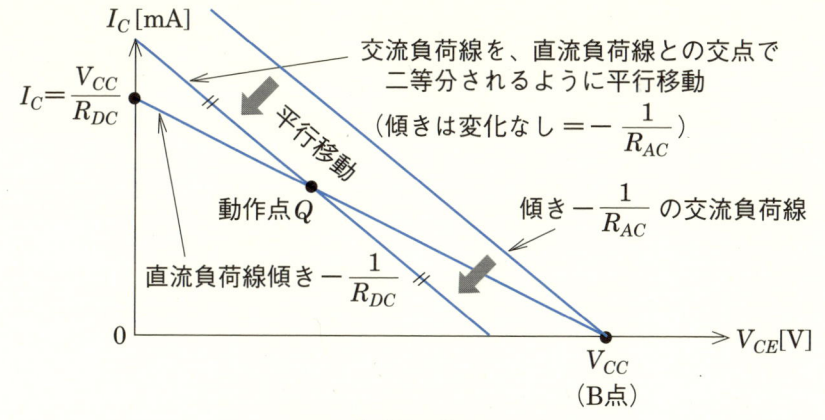

図2.53 負荷線を描きましょう。

次に、交流負荷線を描きます。

A級増幅回路における最適動作点は、交流負荷線の約二等分した点でしたね。また、交流負荷線の傾きは、$-\dfrac{1}{R_{AC}}$ でしたから、図中の適当なところに、この傾きの直線(交流負荷線)を描きます。そして、交流負荷線と直流負荷線との交点が、ちょうど交流負荷線を約二等分する所まで、交流負荷線を平行移動すればよいのです(図2.53参照)。

この2直線の交点こそが、最適な動作点 Q なのです。

■ 計算で求めよう

このように作図をして最適な動作点 Q を読みとるのもよいのですが、計算をして求める方法も考えてみましょう。

最適な動作点から読みとったバイアスを図2.54のようにします。

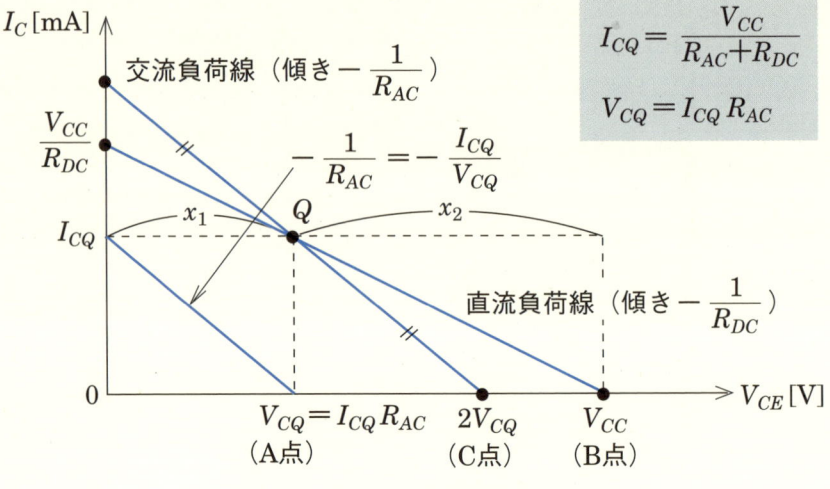

図2.54 最適動作点を計算で求めよう。

$$I_{CQ} = \frac{V_{CC}}{R_{AC} + R_{DC}}$$

$$V_{CQ} = I_{CQ} R_{AC}$$

出力バイアス電流 $I_C = I_{CQ}[\mathrm{mA}]$、

出力バイアス電圧 $V_{CE} = V_{CQ}[\mathrm{V}]$

　B点は、(2.73)式より、$V_{CE} = V_{CC}[\mathrm{V}]$、C点は、交流負荷線の中点の電圧が V_{CQ} ですから、その倍の、$2V_{CQ}$ になります。

　I_{CQ} と V_{CQ}（A点）を直線で結ぶと、交流負荷線と同じ傾きの線が描けます。交流負荷線と同じ傾きですから、$-\dfrac{1}{R_{AC}}$ ですが、傾きは、$\dfrac{y(縦)}{x(横)}$ で求めることができるので、

$$傾き = \frac{-I_{CQ}}{V_{CQ}} = -\frac{1}{R_{AC}} \quad \cdots\cdots(2.78)式$$

となります。(2.78)式を「$V_{CQ} =$」の形に変形していきます。まず、(2.78)式は両辺が負なのでマイナスが無くなり、さらに両辺を同時に逆数にします。

$$R_{AC} = \frac{V_{CQ}}{I_{CQ}}$$

この式の両辺に I_{CQ} を掛けて、約分すると、

$$V_{CQ} = I_{CQ} R_{AC} \qquad \cdots\cdots(2.79)式$$

となりました。しかし、この(2.79)式内には、I_{CQ} があるので、まだ作図に頼るしか求めることができません。従って、I_{CQ} を何らかの方法で算出する必要があります。

もう一度図2.54を見てください。横軸の V_{CC}（B点）は、0点からA点までの長さ x_1 と、A点からB点までの長さ x_2 の和ですから、

$$V_{CC} = x_1 + x_2 \qquad \cdots\cdots(2.80)式$$

となります。ここで、

$$x_1 = V_{CQ} = I_{CQ} R_{AC}$$

ということは、図からも、そして、(2.79)式からも分かると思います。

では、x_2 はどうなるのでしょうか？

動作点 Q と V_{CC}（B点）を結ぶ直線は、直流負荷線の下部分です。この傾きは当然、$-\frac{1}{R_{DC}}$ でした。ここでも先ほどと同じ、傾き $= \frac{y(縦)}{x(横)}$ に当てはめると、

$$傾き = -\frac{1}{R_{DC}} = \frac{-I_{CQ}}{x_2} \qquad \cdots\cdots(2.81)式$$

となります。この(2.81)式を「$x_2 =$」に変形すれば求まります。

(2.81)式は、両辺が負なのでマイナスが無くなり、さらに両辺を同時に逆数にします。

$$R_{DC} = \frac{x_2}{I_{CQ}}$$

この式の両辺にI_{CQ}を掛けて、約分します。

$$x_2 = I_{CQ} R_{DC} \qquad \cdots\cdots(2.82)式$$

従って、(2.80)式はこれらを代入すると、

$$\begin{aligned} V_{CC} &= x_1 + x_2 \\ &= V_{CQ} + I_{CQ} R_{DC} \\ &= I_{CQ} R_{AC} + I_{CQ} R_{DC} \end{aligned} \qquad \cdots\cdots(2.83)式$$

となります。(2.83)式の右辺のI_{CQ}をまとめると、

$$V_{CC} = I_{CQ}(R_{AC} + R_{DC}) \qquad \cdots\cdots(2.84)式$$

となります。従って、(2.84)式を「$I_{CQ}=$」に変形すれば求まります。

$$I_{CQ} = \frac{V_{CC}}{R_{AC} + R_{DC}} \qquad \cdots\cdots(2.85)式$$

これで、出力バイアス電流I_{CQ}が求まり、さらに(2.79)式に代入することで、出力バイアス電圧V_{CQ}を算出できます。

2-10 増幅回路の負荷をトランスで結合する

　前項までは、負荷をつなぐときコレクタから出力端子を出して、直接、負荷抵抗$R_L[\Omega]$を接続していました。これを「直接負荷」と言います。
　これから学ぶことは、コレクタにトランスの1次側を接続し、2次側に負荷抵抗$R_L[\Omega]$を接続する、「トランス結合」と呼ばれるものです。
　特徴としては、スピーカーなどの抵抗の小さい負荷を接続する際に、直接負荷では設計等が困難になりますが、トランスを介して接続することで、トランスの巻数を変えることにより、容易に整合(インピーダンスマッチング)がとれることです。従って、大きな信号を取り扱う電力増幅回路にはよく用いられます。

トランスによるインピーダンスの変換

　図2.55は、負荷抵抗$R_L[\Omega]$をトランス結合した増幅回路です。コレクタにトランスが接続されているのが分かると思います。

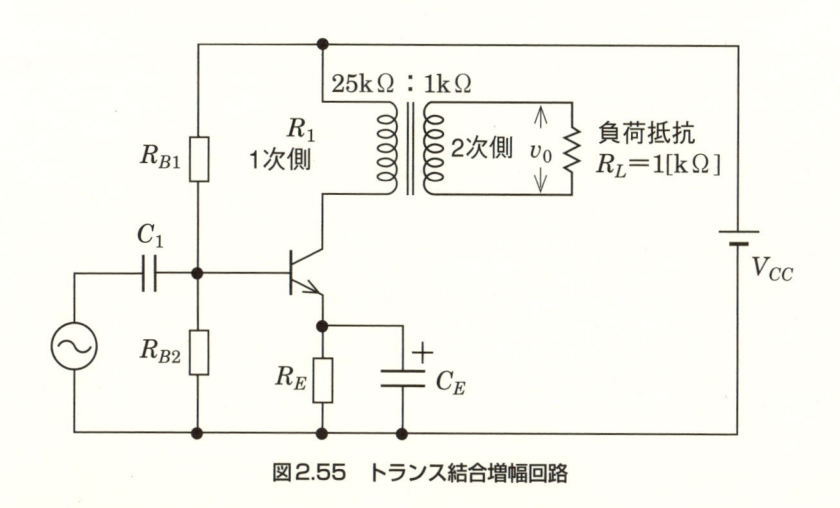

図2.55　トランス結合増幅回路

このトランス結合によって、負荷抵抗の整合がどのようになるのかを図2.56に示します。

　トランスには、1次側から見た抵抗と、2次側から見た抵抗の2つが存在します。図(a)のようなトランスの巻数比から抵抗を算出する場合と、図(b)のように直接インピーダンス比が書かれている場合があります。一般的には図(b)のようにインピーダンス比で表す方が多いようです。

巻数比

$n:1$　　　　　$n:1$

1次側から見た抵抗 $R_1 = n^2 R_L [\Omega]$　　$R_L [\Omega]$　　$R_1 [\Omega]$　　2次側から見た抵抗 $R_2 = \dfrac{R_1}{n^2} [\Omega]$

(a) 巻数比からインピーダンスを算出

インピーダンス比

$25[k\Omega] : 1[k\Omega]$　　　　$25[k\Omega] : 1[k\Omega]$

1次側から見た 25[kΩ]　　1[kΩ]　　25[kΩ]　　2次側から見た 1[kΩ]

(b) インピーダンス比で表示される例

図2.56　トランスによるインピーダンスの変換

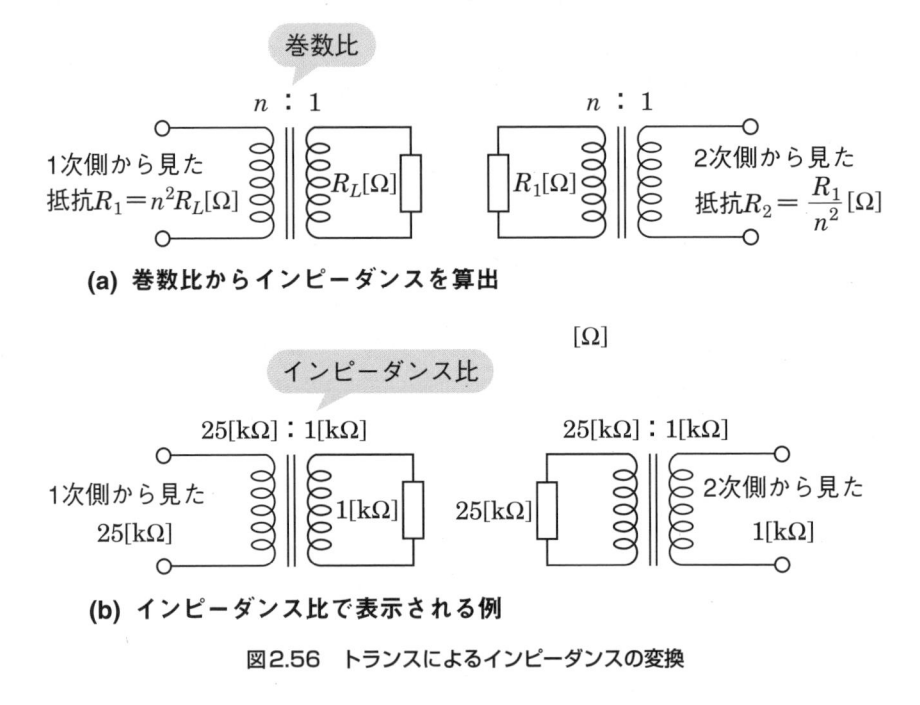

　図(a)の巻数比($n:1$)によるインピーダンスの変換は、2次側に接続された負荷抵抗 $R_L [\Omega]$ を1次側から見ると、

$$1次側から見た抵抗 R_1 = n^2 R_L [\Omega] \qquad \cdots\cdots(2.86)式$$

となります。逆に2次側から見た1次側の抵抗 R_2 は、

$$R_2 = \frac{R_1}{n^2} \ [\Omega] \qquad \cdots\cdots(2.87)式$$

となります。

トランス結合増幅回路の設計

　トランス結合増幅回路の最適なバイアス点を見つけることが、設計するに当たって重要なことです。では、適切なバイアス点を算出しましょう。
　図2.55の回路図を使います。この回路図を直流等価回路と、交流等価回路に分けて考えます。
　図2.57(a)は直流等価回路です。

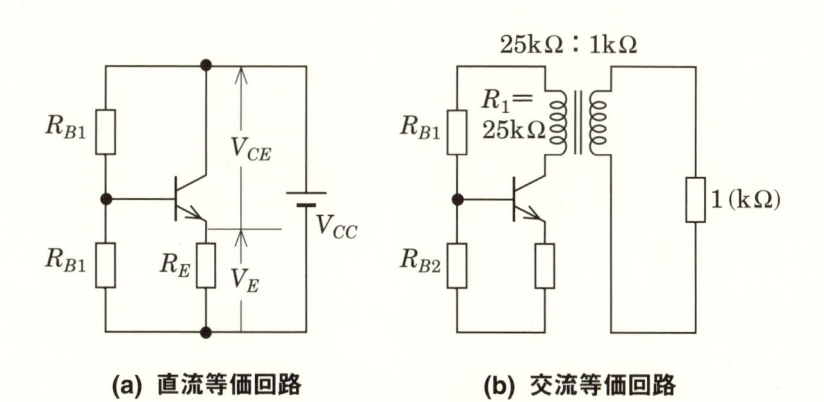

(a) 直流等価回路　　　　**(b) 交流等価回路**

図2.57　等価回路

　トランスのコイル部分の巻線抵抗は小さいので無視すると、電源電圧V_{CC}は、

$$\begin{aligned} V_{CC} &= V_{CE} + V_E \\ &= V_{CE} + I_E R_E \ [V] \end{aligned} \qquad \cdots\cdots(2.88)式$$

となります。つまり、直流等価回路では、負荷抵抗がR_Eのみなので直流負荷線は、

$$直流負荷線の傾き = -\frac{1}{R_E} \qquad \cdots\cdots(2.89)式$$

となります。

　直接負荷をコレクタに接続した場合は(図2.52)、直流等価回路の負荷抵抗R_{DC}は、2つの抵抗の和$(R_C + R_E)$で、その時の直流負荷線の傾きは、$-\frac{1}{R_{DC}}$でした。明らかに、トランス結合の場合の直流負荷線の傾きの方が、分母が小さい($R_{DC} = R_E$のみのため)ので、傾きが大きくなり、図2.58のように$V_{CE} = V_{CC}$のところで、直線的に立って行くのが分かります。

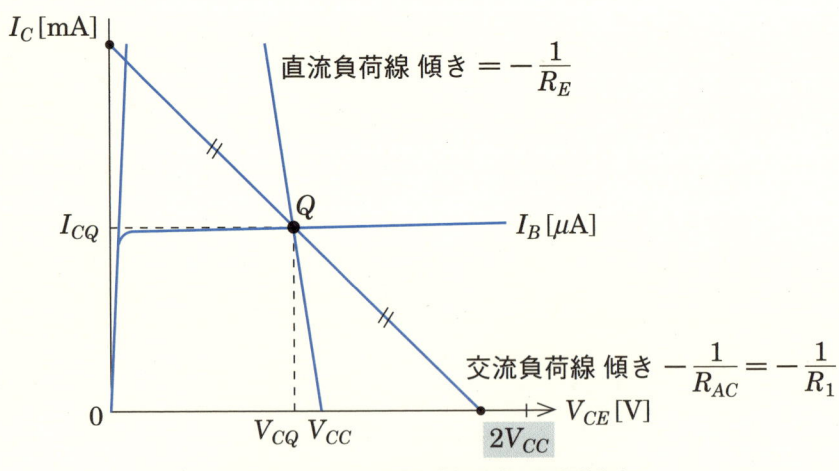

図2.58　トランス結合増幅回路の最適動作点

　A級増幅回路を設計するには、交流負荷線をちょうど2等分する点が、直流負荷線と交わるように動作点を決定するのでした。
　従って、図2.58を見ても分かるとおり、ほぼV_{CC}の位置が、最適な動作点となりそうです。

次に、交流等価回路図2.57(b)を使って、交流負荷線の傾きを考えましょう。

交流等価回路において、トランジスタの負荷になっているのはトランスの1次側から見た25[kΩ]です。従って、交流負荷線の傾きは、

$$-\frac{1}{R_{AC}} = -\frac{1}{R_1}$$

ということになります。

最適動作点の算出は、(2.85)式、(2.79)式でしたから、

$$I_{CQ} = \frac{V_{CC}}{R_{AC}+R_{DC}} = \frac{V_{CC}}{R_E+R_1} \qquad \cdots\cdots(2.90)式$$

$$V_{CQ} = I_{CQ}R_{AC} = I_{CQ}R_1 \qquad \cdots\cdots(2.91)式$$

ということになります。

もう少し最適動作点の図2.58を見てみましょう。

興味深いのは交流的には、電源電圧V_{CC}の約2倍もの電圧がコレクタにかかることが分かります。

従って、トランジスタの耐圧(トランジスタが壊れずに耐えられる電圧)に十分注意が必要になるのです。

2-11 直接負荷増幅回路とトランス結合増幅回路の電源効率

　電源効率というのは、負荷から得られる交流の出力電力と、電源が与えた直流電力の比を言います。
　ここでは、直接負荷の電源効率と、トランス結合の電源効率の比較を行います。

(1) 直接負荷の電源効率

　以前にも描きましたが、図2.59は、直接負荷接続の交流負荷線です。出力波形が歪まずに、最大限得られるためにA級増幅回路にしました。従って、動作点Qは交流負荷線を2等分した所に設定するのでした。

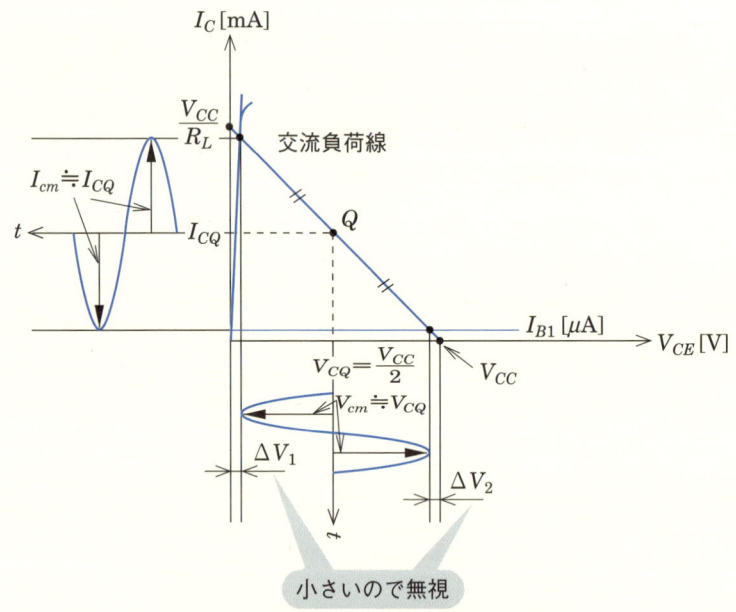

図2.59　直接負荷A級増幅回路の出力波形

図を見ると、出力波形は、V_{CQ}、I_{CQ}を中心に動作することが分かります。また、出力電圧波形V_{ce}の最大値V_{cm}は、

$$出力電圧波形の最大値 V_{cm} \fallingdotseq \frac{V_{CC}}{2} \qquad \cdots\cdots(2.92)式$$

ということも分かります。従って、出力電流I_cの最大値I_{cm}は、交流負荷線の傾きとオームの法則によって、

$$出力電流の最大値 I_{cm} = \frac{最大値 V_{cm}}{R_L} = \frac{V_{CC}}{2R_L} \qquad \cdots\cdots(2.93)式$$

となります。

● 電力

電力は、電流と電圧の積で表されますから、電力の最大値はP_mは、

$$電力の最大値 P_m = V_{cm} I_{cm} \ [\text{W}] \qquad \cdots\cdots(2.94)式$$

となります。また、電流と電圧を実効値に変換して求めると、電流、電圧の最大値をそれぞれ$\sqrt{2}$で割るので、

$$P_m = \frac{V_{cm}}{\sqrt{2}} \cdot \frac{I_{cm}}{\sqrt{2}} = \frac{1}{2} \cdot V_{cm} I_{cm} \ [\text{W}] \qquad \cdots\cdots(2.95)式$$

となります。ここで、(2.95)式に(2.92)式、(2.93)式を代入すると、

$$P_m = \frac{1}{2} \cdot \frac{V_{CC}}{2} \cdot \frac{V_{CC}}{2R_L}$$

$$= \frac{V_{cc}^2}{8R_L} \ [\text{W}] \qquad \cdots\cdots(2.96)式$$

となります。

● **直流の平均電力**

次に、電源が与える直流の平均電力を求めます。電源電圧は、直流で$V_{CC}[\text{V}]$、出力電流の平均値は、出力電流I_cがI_{CQ}を中心として動いているので、当然平均値はI_{CQ}です。従って、直流平均電力Pは、

$$直流平均電力P = V_{CC} \cdot I_{CQ} \ [\text{W}] \qquad \cdots\cdots(2.97)式$$

となります。ここで、I_{CQ}と、V_{CC}をもう少し考えることにします。I_{CQ}は、「平均値＝波形の中心値」でした。

ということは図2.59のように、A級増幅回路では、正・負の最大値が等しいので、最大値I_{cm}とI_{CQ}は、ほぼ等しくなります。

$$I_{cm} = I_{CQ} \qquad \cdots\cdots(2.98)式$$

また、V_{CC}はV_{CQ}の2倍（$V_{CQ} = \frac{V_{CC}}{2}$より）ですから、

$$V_{CC} = 2V_{CQ} \qquad \cdots\cdots(2.99)式$$

従って、(2.97)式は、(2.98)式、(2.99)式を使って表すと、

$$P = 2V_{CQ} \cdot I_{cm} \ [\text{W}] \qquad \cdots\cdots(2.100)式$$

になります。

これでやっと、直接負荷増幅回路の電源効率を算出できます。電源効率η（イータ：ギリシャ文字）は、交流の出力電力と電源が与える直流電力の比で

すので、

$$電源効率\,\eta = \frac{交流電力\,P_m}{直流電力\,P} = \frac{\frac{1}{2}V_{cm}I_{cm}}{V_{CC}I_{CQ}} = \frac{\frac{1}{2}V_{CQ}I_{cm}}{2V_{CQ}I_{cm}} = \frac{\frac{1}{2}}{2} = \frac{1}{4}$$
$$= 0.25$$
……(2.101)式

$$\therefore \eta = 25\%$$

となります。直接負荷増幅回路の電源効率 η は、最大で 25％しかないのです。非常に効率が悪いですね。

（2）トランス結合増幅回路の電源効率

図 2.60 は、トランス結合 A 級増幅回路の出力波形です。図 2.59 と同様に、ΔV_1, ΔV_2 は小さいので無視して描いています。先の直接負荷の場合と同様に、電源効率を求めていきましょう。

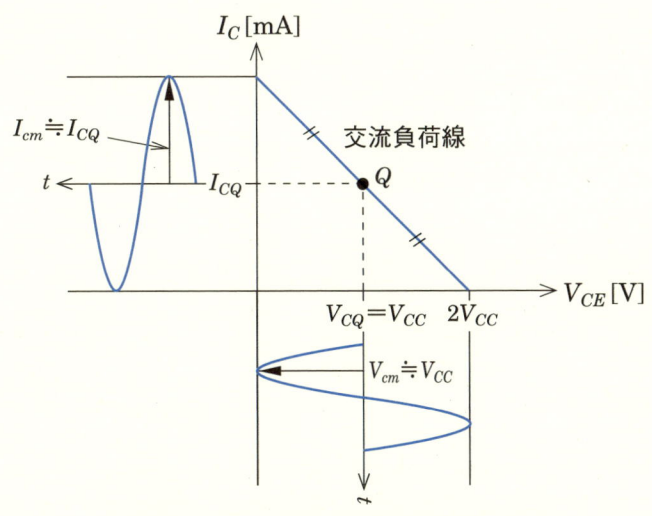

図 2.60　トランス結合 A 級増幅回路の出力波形

図から、

$$V_{CQ} = V_{cm} = V_{CC} \qquad \cdots\cdots (2.102)式$$

ということが分かります。従って、出力電流I_cの最大値I_{cm}は、交流負荷線の傾きとオームの法則によって、

$$出力電流の最大値I_{cm} = I_{CQ} = \frac{V_{cm}}{R_L} = \frac{V_{CC}}{R_L} \qquad \cdots\cdots (2.103)式$$

となります。

電力は電流と電圧の積で表しますから、電力の最大値はP_mは、

$$電力の最大値P_m = V_{cm}I_{cm} \qquad \cdots\cdots (2.104)式$$

となります。また、電流と電圧を実効値に変換して求めると、電流、電圧の最大値をそれぞれ$\sqrt{2}$で割るので、

$$P_m = \frac{V_{cm}}{\sqrt{2}} \cdot \frac{I_{cm}}{\sqrt{2}} = \frac{1}{2} \cdot V_{cm}I_{cm} \cdots\cdots [(2.95)式と同じです] (2.105)式$$

となります。ここで、(2.105)式に(2.102)式、(2.103)式を代入すると、

$$P_m = \frac{1}{2} \cdot V_{cc} \cdot \frac{V_{cc}}{R_L} = \frac{V_{cc}^2}{2R_L} \qquad \cdots\cdots (2.106)式$$

となります。

● **直流の平均電力**

次に、電源が与える直流の平均電力を求めます。

電源電圧は、直流で V_{CC}、出力電流の平均値は、出力電流 I_c が I_{CQ} を中心として動いているので、当然平均値は I_{CQ} です。従って、直流平均電力 P は、

$$直流平均電力 P = V_{CC} I_{CQ} = V_{CC} I_{cm} \cdots\cdots [(2.97)式と同じです] \quad (2.107)式$$

になります。

これでやっと、トランス結合増幅回路の電源効率を算出できます。電源効率 η は、交流電力と直流電力の比でしたから、

$$電源効率 \eta = \frac{交流電力 P_m}{直流電力 P} = \frac{\frac{1}{2} V_{CC} I_{cm}}{V_{CC} \cdot I_{cm}} = \frac{1}{2} = 0.5$$

$$\cdots\cdots (2.108)式$$

$$\therefore \eta = 50\%$$

となります。トランス結合増幅回路の電源効率 η は、最大で50％しかないのです。効率が50％というのは比較的に良いほうではありません。また、実際の回路では、30％～40％程度しかないのが現実です。

さらに詳しいことは専門書に任せるとして、後に出てくるコレクタ損失 P_C は、最大交流電力の2倍のトランジスタを選ぶ必要があります。これは大きなデメリットになるのです。

以上、直接負荷増幅回路とトランス結合増幅回路の電源効率 η を算出しましたが、この2つを比較すると、明らかにトランス結合増幅回路の方が、電源効率がよいことが分かります。電気的には、負荷の整合や効率の良さ、どちらをとってもトランス結合増幅回路の方がよい回路と言えそうです。

しかし、負荷にトランスが増えた分だけ大きくなり、そして重くなります。またコストも上がりますので、物理的には不利と言えます。

2-12 コレクタ損失 P_C

　コレクタ損失P_Cは、トランジスタ回路を使用する上で、トランジスタを壊さないために知っておかなければならない重要な要素(ファクター)です。
　トランジスタに電流が流れれば、当然、熱が発生します。この熱は、出力(コレクタ)電流I_Cと出力電圧V_{CE}の積なので、

$$コレクタ損失 P_C = I_C V_{CE} \,[\text{W}] \qquad \cdots\cdots (2.109)式$$

になります。このことをコレクタ損失P_Cというのです。つまり、熱となってトランジスタから逃げたぶん損失となるわけです。
　トランジスタの大きな発熱は、トランジスタ自身を破壊します。たとえ、I_CやV_{CE}の値が規格表に載っている定格内であっても、その積であるP_Cが定格を越えると、トランジスタは壊れてしまうのです。
　図2.61は、ある温度でのP_Cの定格を表しています。この曲線を越えて使用すると、トランジスタは壊れます。また、V_{CE}の最大定格値V_{CEmax}とI_Cの最大定格値I_{Cmax}の制限もありますので注意が必要です。

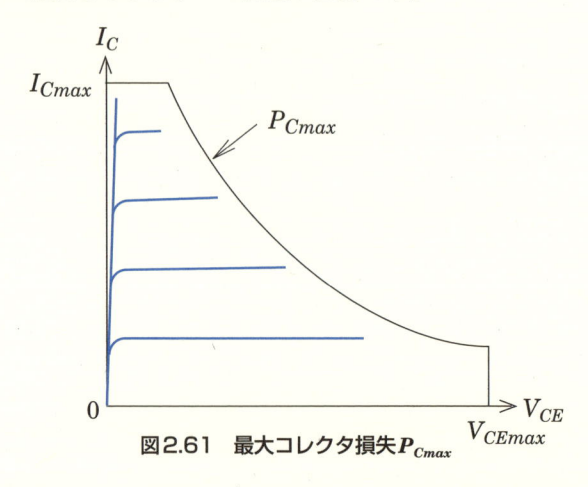

図2.61　最大コレクタ損失 P_{Cmax}

図2.62のように、トランジスタの周囲の温度や、内部の温度によって、P_C の最大値(これを最大コレクタ損失P_{Cmax}といいます)が決まります。

例えば、図のように温度T_1℃の時は、P_{Cmax}はP_{Cm1}[W]ですが、温度がT_2℃に上昇すると、P_{Cmax}はP_{Cm2}[W]に低下します。

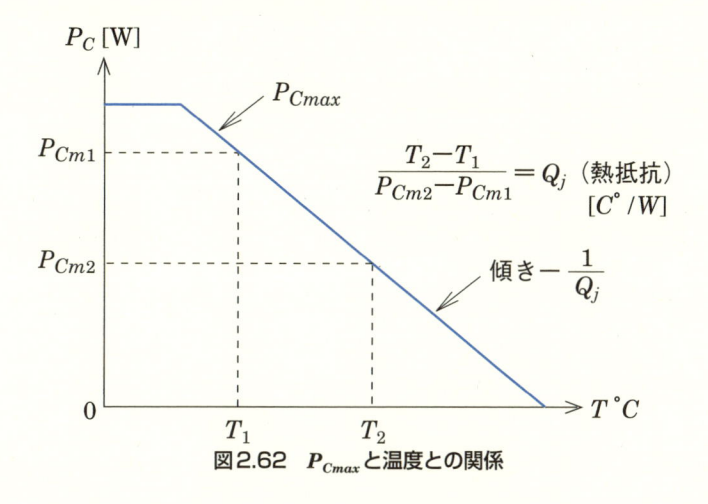

$$\frac{T_2-T_1}{P_{Cm2}-P_{Cm1}} = Q_j \quad (熱抵抗)[C°/W]$$

傾き $-\dfrac{1}{Q_j}$

図2.62　P_{Cmax}と温度との関係

このように、トランジスタに熱がこもってしまうと、熱はどんどん高くなっていき、P_{Cmax}は小さくなり、やはり破壊につながります。

そこで、熱をトランジスタから効率よく逃がすために、図2.63のような放熱板(ヒートシンク)等を付けて、少しでも熱がこもらないようにします。特に電力増幅回路の時は気を付けましょう。

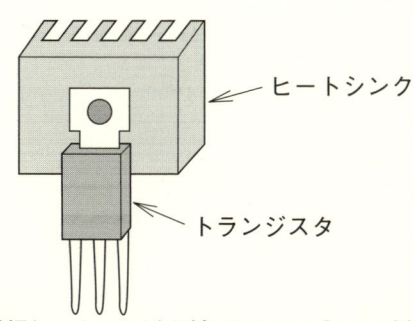

図2.63　放熱板(ヒートシンク)を付けたトランジスタの例

2-13 周波数特性

図2.64のような増幅回路で信号（交流）を増幅するとき、増幅度Aや利得G[dB]が信号の周波数に対してどうなるのかをグラフにすると、図2.65のようになります。これを「周波数特性」と言います。

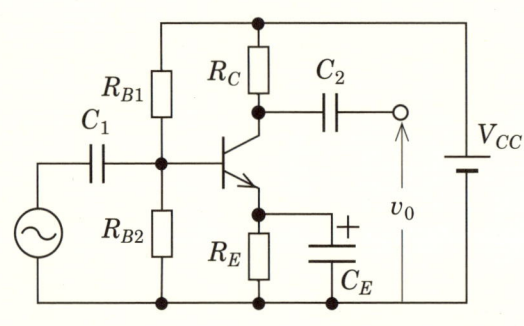

C_1, C_2：カップリングコンデンサ
C_E：バイパスコンデンサ

図2.64　増幅回路

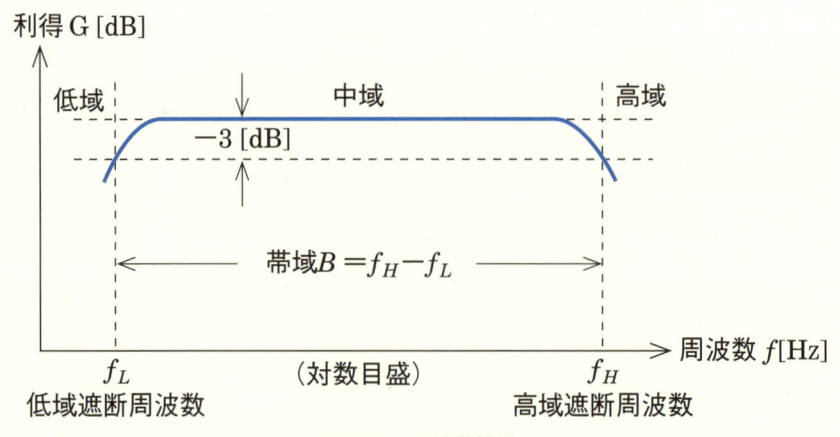

図2.65　周波数特性

利得 G [dB]
低域　中域　高域
-3 [dB]
帯域 $B = f_H - f_L$
（対数目盛）
周波数 f [Hz]
f_L 低域遮断周波数
f_H 高域遮断周波数

利得が安定している(ほぼ横一直線)状態から、3[dB](増幅度なら$\frac{1}{\sqrt{2}}$)下がった所の交点の周波数を「遮断周波数」と言います。低い周波数の部分を低域遮断(しゃだん)周波数f_L、高い周波数の部分を高域遮断周波数f_Hと言います。f_Hとf_Lの差を**帯域B**と言って、これが大きいほど、安定して増幅できる周波数帯が広く、一般的に良い増幅器という評価が得られます。

$$帯域 B = f_H - f_L \qquad \cdots\cdots(2.110)式$$

遮断周波数を境に、周波数帯を低域、中域、高域と分けます。すると低域と高域は、利得が低下していることに気が付きます。
どうしてこのようになるのかを簡単に説明します。

低域が下がる理由

増幅回路には、入力側と出力側に、カップリングコンデンサが入っていました。入力側は、信号に含まれる雑音や直流分をカットする目的で、出力側では、バイアスをカットして信号のみを得るために入れていました。
しかし、コンデンサのリアクタンス$X_C[\Omega]$は、

$$X_C = \frac{1}{2\pi f C}\,[\Omega]$$

f：周波数[Hz]
C：コンデンサの静電容量[F]

という式で表されましたから、低域のような低い周波数fでは、リアクタンス$X_C[\Omega]$が大きくなり、信号を伝えにくくしていきます。
つまり、リアクタンス$X_C[\Omega]$が大きいために、入力側では入力信号を、出力側では出力信号を、低下させるのです。

また、バイアス回路として図2.64のような電流帰還バイアス回路を使用すると、交流に負帰還をかけないために、エミッタ抵抗と並列にバイパスコンデンサを入れました。このコンデンサも低域では、リアクタンス$X_C[\Omega]$が大きくなり、信号(交流)にも負帰還がかかるため、低域ではさらに利得の低下を招いていたのです。

　以上のように、コンデンサのリアクタンス$X_C[\Omega]$が、低周波では大きくなり、その結果、増幅度や利得を低下させていました。

　カップリングコンデンサやバイパスコンデンサによる利得の低下は、同時に起こりますが、バイパスコンデンサによるものの方が大きいようです。

　この状態を改善するためには、バイパスコンデンサに静電容量の大きいコンデンサ(例えば電解コンデンサなど)を使えば、低域周波数での電圧利得低下を抑えることができます。

高域が低下する理由

　周波数fが高い高域では、実際にはないコンデンサが発生して、低下を招きます。

　高域で発生する実際にはないコンデンサは、配線間などにできます。このようなコンデンサを「浮遊コンデンサ」とか「漂遊コンデンサ」などと呼んでいます。実際にはないので点線で表します。これらのコンデンサは、周波数fが高くなると、リアクタンスX_Cが小さくなり、交流を通しやすくします。

　漂遊コンデンサC_{S1}とC_{S2}は、図2.66のように配線間にできて、入力側では信号(交流)をアースに横流しするため、ベースに十分な信号を送ることができず、トランジスタに入力する分が減るのです。出力側では、出力信号を入力同様にアースに横流しし、出力に現れる分が減少するのです。

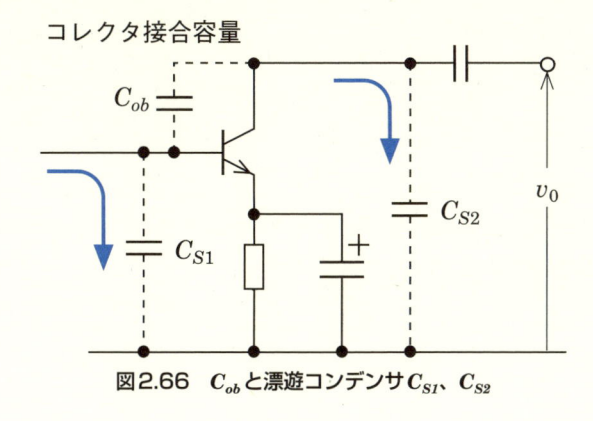

図2.66　C_{ob}と漂遊コンデンサC_{S1}、C_{S2}

　高周波の難しいところは専門書にお任せするとして、ここでは簡単にミラー効果を説明します。
　トランジスタには、コレクタ・ベース間にコレクタ接合容量C_{ob}（トランジスタ内部の静電容量）があり、これが増幅度倍されてベースエミッタ間に加わることを「ミラー効果」といいます。これが高域の低下の一番大きな理由なのです。
　従って、コレクタ接合容量C_{ob}の小さいトランジスタを選ぶことも、高域の低下を防ぐ1つの方法です。

2-14 負帰還増幅回路の特徴

負帰還回路の効果

　バイアス回路のところで、負帰還をかけると、見かけ上の増幅度が低下することを引き替えに、

　　① 増幅回路の安定
　　② 雑音の低下
　　③ 周波数特性の改善

という非常に優れた効果があることを学びました。
　ここでは、このような効果を言葉だけでなく、簡単に数式を使って説明していきます。
　まず、増幅器と負帰還の原理を図2.67で示します。

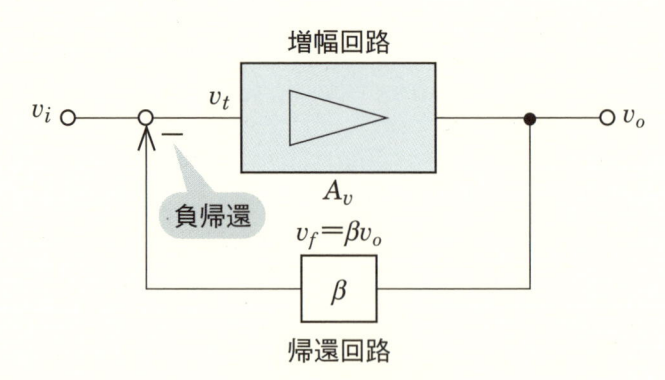

図2.67　負帰還の原理

増幅度A_vの増幅器があります。入力電圧としてv_i[V]を加えますが、帰還回路(帰還率β)を通して、入力に出力の一部であるβv_oを負帰還させています。従って、増幅器に入力される実際の電圧v_tは、

$$v_t = v_i - \beta v_o \qquad \cdots\cdots(2.111)式$$

です。帰還電圧βv_oは負帰還ですから、入力電圧v_iを減少させて増幅器に入るのです。

この場合のβは、トランジスタの電流増幅率の$\beta(=h_{fe})$とは違いますから、注意が必要です。また、帰還率βは1以下で、出力電圧v_oより大きな電圧を戻しません。

① 増幅度の低下と増幅回路の安定

出力電圧v_oは、増幅器に入力された電圧v_tを増幅度A_v倍したものですから、

$$v_o = A_v v_t \qquad \cdots\cdots(2.112)式$$

です。ここで、(2.111)式のv_tを(2.112)式に代入すると、

$$\begin{aligned} v_o &= A_v(v_i - \beta v_o) \\ &= A_v v_i - A_v v_o \beta \end{aligned} \qquad \cdots\cdots(2.113)式$$

となります。

実際に入力した電圧v_iと、出力として得られた電圧v_oの比は、図2.68(b)のような負帰還回路をも含めた、全体の負帰還増幅回路としての電圧増幅度A_oを表しますから、

$$A_o = \frac{v_o}{v_i} \qquad \cdots\cdots(2.114)式$$

となります。

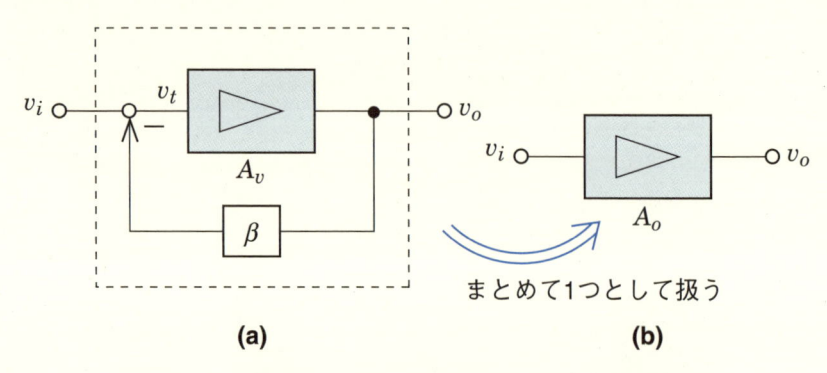

図2.68 A_vの増幅器とβの帰還回路をまとめてA_oの増幅器とする

したがって、(2.113)式を(2.114)式のように変形すると、

$$v_o + A_v v_o \beta = A_v v_i \qquad \cdots\cdots [(2.113)\text{式の右辺}-A_v v_o \beta \text{を左辺に移項}]$$

$$v_o(1 + A_v \beta) = A_v v_i \qquad \cdots\cdots [\text{左辺を}v_o\text{でまとめる}]$$

$$\frac{v_o}{v_i}(1 + A_v \beta) = A_v \qquad \cdots\cdots [\text{両辺を}v_i\text{で割って、約分}]$$

$$A_o = \frac{v_o}{v_i} = \frac{A_v}{1 + A_v \beta} \quad \cdots\cdots [\text{両辺を}1+A_v\beta\text{で割って、約分}] \quad (2.115)\text{式}$$

となります。この(2.115)式を見ると、増幅器の増幅度A_vを$\dfrac{1}{1+A_v\beta}$倍しているのですから、全体の増幅度A_oはA_vを$\dfrac{1}{1+A_v\beta}$に低下させているのがわかります。

また、$A_v\beta$を特別にループゲインと呼び、A_vとA_oの比を帰還量Fと言います。

$$帰還量F = \frac{A_v}{A_o} = A_v \times \frac{1}{A_o} \qquad \cdots\cdots(2.116)式$$

ここで、$\frac{1}{A_o}$はA_oの逆数ですから、(2.115)式を逆数にして、

$$\frac{1}{A_o} = \frac{1+A_v\beta}{A_v}$$

です。これを(2.116)式に代入すると、

$$帰還量F = \frac{A_v}{A_o} = A_v \times \frac{1}{A_o} = A_v \times \frac{1+A_v\beta}{A_v}$$
$$= 1 + A_v\beta$$

途中式を取ってスッキリした形にすると、

$$帰還量F = \frac{A_v}{A_o} = 1 + A_v\beta \qquad \cdots\cdots(2.117)式$$

となります。(2.115)式に(2.117)式を代入して、負帰還増幅回路全体の増幅度A_oを帰還量Fで表すと、

$$A_o = \frac{v_o}{v_i} = \frac{A_v}{1+A_v\beta} = \frac{A_v}{F} \qquad \cdots\cdots(2.118)式$$

となって、負帰還をかけないときの増幅度A_vを$\frac{1}{F}$倍に小さくしていることが分かります。

負帰還増幅回路の特徴

ところで、帰還量Fは対数値で表し、単位$[dB]$(デシベル)を用いる表現の方が多いです。この場合は、

$$F = 20\log|1+A_v\beta|\ [dB] \qquad \cdots\cdots(2.119)式$$

また、負帰還増幅回路全体の利得$G_v[dB]$は、増幅度A_oの対数値ですから、

$$\begin{aligned}G_o &= 20\log|A_o| \\ &= 20\log\left|\frac{A_v}{1+A_v\beta}\right| \\ &= 20\log|A_v| - 20\log|1+A_v\beta| \qquad \cdots\cdots(2.120)式\end{aligned}$$

となります。ここで、負帰還をかけないときの利得$G_v[dB]$は、

$$G_v = 20\log|A_v| \qquad \cdots\cdots(2.121)式$$

ですから、(2.120)式は、(2.119)式と(2.121)式を使って書き直すと、

$$G_o = G_v - F\ [dB] \qquad \cdots\cdots(2.122)式$$

となります。つまり、利得も負帰還をかけたときには、帰還量$F[dB]$だけ低下することを意味します。

● 増幅回路の安定性

増幅度の低下を犠牲に、増幅回路の安定が得られることを簡単な数値を使って確かめましょう。

今、負帰還をかけないときの増幅度A_vが100倍だったとしましょう。温度変化などにより、増幅度A_vが10％低下してしまいました。

当然このままの状態では、増幅度A_vは、

$$A_v \times (1 - 0.1) = 100 \times 0.9 = 90$$

となります。

　では、この増幅器に帰還率 $\beta = 1\%$ の負帰還をかけてみると、負帰還増幅回路全体の増幅度 A_o の変化はどのようになるのでしょうか？

(2.118)式に当てはめてみると、

$$A_o = \frac{A_v}{F} = \frac{A_v}{1 + A_v \beta} = \frac{100}{1 + 100 \times 0.01} = 50 [倍]$$

になり、増幅度 A_o は半分になってしまいました。

　次に、増幅度 A_v が10％低下したときは、

$$A_o = \frac{A_v}{F} = \frac{A_v}{1 + A_v \beta} = \frac{90}{1 + 90 \times 0.01} \fallingdotseq 47.3$$

となります。これだけではよく分からないので、増幅度 A_v が10％低下したときの変化率を出してみましょう。

　負帰還をかけないときは、10％低下すると90％になったのですが、負帰還をかけたときの変化率は、

$$\frac{47.37}{50} \fallingdotseq 0.947 \fallingdotseq 94.7 \%$$

となって、わずか5.3％の低下にしかならないのです。

　この場合をまとめると、増幅度10％の変化は、負帰還をかけることによって約5.3％の変化しかないということになり、負帰還をかけたことで、安定したと言えます。

② 雑音の低下

　増幅器の内部で発生した雑音に対しては、負帰還をかけることによって、増幅度と同じで、$\frac{1}{F}$ に低下させることができるのです。

　しかし注意してほしいのですが、入力信号に含まれていた雑音は低下させることができません。あくまでも、増幅器の内部で発生した分についてのみ、低下させることができるのです。

③ 周波数特性の改善

　前に出てきた、周波数特性を思い出してください。低域と高域では、コンデンサによって、利得 $G[\mathrm{dB}]$ が低下していました。中域では、利得 G が安定していました。

　増幅器としては、この帯域 B（安定して増幅できる中域）が広くなれば、よりよい増幅器と言えます。帯域 B とは、高域遮断周波数 f_H と低域遮断周波数 f_L の差でした。

　詳しい計算などは専門書などにお任せしますが、高域遮断周波数 f_H と低域遮断周波数 f_L が負帰還をかけることにより変化し、帯域 B を広くします。

　高域遮断周波数 f_H は、$F(=1+A_o\beta)$ 倍され、$f_{H1}[\mathrm{Hz}]$ になって、より高周波になります。

　逆に低域遮断周波数 f_L は、$\frac{1}{F}$ 倍され、$f_{L1}[\mathrm{Hz}]$ になって、より低周波になります。

$$\text{高域遮断周波数}\, f_{H1} = f_H F = f_H(1+A_o\beta)\ [\mathrm{Hz}] \quad \cdots\cdots(2.123)式$$

$$\text{低域遮断周波数}\, f_{L1} = \frac{1}{F} f_L = \frac{f_L}{1+A_o\beta}\ [\mathrm{Hz}] \quad \cdots\cdots(2.124)式$$

A_o：負帰還をかけてない増幅器の純粋な増幅度

　従って、高域遮断周波数 f_{H1} と低域遮断周波数 f_{L1} の差である帯域 B が広がりました。

負帰還をかけたときと、かけないときの周波数特性を図2.69で比較してください。一目瞭然だと思います。

　また、利得G[dB]が低下することは、増幅器を2段または3段に増やしてあげれば済むことなので、大きな問題になりません。それよりも、安定性の向上・雑音の低下・帯域Bの拡大は、負帰還回路でないと簡単には実現できないのです。

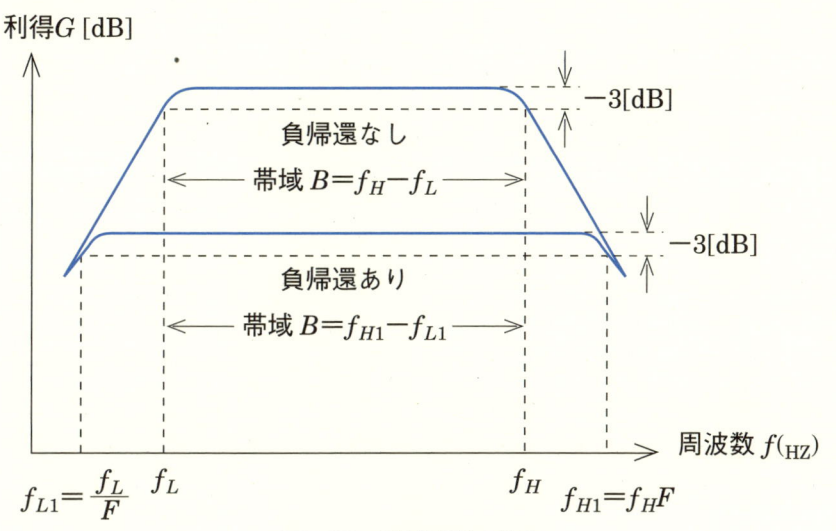

図2.69　周波数特性の比較

2-15 B級プッシュプル電力増幅回路

　最適な動作点の決定のところで、B級増幅回路の話が少し出てきましたが、軽く振り返りましょう。

　このB級増幅回路は、動作点Qを交流負荷線の一番下側に設定して、正のみの入力波形を大きく増幅するための増幅回路でした。

　このようにB級増幅回路は、入力波形の正または負の半サイクルのみを大きく増幅するものです。

　従って、入力波形のすべてを増幅するためには、正・負それぞれ別のB級増幅回路を使って増幅し、出力で合成すればよいことになります。このような回路を**B級プッシュプル電力増幅回路**と言います。

■ 特徴

　A級増幅回路は、1つの増幅回路で入力波形のすべてを増幅するので、増幅能力を最大限に使っても、それほど大きな信号は扱えませんでした。しかし、B級プッシュプル電力増幅回路は、増幅能力を最大限に使って、正・負の半サイクルをそれぞれ別にする事で大きな信号が扱えるので、電力増幅回路に向いています。

　また、動作点Qは、一般的に交流負荷線の一番下に設定していますから、信号が入力されていない状態ではバイアス電流などがほとんどなく、「発熱も少ない」・「電源効率がよい」ことも特徴です。

　それでは、回路の説明に入りましょう。

　図2.70は、B級プッシュプル電力増幅回路の例です。入力信号と中点タップ付きのトランスで結合されています。中点タップ付きというのは、巻いてあるコイルの中間点に線が出ていて、普通これをアース(0[V])にして使います。2つのトランジスタのエミッタが、アースされているのも図から分かります。

　また、A級増幅回路で学んだように、出力もトランス結合した方が電源効率

が上がるので、負荷抵抗をトランス結合しています。

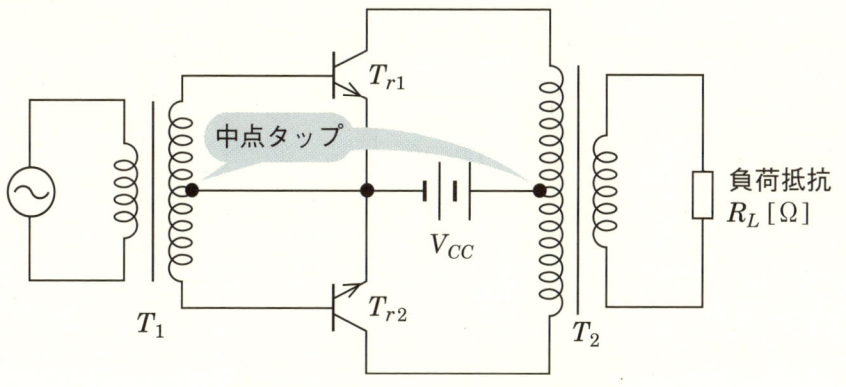

図2.70　B級プッシュプル電力増幅回路

　入力信号の正・負それぞれの半サイクルが回路に入力されたときのトランジスタの動作を、図2.71、図2.72で見ていくことにしましょう。

　まずは、入力信号の正の半サイクルが入力された図2.71を見てください。入力信号は、トランスT_1の2次側で中点タップを基準に電流I_{b1}がトランジスタ1(T_{r1})に流れます。従って、T_{r1}のベースに電流が流れるので、電源電圧V_{CC}よりT_{r1}にコレクタ電流I_{c1}が流れ、トランスT_2を介して負荷抵抗R_Lに出力波形が現れます。

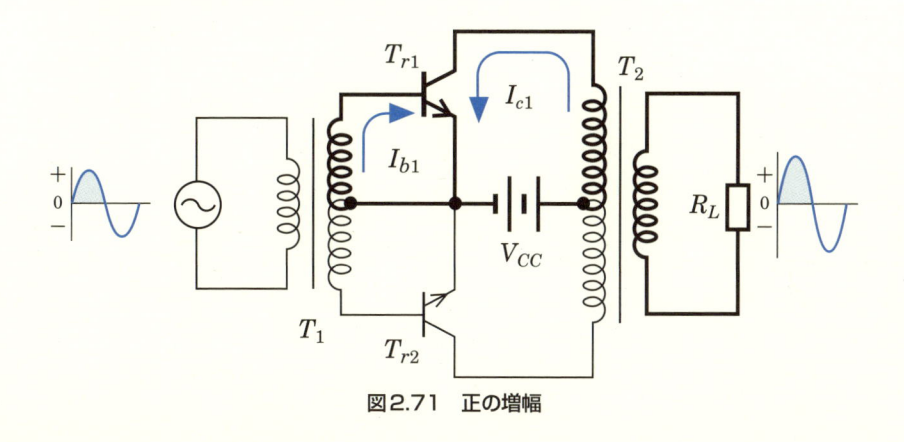

図2.71　正の増幅

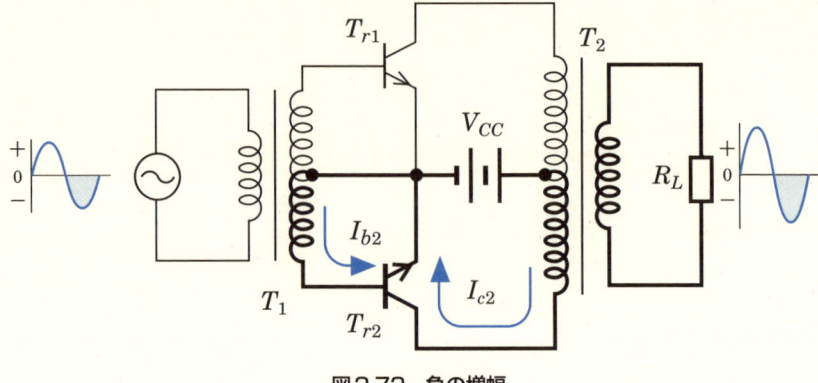

図2.72 負の増幅

入力信号の負の半サイクルも同様な動作をします。図2.72のような向きにI_{b2}が流れて、T_{r2}を動作させ、V_{CC}からコレクタ電流I_{c2}を流し、R_Lに出力として波形を出します。

■ T_{r1}とT_{r2}の特性

ここで、$V_{CE}-I_C$特性はどのようになっているのかを考えます。

図2.73(a)は、T_{r1}の特性を、(b)はT_{r2}の特性をそれぞれ表しています。T_{r2}の特性も正のB級増幅をしていることに注意してください。それぞれの特性を見て分かるとおり、入力信号としての半サイクルを大きい波形を入力できるので、出力信号も大きくなります。

これら別々に増幅された半サイクルを、トランスT_2の中点タップを利用して、図2.74のようにT_{r1}の特性とT_{r2}の特性を逆に接続し合成することで、出力では正・負の波形を得るのです。

(a) T_{r1} の特性 **(b)** T_{r2} の特性

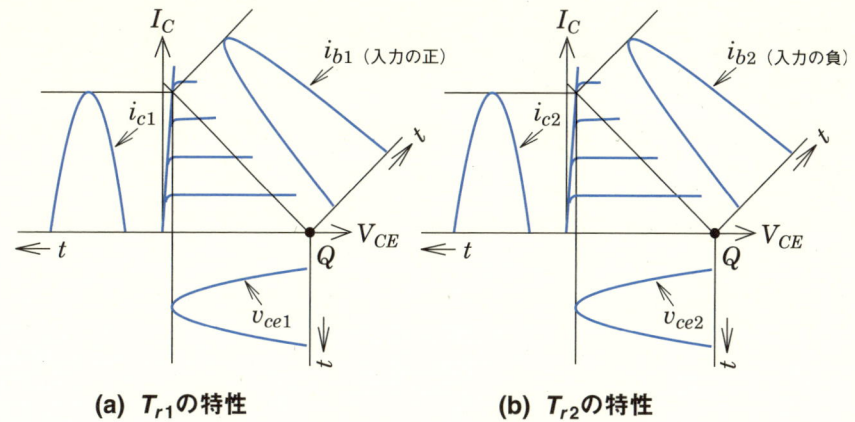

図2.73 $V_{CE}-I_C$ 特性

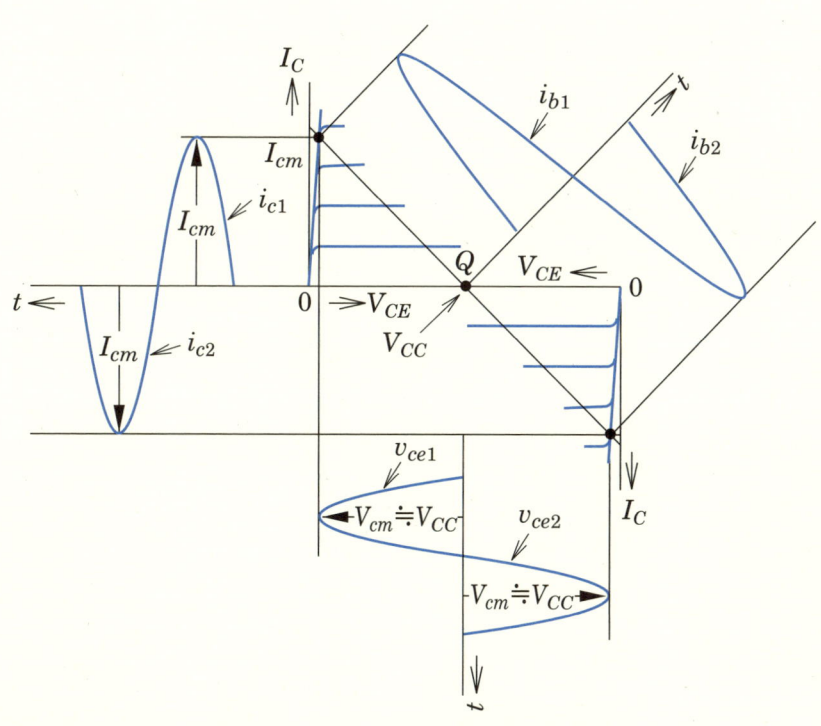

図2.74 出力として合成された特性と波形

B級プッシュプル電力増幅回路

クロスオーバー歪み

B級プッシュプル電力増幅回路の動作点Qは$I_C=0[\mathrm{mA}]$の部分、言い換えると、$I_B=0[\mu\mathrm{A}]$の所です。またこのことは、$V_{BE}=0[\mathrm{V}]$ということですから、トランジスタは動作していません。

よって、正確には図2.74のi_{b1}やi_{b2}のようにきれいな波形ではありません。V_{BE}が0.6[V]程度以上の部分しかトランジスタは動作せず、I_bもトランジスタに流れません。

従って、図2.75のようなi_{b1}、i_{b2}になってしまい、その結果出力波形も図のように歪んでしまいします。このような歪みのことをクロスオーバー歪みと言います。

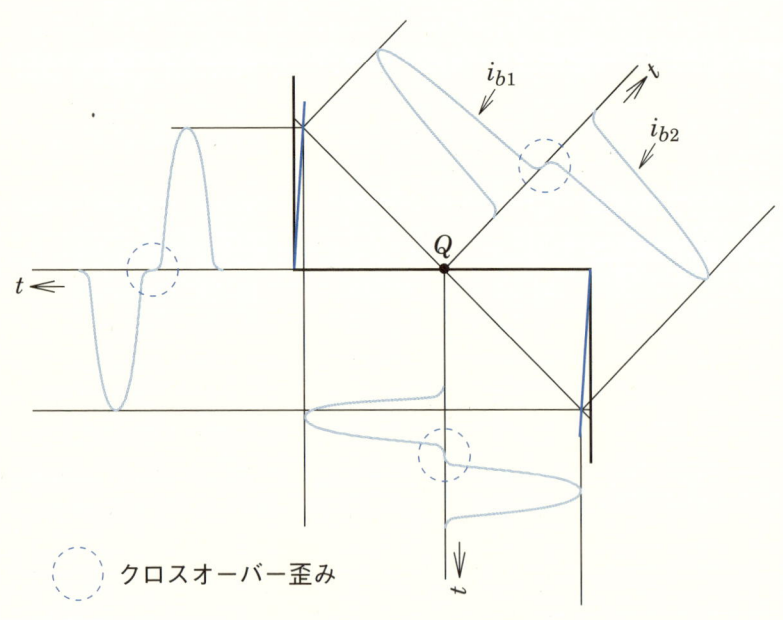

図2.75　クロスオーバー歪み

クロスオーバー歪みを無くすには、図2.76のようにV_{BB}によってバイアスを加えればいいのです。

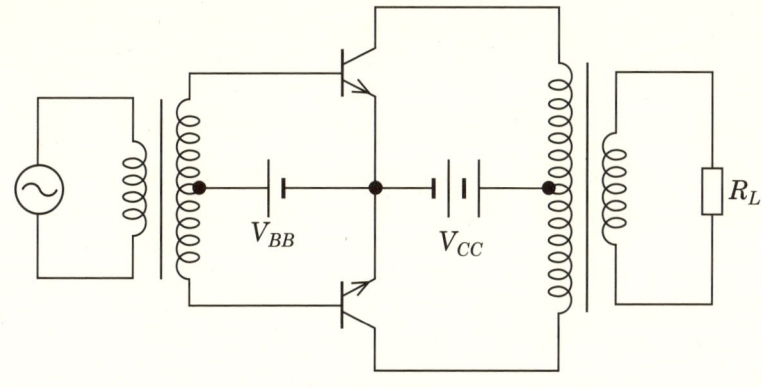

図2.76 クロスオーバー歪みを無くすためにバイアスをかける

B級プッシュプル電力増幅回路の電源効率 η

電源効率 η を求めてみましょう。電源効率 η は、交流電力と、直流電力の比で表しました。まずは、交流電力 P_m を求めます。

図2.74をもう一度見てください。出力電圧の最大値 V_{cm} は電源電圧 V_{CC} とほぼ同じです（$V_{cm} \fallingdotseq V_{CC}$）。また、出力電流の最大値は I_{cm} ですね。従って、交流電力 P_m を実効値で計算すると（最大値を $\sqrt{2}$ で割って）、

$$交流電力 P_m = \frac{V_{CC}}{\sqrt{2}} \cdot \frac{I_{cm}}{\sqrt{2}} = \frac{V_{CC} I_{cm}}{2} \text{ [W]} \quad \cdots\cdots(2.125)式$$

になります。ここで、トランス結合のインピーダンス変換をしてみます。図2.77のように中点タップがあるので、巻き数は、ちょうど半分になり、それぞれの1次側の抵抗 R' は同じで、

$$R' = \left(\frac{n}{2}\right)^2 \cdot R_L = \frac{n^2}{4} \cdot R_L \quad \cdots\cdots(2.126)式$$

$$R_1 = n^2 R_L = 4R' \qquad R' = \left(\frac{n}{2}\right)^2 R_L \quad \frac{n}{2} \text{巻き}$$

$$R' = \left(\frac{n}{2}\right)^2 R_L \quad \frac{n}{2} \text{巻き}$$

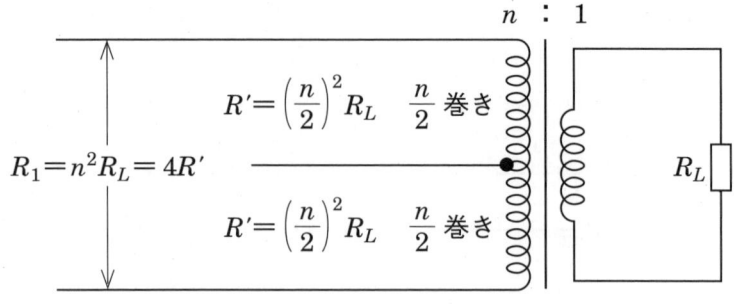

図2.77　中点タップ付トランスのインピーダンス変換

となります。(2.126)式の両辺に4をかけて約分すると、

$$4R' = n^2 R_L \qquad \cdots\cdots(2.127)\text{式}$$

となります。トランスの1次側全体のインピーダンスR_1は、$n^2 R_L$でしたから、(2.127)式の$4R'$はR_1と等しいので、

$$R_1 = 4R' = n^2 R_L \qquad \cdots\cdots(2.128)\text{式}$$

となります。また、R'はそれぞれのトランジスタの負荷抵抗になっているので、オームの法則から、

$$R' = \frac{V_{CC}}{I_{cm}} \qquad \cdots\cdots(2.129)\text{式}$$

ともいえます。

(2.129)式を「$I_{cm}=$」、「$V_{CC}=$」に変形して、(2.125)式に代入すると、

$$V_{CC} = I_{cm}R' \quad \cdots\cdots(2.130)式$$

$$I_{cm} = \frac{V_{CC}}{R'} \quad \cdots\cdots(2.131)式$$

$$交流電力 P_m = \frac{V_{CC}I_{cm}}{2} = \frac{I_{cm}^2 R'}{2} = \frac{\left(\dfrac{V_{CC}}{R'}\right)^2 R'}{2} = \frac{V_{CC}^2}{2R'} \cdots\cdots(2.132)式$$

となります。ここで、(2.132)式に $\dfrac{2}{2}$ をかけて約分すると、

$$P_m = \frac{2}{2} \cdot \frac{V_{CC}^2}{2R'} = \frac{2V_{CC}^2}{4R'} = \frac{2V_{CC}^2}{R_1} \quad \cdots\cdots(2.133)式$$

となり、(2.128)式の $4R'$ を代入して、(2.133)式のようになります。

■ 直流電力 P を求めよう

次に、直流電力 $P[W]$ を求めましょう。

まず、I_{cm} の平均値 I_{CA} を求めましょう。回路の出力電流 I_{c1}、I_{c2} は、どちらも正の波形でしたから、図2.78のようになります。この波形の平均値 I_{CA} は、詳しい式は専門書に任せるとして、

$$波形の平均値 I_{CA} = \frac{2}{\pi} \cdot I_{cm} \quad \cdots\cdots(2.134)式$$

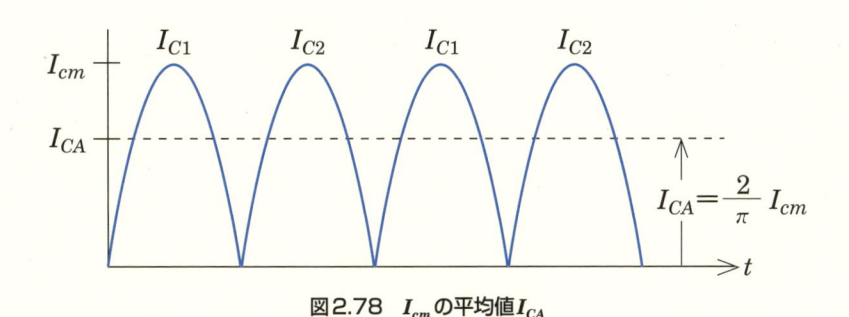

図2.78 I_{cm} の平均値 I_{CA}

B級プッシュプル電力増幅回路

のようになります。出力電圧V_{ce}の平均値は、中心値であり、図2.74から分かるとおり、ほぼV_{CC}です。従って、直流電力Pは、

$$P = V_{CC}I_{CA} = \frac{2}{\pi} \cdot V_{CC}I_{cm} \qquad \cdots\cdots(2.135)式$$

となります。

これで電源効率ηが算出できます。

$$\eta = \frac{P_m}{P} = \frac{\frac{1}{2}V_{CC}I_{cm}}{\frac{2}{\pi}V_{CC}I_{cm}} = \frac{\frac{1}{2}}{\frac{2}{\pi}} = \frac{\pi}{4} \fallingdotseq 0.785 \qquad \cdots\cdots(2.136)式$$

$$\therefore \eta \fallingdotseq 78.5\%$$

となります。

　効率ηは約78.5％と、A級増幅回路の50％に比べると良いことがわかります。詳しいことは専門書を参考にしていただくことにして、コレクタ損失P_Cは、最大交流電力P_mの約20％程度のトランジスタを選べばよく、電力増幅回路としてはA級増幅回路の$2P_m$より非常に優れていることを意味します。

2-16 その他の半導体(主にトランジスタ)

1 電界効果トランジスタ

電界効果トランジスタとは、「*Field Effect Transistor*」のことで、FETと呼ばれます。本書では以後、FETと呼ぶことにします。

■ FETの種類

一般的に、FETは大きく分けて次の2種類があります。

　　① 接合形FET
　　② MOS(モス)形FET

ここでは簡単に説明します。

① 接合形FET

図2.79は、接合形のnチャネルFETと呼ばれるFETです。「チャネル」とは「電流の通り道」を意味します。つまり、nチャネルというのは、電流の通り道が「n形半導体」であることを表しています。

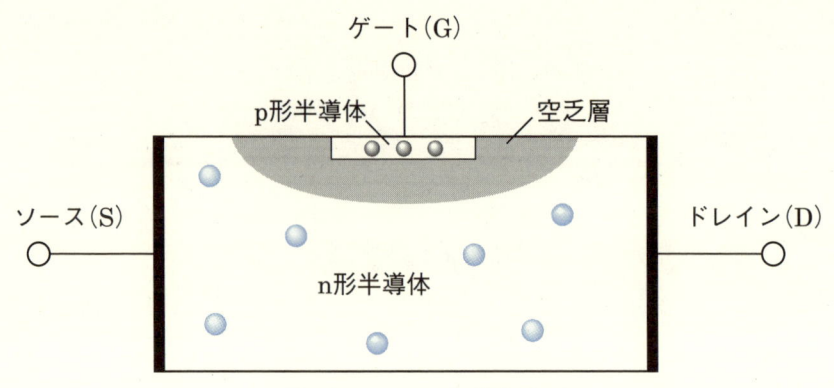

図2.79　nチャネル接合形FET

　図のように、FETもn形半導体とp形半導体の組み合わせでできていて、それぞれの半導体からは端子が出ており、ゲート(G)、ドレイン(D)、ソース(S)と名前が付いています。

　3本の端子に電源を加えて、FETがどのように電流を制御しているのか見ていきましょう。

　図2.80はドレイン・ソース間に電圧V_{DS}を接続し、ゲート・ソース間に電圧V_{GS}を接続しています。V_{DS}によってドレイン電流I_Dが流れます。

　ここで、V_{GS}は逆方向電圧となっていますから、V_{GS}の逆方向電圧を大きくしていくと、空乏層が広がっていきますから、電子の通り道であるチャネルが狭まって、ドレイン電流I_Dは流れにくくなっていきます。

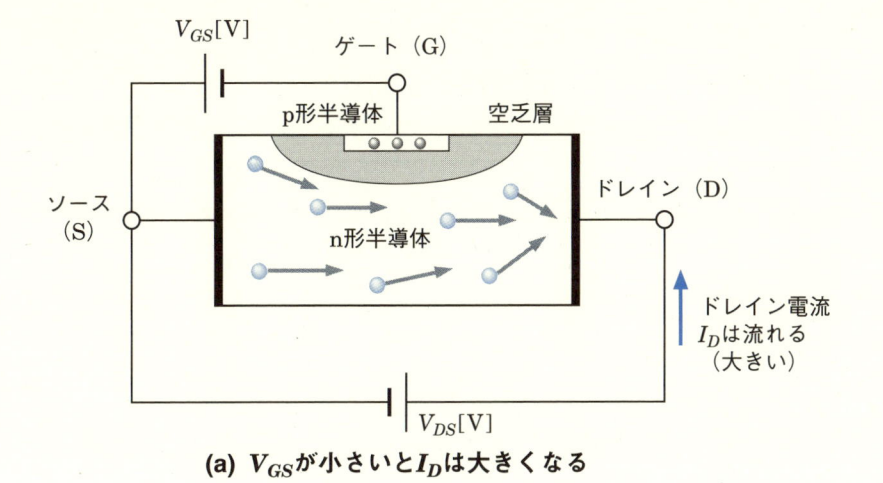

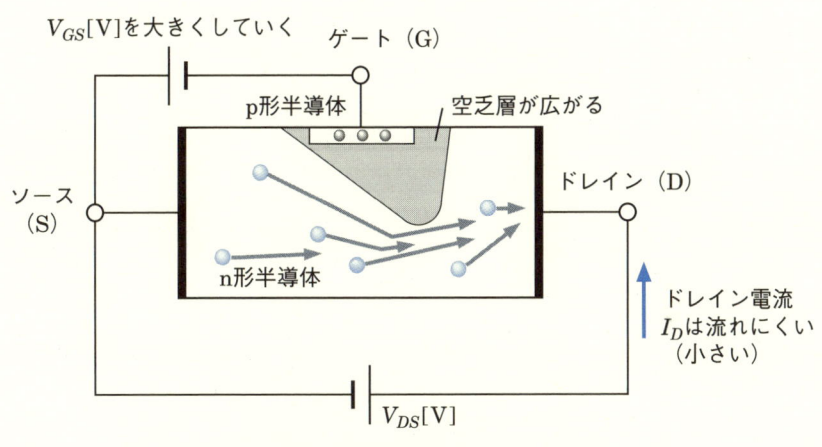

(a) V_{GS}が小さいとI_Dは大きくなる

(b) V_{GS}が大きくなるとI_Dは小さくなる

図2.80　FETの電源を接続する

　従って、V_{GS}を変化させることによって、電子の通り道であるチャネルを広くしたり狭めたりして、ドレイン電流I_Dの流れを制御しているのです。
　ここで注目してほしいのは、トランジスタが入力(ベース)電流で出力(コレクタ)電流を制御しているのに対して、FETではゲート・ソース間電圧によっ

て、出力電流を制御する点です。

　しかも制御側のゲートには電流をほとんど必要としないので、トランジスタのように電流を流すために抵抗などを入れないで済みます。これは非常に重要なことなのです。

　このことは、電流による熱の発生が少なく(熱は電流の2乗で発生します。発熱量 $H = I^2 R t$)、抵抗などが少なくて済むので、回路が簡単になるというメリットをもたらします。

　また、FETの特性は、図2.81のようにトランジスタとそっくりですから、トランジスタと同じ増幅の役目を果たす電子素子になります。

　nチャネル接合形FETの図記号を図2.82に表します。pチャネルは矢印の向きが逆になります。

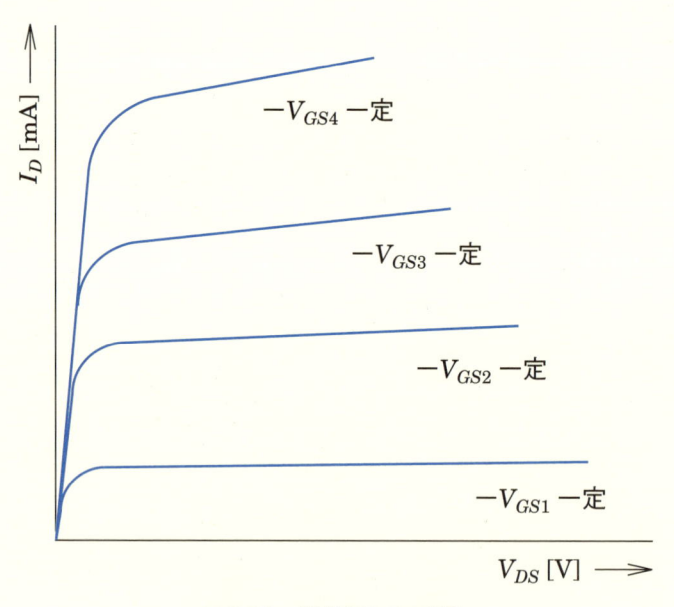

図2.81　接合形FETの特性

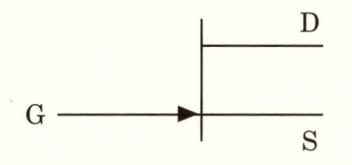

図2.82　接合形FETの図記号(nチャネル)

② MOS形FET

　図2.83はMOS形FETです。MOSとは、その構造からきている名前で、金属(*Metal*)の*M*、酸化物(*Oxide*)の*O*、半導体(*Semiconductor*)の*S*を取ったものです。

　3本の端子名は、接合形FETと全く同じで、ゲート(G)、ソース(S)、ドレイン(D)です。

　後で説明するように、ソース(S)とドレイン(D)の間を結ぶようにn形のチャネルができるので、図はnチャネルのMOS形FETと呼ばれるのです。

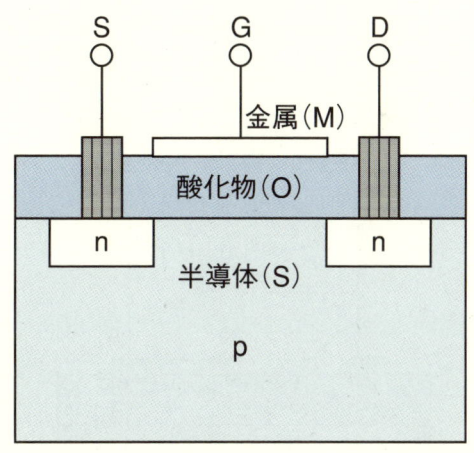

図2.83　MOS形FET(nチャネル)の構造

■ 動作原理

図2.83のような構造をしているMOS形FETの動作原理を説明します。

図2.84のように、ドレイン（D）、ソース（S）間に電圧V_{DS}を加えます。V_{DS}は、ドレインに正、ソースに負になるように加わっています。しかし、このままでは、ドレイン電流I_Dは流れません。

次に、図2.85のようにゲート（G）、ソース（S）間に電圧V_{GS}を加えます。V_{GS}はゲートに正、ソースに負になるようにします。こうすると、ゲートに加えた正電源によってp形半導体との間に、まずは空乏層ができます。

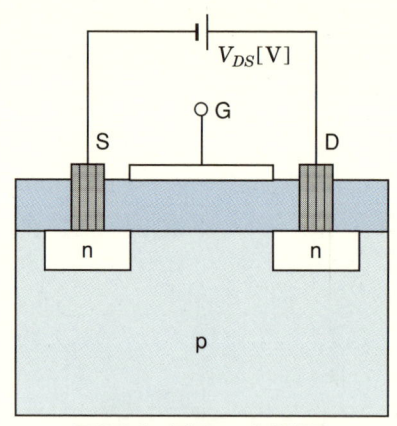

図2.84　電圧V_{DS}を加える

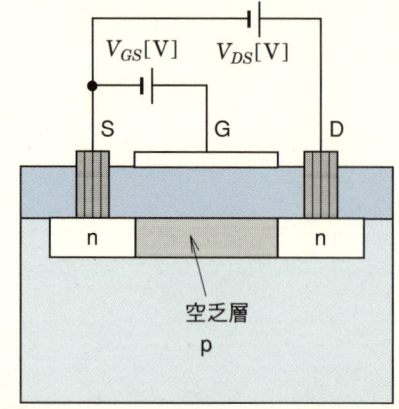

図2.85　電圧V_{GS}を加える（空乏層ができる）

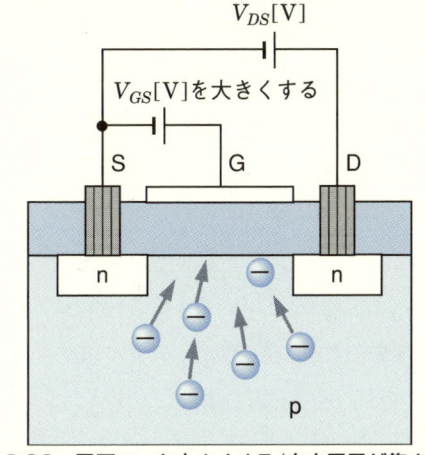

図2.86 電圧V_{GS}を大きくする（自由電子が集まる）

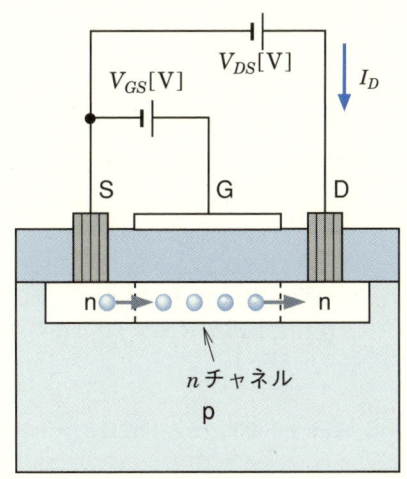

図2.87 nチャネル（電子の通り道）ができてドレイン電流I_Dが流れる

　さらにゲート（G）に加えた正電圧を大きくすると、p形半導体内にある少数キャリア（第1章参照）の自由電子が、誘導されてゲートに集まってきます（図2.86）。すると集まった自由電子がn形チャネルとなって、ソース・ドレイン間を流れます（図2.87）。自由電子はV_{DS}の正に引かれるようになるのです。

　従って、V_{GS}の大きさを変えることによって、誘導される自由電子の数が変わるので、流れるドレイン電流I_Dを制御できるのです。

その他の半導体(主にトランジスタ)

■ FETのモード

FETには、次の3つのモードがあります。

① デプレションモード
② エンハンスメントモード
③ デプレション＋エンハンスメントモード

このうち、接合形FETは、①のデプレションモードしかありませんが、MOS形FETには3モードすべてがあります。

モードの違いは、$V_{GS}-I_D$特性の違いになります。図2.88は、nチャネルの各モードの$V_{GS}-I_D$特性図です。

(a) デプレションモード

(b) エンハンスメントモード

(c) デプレション＋エンハンスメントモード

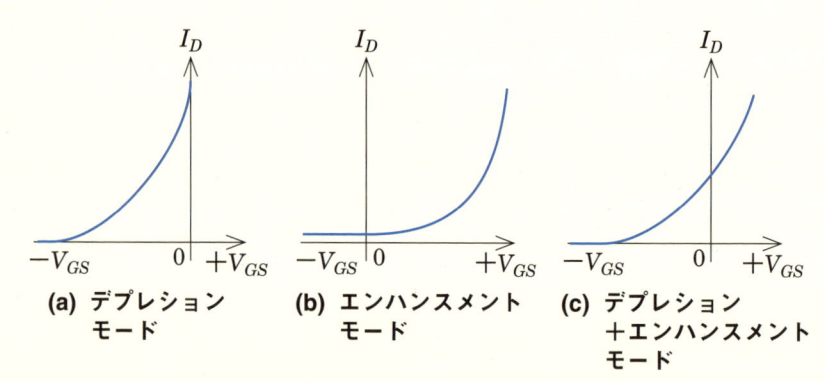

図2.88　各モードの$V_{GS}-I_D$特性図（nチャネル）

(a) デプレションモード

このモードは、接合形FETの説明通りの特性をしています。つまり、ゲートに加えた逆方向電圧の大きさによって、ドレイン電流I_Dを制御しています。しかし、特性を見ても分かるとおり、I_Dの最大値は$V_{GS}=0$の時です。

(b) エンハンスメントモード

このモードは、npnトランジスタの特性に一番近いですね。V_{GS}が逆方向

(負)電圧の時から微妙にI_Dが流れています。さらに、V_{GS}が順方向(正)電圧のある電圧になると急激にI_Dが立ち上がります。従って、I_Dを制御するにはV_{GS}は正である必要があります。

(c) デプレション＋エンハンスメントモード

このモードは、モード名からも分かるとおり、デプレションモードの特性と、エンハンスメントモードの特性を合成したような特性になっています。V_{GS}は、逆方向(負)から順方向(正)電圧まで、I_Dを制御できます。

図記号も、各モードで微妙に違っていますので注意が必要です。図2.89にMOS形FETの図記号を表します。

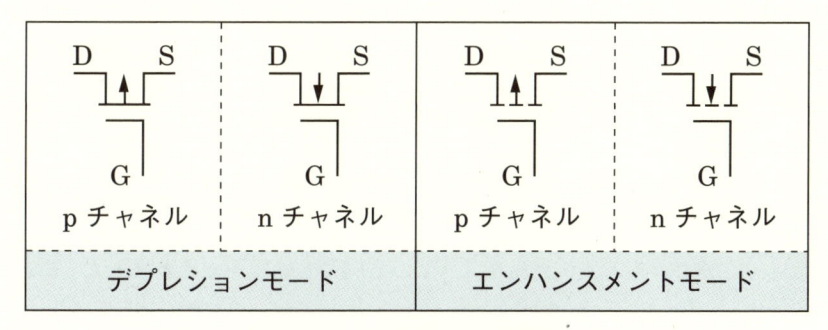

図2.89　MOS形FETの図記号

2 サイリスタ

サイリスタは、SCRと表現されるときもあります。これは$Silicon$ $Controlled$ $Rectifier$の略で、シリコン制御整流素子のことです。整流という言葉を聞いて、ピンときた読者もいると思いますが、この素子はダイオードにそっくりな機能を果たします。

サイリスタは、一般的に電力制御素子として使われます。電圧は5000[V](5[kV])以上、電流は1000[A](1[kA])以上流せるものが存在します。

その他の半導体(主にトランジスタ)　**195**

■ サイリスタの構造と図記号

図2.90は、サイリスタの内部構造と図記号を表します。p形半導体とn形半導体を、2つずつ使って組み合わせてできています。

端子は3つあり、そのうち2つはダイオードと同じでアノード(A)、カソード(K)という端子名がついています。もう一本の端子は、ゲート(G)です。図記号も、ダイオードにゲートの端子を追加したものになっています。

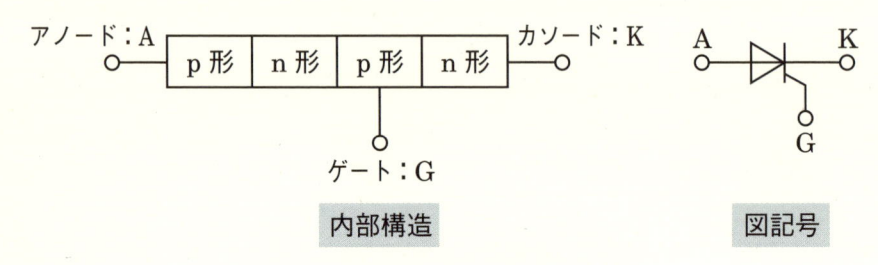

```
アノード:A  [p形][n形][p形][n形]  カソード:K        A          K
                     |                              ▷|
                  ゲート:G                            ○
                                                     G

          内部構造                              図記号
```

図2.90 サイリスタの内部構造と図記号

■ サイリスタの動作

サイリスタは、アノードからカソードの方向にしか電流が流れません(整流)。

しかし、ダイオードの時のように、アノード、カソード間に0.7[V]以上の電圧をかけても電流は流れません。ここがダイオードとは違うところなのです。ゲートに電圧を加え、ある値以上の電流を流すことによって、アノードからカソードに電流が流れはじめます。このことを、サイリスタがONする、あるいは、導通すると言います。

導通しても、アノード・カソード間の電流の大きさはほとんど制御できません。サイリスタが制御できるのは、ゲートに電圧を加えることによって、いつからサイリスタをONさせるのか、という時期的なものなのです。

また、一度サイリスタをONさせると、ゲート電圧を0[V]以下にしてもOFFできません。OFFさせるには、アノード、カソード間に加える電圧を約0[V]以下にしないとなりません。したがって、このサイリスタは、図2.91のように交流を制御するのに最適な電子素子なのです。

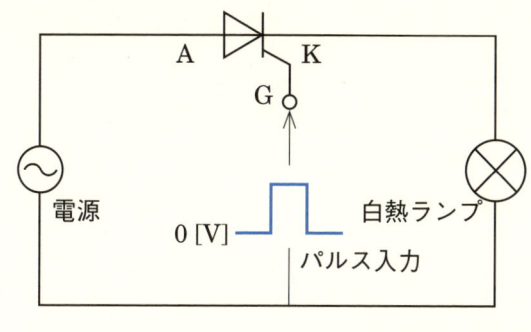

(a) サイリスタを使ったランプ制御回路（原理）

白熱ランプに加わる電圧

ゲートに加わるパルス

(b) 白熱ランプは暗い　　**(c) 白熱ランプは明るい**

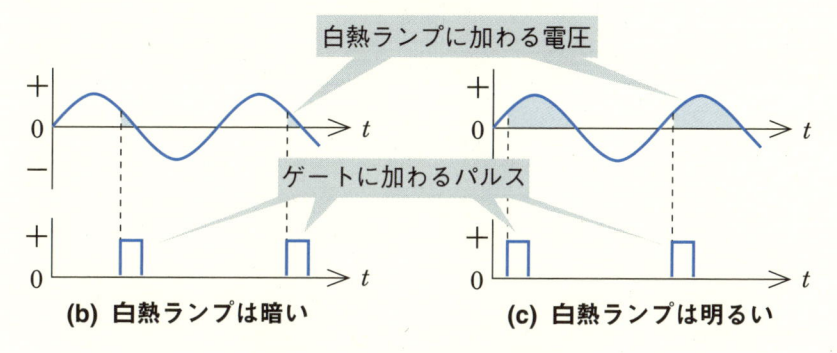

図2.91　サイリスタのランプ制御

　入力電圧が、正弦波交流の正の場合、アノードからカソードへ電流が流れようとします。しかし、ゲートに流れる電流が0の時は、サイリスタはOFFです。

　もし、(b)のように交流波形が正から0[V]に近づいていく直前にゲート電流を流すと、ほんの少しの時間しかサイリスタはONしませんから、白熱ランプは暗くしか光りません。白熱ランプの明るさは、白熱ランプに加わる平均電流ですから、当然(b)のようにサイリスタをONさせれば暗くなります。

　(c)のように、交流波形が0[V]から正になった瞬間にゲート電流を流し、サイリスタをONさせると、白熱ランプに加わる平均電流は高くなりますので、明るく光ります。

　このように、ゲート電流を入力波形のどのタイミングで流すかによって、負荷を制御できるのです。

3 その他のトランジスタの名前の紹介

　その他にもたくさんの便利な半導体があります。名前の紹介と簡単な説明をします。必要に応じて規格表や高等な専門書をお読みください。

・**UJT**（ユニジャンクショントランジスタ）
・**PUT**（プログラマブルユニジャンクショントランジスタ）
　UJTとPUTは、弛張発振器などに利用されます（サイリスタのゲートに入力する）。

・フォトトランジスタ
　ベースに光を照らすと、コレクタ・エミッタ間が導通するトランジスタ。

・フォトインターラプタ
　発光ダイオードの光をフォトトランジスタで受けて、コレクタ・エミッタ間を制御するようにした、発光ダイオードとフォトトランジスタのセット。（下図）

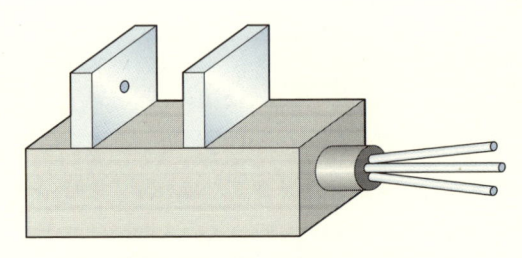

図2.92　フォトインターラプタ

2-17 トランジスタの便利な使い方

1 ダーリントン接続

　h_{FE}の小さいトランジスタが複数手元にあり、大きな増幅をさせたいときには、図2.93ように接続すると、h_{FE}の大きなトランジスタとして扱うことができます。

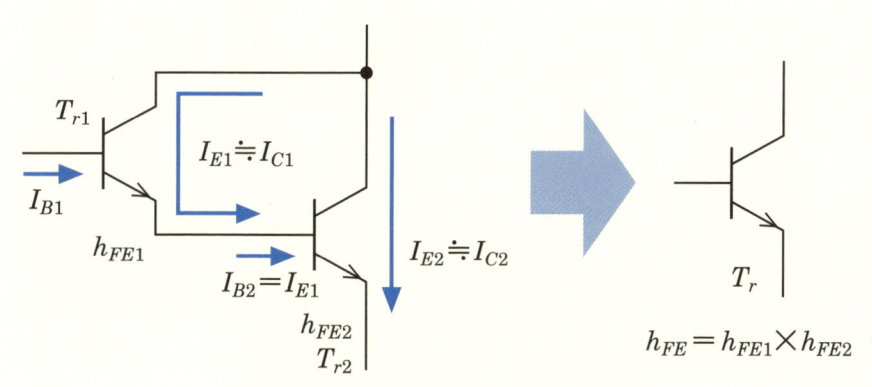

図2.93　トランジスタのダーリントン接続

$$h_{FE} = h_{FE1} \times h_{FE2}$$

　このような接続を「ダーリントン接続」と言います。
　トランジスタ2（T_{r2}）のベース電流I_{B2}は、T_{r1}のエミッタ電流I_{E1}です。また、$I_{B1} \ll I_{C1}$の関係から、$I_{E1} \fallingdotseq I_{C1}$となります。従って、次のように表現できます。

$$I_{B2} = I_{E1} \fallingdotseq I_{C1} \quad \cdots\cdots(2.137)式$$

また、I_{C1}は、

$$I_{C1} = h_{FE1} \times I_{B1} \qquad \cdots\cdots(2.138)式$$

となり、(2.137)式は(2.138)式を使って表すと、

$$I_{B2} \fallingdotseq h_{FE1} I_{B1} \qquad \cdots\cdots(2.139)式$$

となります。

次に I_{C2} も同様に考えて、$I_{E2} \fallingdotseq I_{C2}$ となり、

$$I_{E2} \fallingdotseq h_{FE2} I_{B2} \qquad \cdots\cdots(2.140)式$$

と表せます。(2.140)式内の I_{B2} は(2.139)式を使って書くと、

$$\begin{aligned}I_{E2} &\fallingdotseq h_{FE2} I_{B2} \\ &= h_{FE2} \times h_{FE1} \times I_{B1}\end{aligned} \qquad \cdots\cdots(2.141)式$$

となります。従って、ダーリントン接続されたトランジスタからの電流 I_{E2} は、入力電流 I_{B1} を $h_{FE1} \times h_{FE2}$ 倍されていることになります。

$h_{FE1} \times h_{FE2} = h_{FE}$ とすると、(2.141)式は、

$$I_{E2} = h_{FE} I_{B1} \qquad \cdots\cdots(2.142)式$$

となります。つまり、直流電流増幅率が $h_{FE}(=h_{FE1} \times h_{FE2})$ の1つのトランジスタとして扱えるわけです。

2 トランジスタの並列接続

　出力電流I_Cの最大値I_{Cmax}が小さいトランジスタしかないときに、大きな出力電流を取り扱うには、複数個のトランジスタを並列接続すればいいのです。

　図2.94は、2つのトランジスタを並列接続した図です。このように接続すると、コレクタ電流I_CはT_{r1}のコレクタに流れるI_{C1}とT_{r2}のコレクタに流れるI_{C2}に分流します。

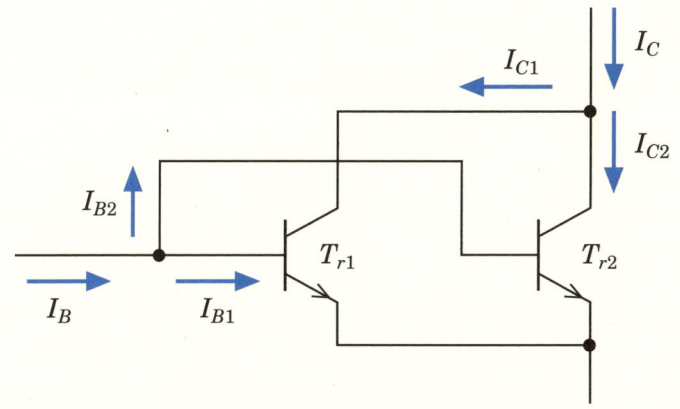

図2.94　トランジスタの並列接続

従って、トータル的に使えるコレクタ電流の最大I_{Cmax}は、I_{C1}とI_{C2}の和です。

$$I_C = I_{C1} + I_{C2} \quad \cdots\cdots (2.143)式$$

　1つのトランジスタが150[mA]のコレクタ電流を流せるとき、図2.94のように接続すると、

$$150[\text{mA}] + 150[\text{mA}] = 300[\text{mA}]$$

最大300[mA]流すことができます。

しかし、増幅率は全体的に見ても1つのトランジスタの持つh_{FE}となんら変化ありません。

また、電流が2つトランジスタに均等に分流するように、なるべく同じトランジスタを使うことをすすめます。

■ 大きなベース電流が必要

このように並列接続すると、ベース電流I_Bも分流しますから、1つのときより、大きなベース電流が必要になります。

例えば図2.94のように、2つのトランジスタを並列接続している場合は、2つのベースにベース電流I_Bを流すために2倍のベース電流を流す必要があります。

もしベース電流が小さいと、各ベースに流れる電流I_{B1}、I_{B2}が小さくなりますので、コレクタ電流I_{C1}、I_{C2}も小さくなってしまいますから、意味のない回路になってしまいます。

また、I_{Cmax}が150[mA]流せるトランジスタがあるときに、その最大定格である150[mA]を流すことは、トランジスタを壊す原因にもなります。トランジスタにたくさんの電流を流すと発熱が大きくなるからです。まして、定格ギリギリで使うことは、トランジスタの熱破壊を促進させます。

そのようなときは、トランジスタを並列接続した電流を分散させることで1つあたりの電流の負担を減らすことによって、トランジスタの熱破壊の可能性を減らすことができます。

第 3 章
Op.Amp

　Op.Ampとは、Operational Amplifierの略で、オペアンプと読みます。日本語では、演算増幅器と言います。（以降、オペアンプをOp.Ampと表します）

　Op.Ampは日本語で表されている通り、加減乗除などの演算(計算)をしたり、信号などを増幅をする働きをします。しかし、Op.Amp単体では、これらのことはできず、外部に接続した電子素子で用途が決まります。Op.Ampに抵抗やコンデンサなど、何をどのように接続するかによって、多用途に使えますので、何でもできる万能アナログICと考えてもよいでしょう。

　また、基本的にトランジスタで作ることのできる回路は、Op.Ampでもできる場合がほとんどです。さらに同じ用途の回路を組むなら、トランジスタで作るより簡単にできる場合も多いです。

3-1 Op.Ampの基本

Op.Ampの電気的特徴

Op.Amp(オペアンプ)は、次のような特徴があります。

(1) 高入力インピーダンス([MΩ]級)
(2) 低出力インピーダンス(数十[Ω]級)
(3) 開ループゲインが大きい(Op.Amp自身の増幅度のようなもの、$20 \times 10^3 \sim 100 \times 10^3$ 級また理想的には無限大∞)
(4) 一般的に周波数特性がよい(特に低周波)
(5) 正負の両電源が必要(片電源用もある)

　(5)の動作電源が2つ必要なことを除けば、非常に優れたアナログICだと思いませんか? また、最近では、片(単)電源(正または負どちらか1つの電源で動作する)Op.Ampも多くありますので、(5)もあまり気になりません。

Op.Ampの図記号と端子名

　図3.1(a)は、Op.Ampの図記号を示します。
　三角形の頂点側を出力、底辺側を入力端子として使用します。入力端子には極性があります。「－」と書かれた入力端子を反転端子と呼びます。「この端子に信号を入力すると、出力信号が反転します」という意味です。
　この反転とは、(b)のように、直流の正を入力すると、出力は負になります。また、交流を入力すると、出力は180°反転します。

次に「＋」と書かれた入力端子は、非反転端子と呼ばれます。出力信号が反転しないのでこう呼ばれます。

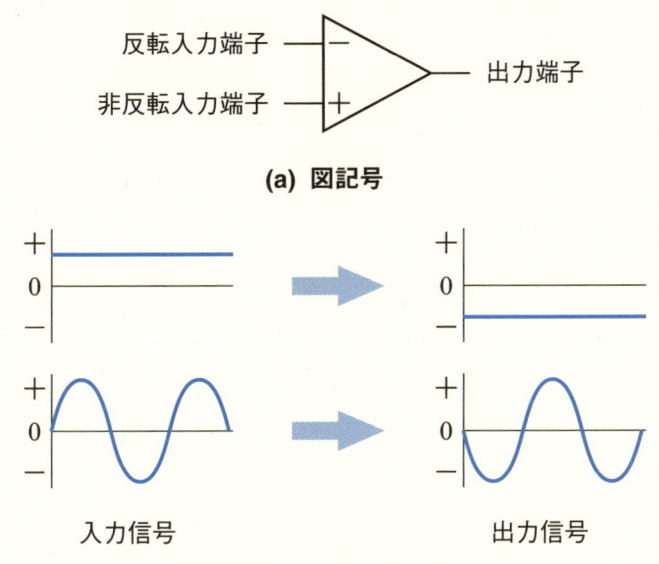

(a) 図記号

入力信号

出力信号

(b) 反転端子に入力すると出力は……

図3.1　Op.Ampの図記号と端子

Op.Ampの電源の与え方

実際にOp.Ampを動作させるには、Op.Ampに電源を与える必要があります。一般的なOp.Ampは、両電源と呼ばれる方法で電源電圧を加えます。

両電源とは、Op.Ampに対して、正電圧と負電圧を加えることを言います。図3.2(a)は両電源を加えた図です。

Op.Ampによっては、片電源と呼ばれる方式をとる製品もあります。片電源とは、正または負電源のどちらか1つしか、電源として与えない方法です。図3.2(b)に正電源だけを加えた片電源の図を示します。

アース（接地）なので基準（0 [V]）

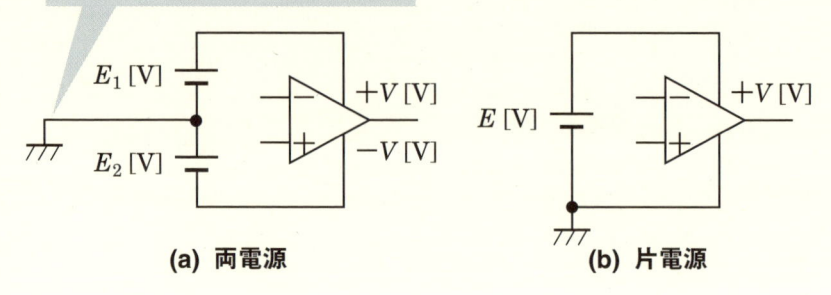

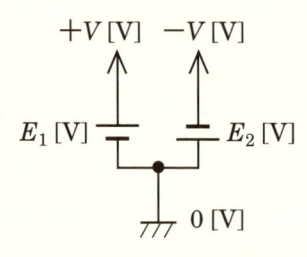

(a) 両電源

(b) 片電源

(c) 電源のみを見てみると

図3.2　電源の与え方

■ 両電源のアース

両電源を加えるには、2つの電源が必要になり、さらにアースの位置が非常に重要になります。図の(a)では、なぜ両電源が加わるか分かりにくいので、(c)のように電源部だけを取り出して、配置を変えてみましょう。

電源E_1、E_2の正極および負極に注目してください。E_1の負極とE_2の正極が接地されているので0[V]です。従って、E_1の正極から出るのは、$+V$[V]、E_2の負極から出るのは、$-V$[V]ということになります。

一般的にOp.Ampは、両電源用として作られたOp.Ampを使う場合が多いです。両電源用Op.Ampを両電源で使用すると、出力は0[V]を中心に正負が得られるからです（図3.3(a)）。

■ **片電源の出力**

両電源用Op.Ampを片電源で使用するときは、入力信号を入れない端子(つまり、アースにつないでいる端子のことです)に、ちょうど電源電圧の$\frac{1}{2}$[V]が加わるようにして使うとよいでしょう。このことをバイアスを加えるといいます。このようにすると、電源として加えた電圧の約半分の大きさを中心とした出力になるのです(図3.3参照)。

また、一般に片電源用として売られているOp.Ampは、ICパッケージ内で、出力波形は電源電圧の$\frac{1}{2}$[V]になるようにバイアスがかかっているのです。

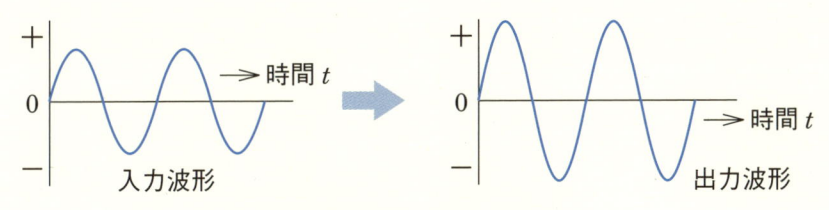

(a) 両電源の出力(0[V]が中心)

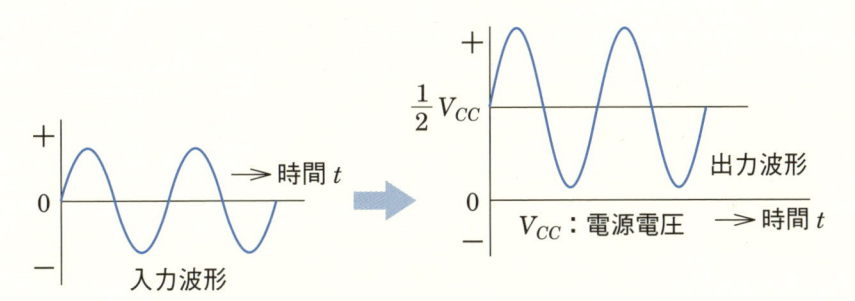

(b) 片電源の出力(電源の約$\frac{1}{2}$が中心)

図3.3 電源の与え方により出力が変化

オフセット電圧

Op.Ampに電源を接続した状態で、入力端子に何も信号などを入力しないでおけば、理想的には、出力電圧は0[V]になるはずです。

ところが、Op.Ampは「入力＝0」なのに、出力が若干出ます。これはOp.Ampの内部的なバランス[13]が影響しているのです。

出力の一部を入力に帰還させる増幅回路では、この誤差が無視できないような場合は、何らかの方法で、「入力＝0」なら「出力＝0」になるようにしなければなりません。

一般的な方法としては、Op.Ampにこの出力電圧をうち消すための端子（オフセット調整端子）が用意されていて、その端子に電圧を加えて出力電圧が0になるように調整します。入力＝0で出力＝0になるように加える電圧のことを**オフセット電圧**と呼びます。

オフセット調整端子に電圧を加えるには、Op.Ampによって少し違いがありますが、一般的には図3.4のように「電源電圧」→「可変抵抗」→「オフセット調整端子」という具合に接続し、可変抵抗を調節しながら、出力電圧＝0になるようにします。

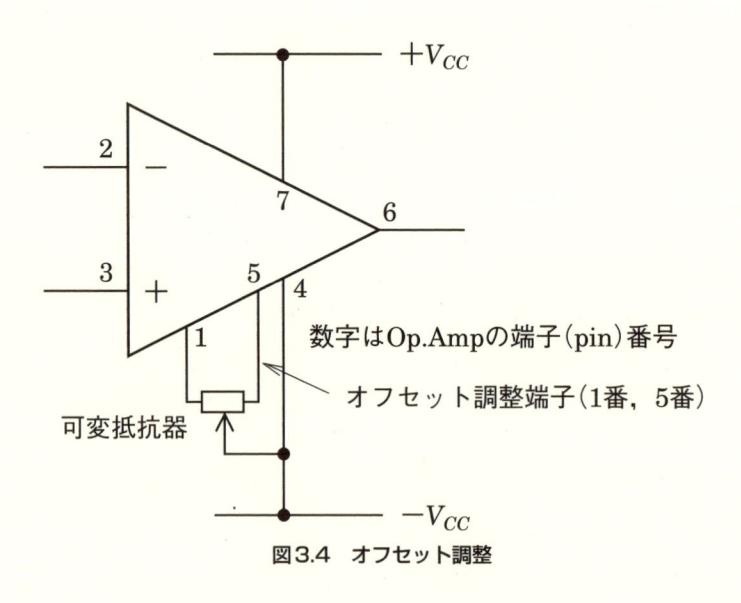

図3.4 オフセット調整

---

(13) [バランス]：詳しいことは高等な専門書に任せますが、一般的にOp.Amp内部の初段差動増幅回路のバランスが微妙にとれていないためです。

Op.Ampの基本動作

Op.Ampの基本的な動きを見ていくことにしましょう。図3.5のように、2つの入力端子に直流電圧E_1[V]（端子電圧V_1[V]）とE_2[V]（端子電圧V_2[V]）を加え、その時の出力電圧V_oを計測してみます。すると、次のような特性が現れます。

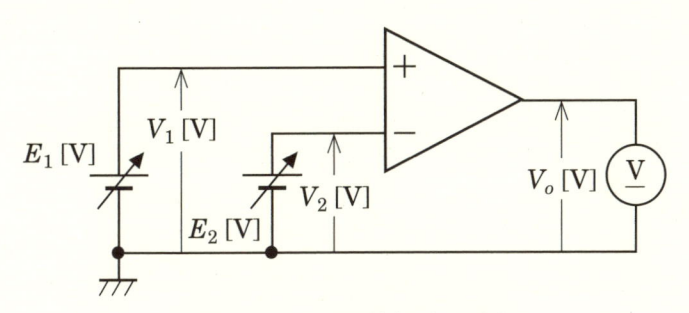

図3.5 Op.Ampの基本を知る回路

$V_1 > V_2$の時はV_oは正（＋）電圧、$V_1 < V_2$の時はV_oは負（－）電圧を示します。言い換えると、非反転端子「＋」に加わる電圧の方が大きいと、出力は正電圧になり、逆に反転端子「－」に加わる電圧の方が大きいと、出力は負電圧になるわけです。

入力電圧状態	出力電圧V_o
$V_1 > V_2$	＋：正
$V_1 < V_2$	－：負

■ 出力電圧

出力電圧V_Oの極性（±）は、V_1およびV_2の大きさで決まりましたが、いったいどれくらいの値になるのでしょうか？

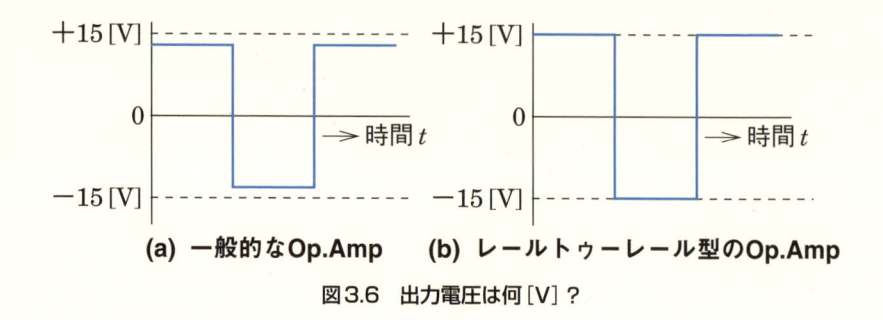

(a) 一般的なOp.Amp　　**(b) レールトゥーレール型のOp.Amp**

図3.6　出力電圧は何[V]？

一般的なOp.Ampの場合は、図3.6(a)のように電源電圧より少し小さい値を示します。例えば、両電源として±15[V]をOp.Ampに加えると、出力電圧V_Oは約±13[V]程度になります。Op.Ampの内部的な損失などによって電源いっぱいの出力電圧V_Oは取り出せません。

しかし最近では(b)のように<u>レール・トゥ・レール型</u>などと呼ばれるOp.Ampがあり、電源電圧いっぱいまでの出力電圧V_Oを取り出せます。

今までの入出力電圧の関係を式にすると、

● **Op.Ampの基本式**

出力電圧 $V_O = A(V_1 - V_2)$ [V]　　　……(3.1)式

A　：　増幅度（開ループゲイン）
V_1　：　非反転端子に入力される電圧
V_2　：　反転端子に入力される電圧

となります。増幅度Aの単位は[倍]、または無名数（単位なし）です。

単に(3.1)式のV_1とV_2の差$(V_1 - V_2)$が出力になるわけではなく、理想的に

は、増幅度$A＝∞$(無限大)倍されて出力電圧になります。

図3.6を見ても分かるとおり、出力電圧V_Oが正から負になる時、瞬間的に切り替わっています。

つまり、V_1とV_2の差がほんの少しの値でも、その差を$∞$倍すれば、瞬間的に出力電圧V_Oの極性が切り替わるのです。もし、増幅度Aが2や3というような小さい値なら、2つの入力端子の小さな差は無視できるようになります。

しかし、いくらV_1とV_2の差を$∞$倍したからといって、やはり先程述べたように出力電圧V_Oは、最大でもOp.Ampに加えた電源電圧いっぱいまでしか出力されません。

仮想短絡と仮想接地

(3.1)式を考えると、反転端子と非反転端子の小さな差を増幅度A(理想的には$∞$)倍して出力としていました。これだけを取り上げると、常に出力は、$∞$(実際にはほぼ電源電圧V_{CC})[V]となります。

しかし、後述するように各種の増幅回路では、電源電圧以内の有限値として出力が出てきます。

例えば、電源電圧$V_{CC}＝±15$[V]を与えた増幅回路で、出力電圧が5[V]になるようなことができるのです。このことを逆から考えてみましょう。

(3.1)式のように、2つの入力端子のわずかな差を$∞$倍して得られた結果が例えば5[V]だったとしましょう(電源電圧$V_{CC}＝15$[V]とします)。すると、無限大倍して5[V]が得られたということは、2つの入力端子の差がほとんどなく、約0[V]であることを意味します。言い換えると、非反転端子の入力電圧V_1と反転端子V_2は、ほぼ等しいということです。(3.1)式に当てはめて確かめましょう。

$$V_O = A(V_1 - V_2)$$
$$5 = ∞(V_1 - V_2) \quad \cdots\cdots \text{[出力電圧が5[V]、} A＝∞\text{を代入]}$$

$$\frac{5}{\infty} = (V_1 - V_2) \qquad \cdots\cdots [両辺を\infty で割ると]$$

$$0 \fallingdotseq V_1 - V_2 \qquad \cdots\cdots [\frac{5}{\infty} \fallingdotseq 0]$$

$$V_1 \fallingdotseq V_2 [\mathrm{V}] \qquad \cdots\cdots [-V_2 を移項](3.2)式$$

となります。

　この(3.2)式を見ると、入力端子間に電位差がなく、見かけ上、非反転端子と反転端子が短絡して接続されているかのような式です。従って、このようなことを仮想短絡と言います。実際には短絡していない端子が、つながっているように見えるのでこう呼ばれます。また、「イマジナリーショート」とも呼ばれます。最近では「バーチャルショート」などとも呼ばれることもあるようです。

　さらに、非反転端子か反転端子のどちらかがアース(接地)されていると、仮想短絡によって、両入力端子の電圧は0[V]となります。このような状態を仮想接地と言います。

　つまり、仮想短絡と同じなのですが、片方の入力端子が接地されていることから、特別に名前が付いているのです。「イマジナリーアース」や「バーチャルアース」などとも言われます。

3-2 ボルテージコンパレータ（電圧比較器）

　図3.7(a)のようなOp.Ampの使い方を、ボルテージコンパレータまたは、単にコンパレータと言います。日本語に直すと、電圧比較器と呼ばれます（実は図3.5と同じです）。

　この回路は、2つの入力電圧の大小比較を行い、出力電圧を変化させる回路です。

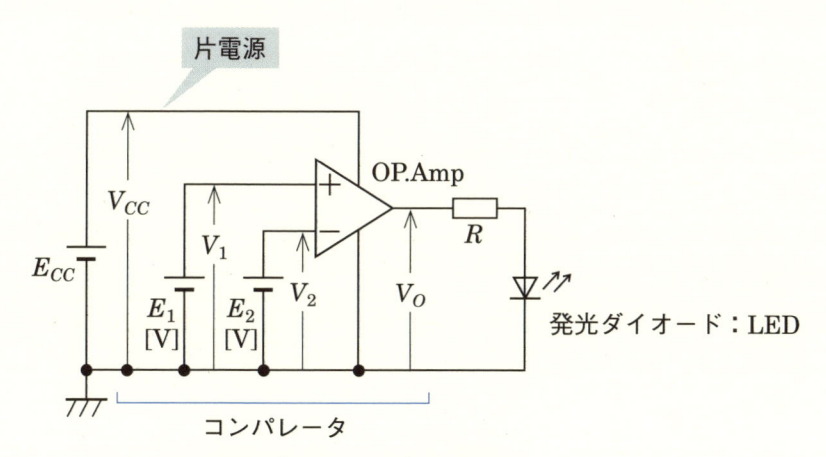

(a) 発光ダイオードの点滅回路

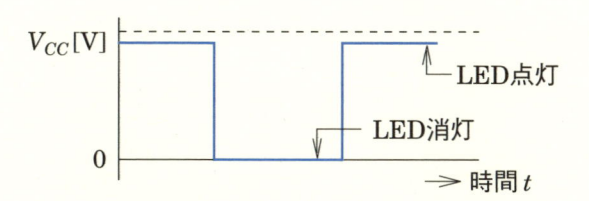

(b) 片電源を加えたコンパレータの出力電圧 V_O

図3.7　ボルテージコンパレータ

図3.7の場合、コンパレータとして使うOp.Ampに、正のみの片電源E_{CC}を加えます。
　回路の動作を、Op.Ampの基本式である(3.1)式を使って考えていきます。もう1度(3.1)式を書くと、

　　　出力電圧$V_O = A(V_1 - V_2)$ [V]

でした。
　非反転端子に加える電圧が$E_1 (= V_1)$ [V]、反転端子に加える電圧が$E_2 (= V_2)$ [V]ですから、$V_1 > V_2$の時は、出力電圧V_Oは、ほぼ電源電圧V_{CC} [V] (High)、$V_1 < V_2$の時は$V_O = 0$ [V] (Low)を示します。
　従って、V_1とV_2の大小判定を行い、出力電圧V_OをHigh、Lowさせています。言い換えるとスイッチとして使っています。
　発光ダイオードとは、電流が流れると光るダイオードでしたから、コンパレータの出力電圧V_Oが、Highの時だけ光ることになります(ただしこの回路は原理図ですから、本当に発光ダイオードを光らせるためには、大きな電流を扱えるOp.Ampを使うか、バッファー回路と呼ばれる一種の増幅回路を組まないといけません)。

3-3 反転増幅回路

反転増幅回路は、図3.8のように、増幅したい信号を反転端子に入力します。出力波形は、入力波形と反転し、さらに増幅されて出てきます。

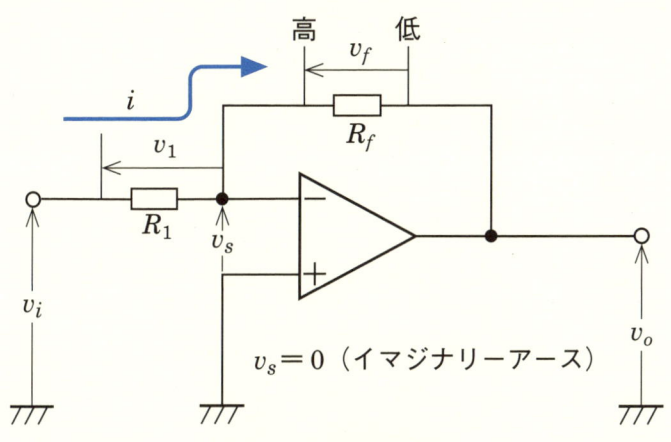

図3.8 反転増幅回路

今、$v_i > v_o$ とし、イマジナリーアースによって $v_s = 0$、オペアンプの入力インピーダンスが非常に高いので、反転端子を通して Op.Amp には電流が流れ込みません。従って、電流 i は図のように流れます。このとき流れる電流は次のように表されます。

$$i = \frac{v_i - v_o}{R_1 + R_f} \quad \cdots\cdots(3.3)式$$

また、抵抗 R_1 の電圧降下 v_1 と抵抗 R_f の電圧降下 v_f は、それぞれ、

$$v_1 = iR_1 \quad \cdots\cdots(3.4)式$$

$$v_f = iR_f \qquad \cdots\cdots (3.5)式$$

となります。電流iの流れは、電位の高いところから低いところへ流れるので、v_1、v_fの電位の高さは、図の矢印方向になります。

　計算しやすいようにOp.Ampを取り除いて電流・電圧の関係のみを描いたのが図3.9です。

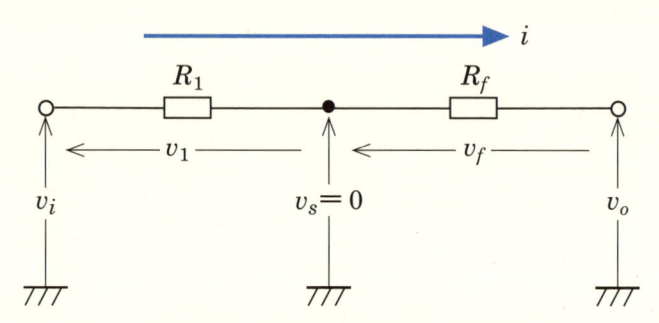

図3.9　電流・電圧の関係のみを取り出した図

従って、電位の高・低から考えて、v_iはv_1とv_sの和ですから、

$$v_i = v_1 + v_s \qquad \cdots\cdots (3.6)式$$

となり、v_sも電位の高・低から考えて、v_fとv_oの和ですので、

$$v_s = v_f + v_o \qquad \cdots\cdots (3.7)式$$

となります。(3.7)式にv_oが含まれていますので、簡単に求めることができそうです。(3.7)式を使ってv_oを求めましょう。

　まず、イマジナリーアースによって、$v_s = 0$ですから、

$$0 = v_f + v_o$$

v_f を移行すると、

$$-v_f = v_o \qquad \cdots\cdots(3.8)式$$

となります。ここに(3.5)式の v_f を代入すると、

$$v_o = -iR_f$$

となり、電流 i は(3.3)式を代入して、

$$v_o = -\frac{v_i - v_o}{R_1 + R_f} \cdot R_f$$

両辺に $R_1 + R_f$ をかけて約分すると、

$$v_o(R_1 + R_f) = -R_f(v_i - v_o)$$

展開すると、

$$v_o R_1 + v_o R_f = -v_i R_f + v_o R_f$$

となり、$v_o R_f$ を移項すると消えますので、

$$v_o R_1 + \cancel{v_o R_f} - \cancel{v_o R_f} = -v_i R_f$$

$$v_o R_1 = -v_i R_f$$

両辺を R_1 で割り、約分すると、

$$v_o = -\frac{R_f}{R_1} \cdot v_i \text{ [V]} \quad \cdots\cdots(3.9)\text{式}$$

となって、反転増幅回路の出力電圧v_oを求めることができました。

この(3.9)式を見ると、Op.Amp自身が持つ増幅度Aに関係なく、純粋に抵抗の比で増幅度を決定することができることが分かります。マイナスが付いていることから、入力信号と出力信号が反転することを示しています。

オフセット調整を少なく（軽減）するために、図3.10のように、非反転端子にR_1とR_fの並列合成抵抗R_2を接続します。詳しくは、専門書をお読みください。

$$R_2 = \frac{R_1 R_f}{R_1 + R_f}$$

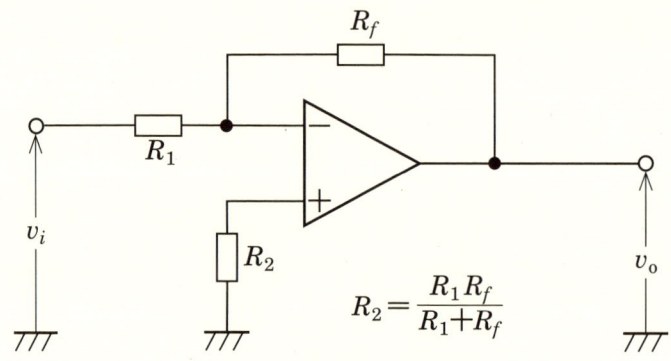

図3.10　オフセット調整を少なくするためにR_2を接続

例題

図3.8において、$R_1 = 1 \text{[k}\Omega\text{]}$、$R_f = 10 \text{[k}\Omega\text{]}$ でした。
入力電圧 $v_i = 100 \text{[mV]}$ だった時、出力電圧 $v_o \text{[V]}$ を求めましょう。

解　答

(3.9)式より

$$v_o = -\frac{R_f}{R_1} v_i = -\frac{10 \times 10^3}{1 \times 10^3} \times 100 \times 10^{-3} = -10 \times 100 \times 10^{-3}$$

$$= -1000 \times 10^{-3} \text{[V]}$$

$$= -1 \text{[V]}.$$

3-4 非反転増幅回路

非反転増幅回路は、図3.11のように、非反転端子に入力信号を入れるので、出力信号は反転せず（非反転）、交流なら同相、直流なら入力と同じ符号の出力を得られます。

Op.Ampは、入力インピーダンスが非常に高く、理想的には∞（無限大）なので、入力電圧v_iが加わっても、Op.Amp自身に電流は流れません。

また、反転端子（−）には、負帰還、つまり出力電圧v_oを抵抗R_fとR_1によって分割された電圧が加わっています（図3.12参照）。

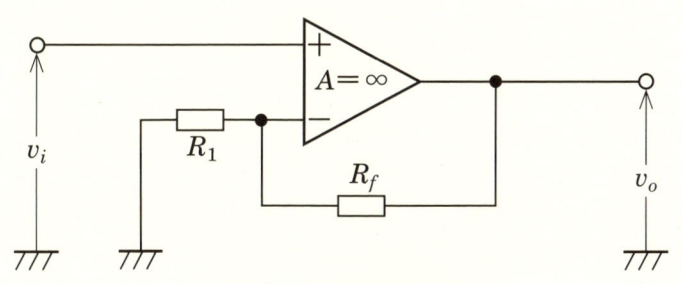

図3.11 非反転増幅回路

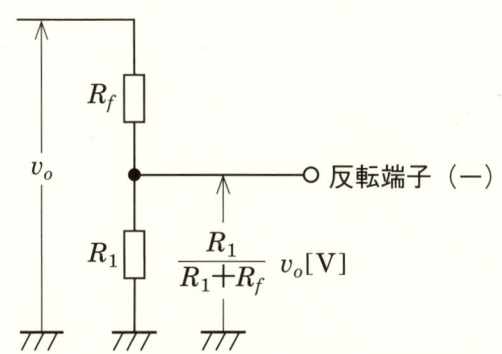

図3.12 反転端子に加わる電圧はR_1の端子電圧

反転端子に加わる電圧は、R_1の端子電圧なので、

$$\frac{R_1}{R_1+R_f} \cdot v_o \ [\text{V}]$$ ……(3.10)式

です。ここで、Op.Ampの基本式を思い出すと、非反転端子（＋）に加わる電圧と反転端子（－）に加わる電圧の差を、Op.Ampの持つ増幅度A倍したのが出力電圧v_oでした。

今の場合、非反転端子に加わる電圧はv_i、反転端子（－）に加わる電圧は、(3.10)式でしたから、基本式の(3.1)式に代入すると出力電圧v_oは、

$$v_o = A\left(v_i - \frac{R_1}{R_1+R_f} \cdot v_o\right) [\text{V}]$$

となります。右辺を展開して、v_oの項を左辺に移項すると、

$$v_o = Av_i - Av_o\frac{R_1}{R_1+R_f}$$ ……［展開］

$$v_o + Av_o\frac{R_1}{R_1+R_f} = Av_i$$ ……［移項］

この両辺をAで割り、約分すると、

$$\frac{v_o}{A} + v_o\frac{R_1}{R_1+R_f} = v_i$$ ……(3.11)式

となります。ここで、理想的には$A = \infty$ですから、

非反転増幅回路

$$\frac{v_o}{A} = \frac{1}{\infty} \cdot v_o = 0$$

となって、これを(3.11)式に代入すると、

$$0 + v_o \frac{R_1}{R_1 + R_f} = v_i$$

$$v_o \frac{R_1}{R_1 + R_f} = v_i$$

となります。「$v_o =$」に変形するために、両辺に $\dfrac{R_1 + R_f}{R_1}$ をかけて、約分すると、

$$v_o = \frac{R_1 + R_f}{R_1} \cdot v_i \, [\text{V}]$$

になります。書き換えると、

$$v_o = \left(\frac{R_1}{R_1} + \frac{R_f}{R_1}\right) \cdot v_i = \left(1 + \frac{R_f}{R_1}\right) v_i \, [\text{V}] \quad \cdots\cdots(3.12)\text{式}$$

となるのです。この(3.12)式も、反転増幅回路の式(3.9)と同様、Op.Amp自身の増幅度Aに関係なく、抵抗の比だけで簡単に回路の増幅度を決定できます。

しかし、抵抗の比をいくら変化させても、必ず1以上になってしまいますので、注意が必要です。

例題

図3.11において、$R_1=1[\text{k}\Omega]$、$R_f=10[\text{k}\Omega]$ でした。
入力電圧 $v_i=100[\text{mV}]$ の時の出力電圧 $v_o[\text{V}]$ を求めましょう。

解 答

(3.12)式に代入すると、

$$v_o = \left(1+\frac{R_f}{R_1}\right)v_i = \left(1+\frac{10\times 10^3}{1\times 10^3}\right)\times 100\times 10^{-3}$$

$$= 11\times 100\times 10^{-3}$$

$$= 1100\times 10^{-3}$$

$$= 1.1[\text{V}]$$

3-5 ボルテージフォロワ回路

図3.13のようなOp.Ampの使い方を、**ボルテージフォロワ回路**と言います。この回路の特徴は、出力電圧V_Oを直接反転端子に戻しているところです。このような接続をすると、回路に負帰還をかけた状態になります。

負帰還とは、トランジスタの説明でも出てきましたが、やはり意味は同じで、回路の安定性を上昇させる働きを持ちます。

信号を入力する端子は、非反転端子です。

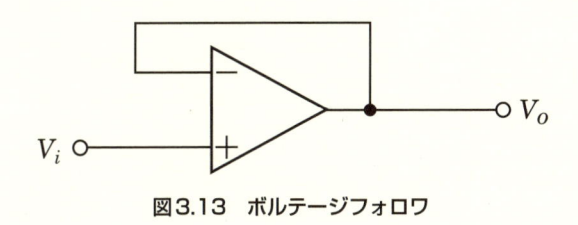

図3.13 ボルテージフォロワ

この回路の出力電圧V_Oは、

$$V_O \fallingdotseq V_i \,[\text{V}] \quad\quad\quad\quad \cdots\cdots(3.13)式$$

となります。(3.13)式を導きましょう。

Op.Ampの基本式((3.1)式)を使います。非反転端子に加える電圧$V_1 = V_i$ですが、反転端子V_2はどのようになるでしょうか。

この回路の特徴でも述べたように、出力端子と直接反転端子がつながっていますから、$V_2 = V_O$となります。従って(3.1)式にそれぞれを代入すると、

$$V_O = A(V_1 - V_2)$$

$$= A(V_i - V_O)$$

となります。右辺を展開すると、

$$V_O = AV_i - AV_O$$

となります。次に、右辺の $-AV_O$ を左辺に移項して、V_O でまとめると、

$$V_O + AV_O = AV_i \quad \cdots\cdots [移行すると正負の符号が変わるので注意！]$$
$$V_O(1+A) = AV_i \quad \cdots\cdots [V_O でまとめました]$$

となります。『$V_O=$』の形にするために、両辺を $(1+A)$ で割ります。

$$\frac{V_O(1+A)}{1+A} = \frac{AV_i}{1+A} \quad \cdots\cdots [左辺を約分し、右辺を書き直すと]$$

$$V_O = \frac{A}{1+A} \cdot V_i \quad \cdots\cdots (3.14)式$$

となります。ここで $A = \infty$ でしたから、(3.14)式に代入すると、

$$V_O = \frac{\infty}{1+\infty} \cdot V_i$$

となり、$\frac{\infty}{1+\infty} \fallingdotseq 1$ ですから、(3.13)式の $V_O \fallingdotseq V_i$ になるわけです。一般的な Op.Amp は最低でも、$A = 10000 (= 10^4)$ はありますから、これを(3.14)式に代入してみると、

$$V_O = \frac{A}{1+A} \cdot V_i = \frac{10000}{1+10000} \cdot V_i$$

$$\fallingdotseq 0.9999\, V_i$$

$$\fallingdotseq V_i\, [\text{V}]$$

となって、(3.13)式になります。

Op.Ampの持つ増幅度Aが大きいほど、V_OとV_iは、よりいっそう近づくことがわかります。従って、増幅度Aが大きい方がよいOp.Ampと言えそうです。

また、このボルテージホロワ回路は、非反転増幅回路の抵抗$R_1 = \infty$(無限大)、$R_f = 0$になったとも考えられますから、非反転増幅回路の(3.12)式に当てはめると、

$$V_O = \left(1 + \frac{R_f}{R_1}\right)V_i = \left(1 + \frac{0}{\infty}\right)V_i = V_i$$

となって、(3.13)式になります。

これは、Op.Ampの特殊な使い方で(さらに$v_o = v_i$ですからあまり意味のなさそうに思えますが)、非常に大切な役目を持ち、頻繁に使われています。それは、インピーダンス変換器として広く使われているのです。

Op.Ampは、高入力インピーダンス、低出力インピーダンスなので、入出力の電圧が同じでも、次段に流すことのできる電流を大きくとれ、図3.14のように前段に迷惑をかけません。

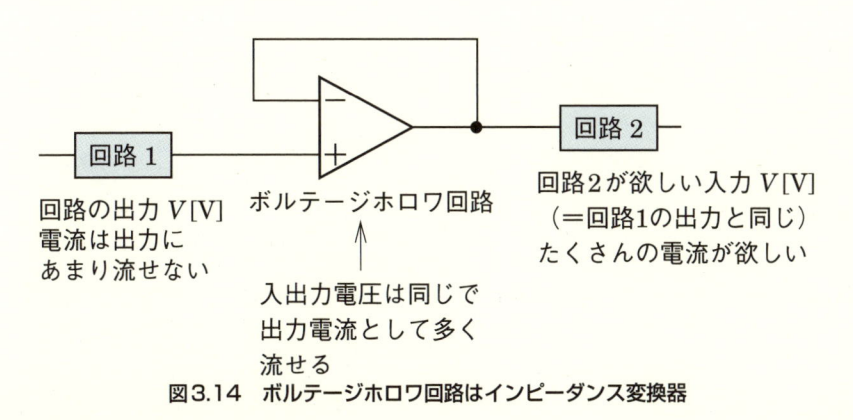

図3.14　ボルテージホロワ回路はインピーダンス変換器

3-6 反転加算回路

　図3.15は、入力信号を反転端子に入れているので、出力が反転する、**反転加算回路**です。出力電圧v_oは、入力電圧v_1とv_2の和です(反転型ですから、負号が付きます)。

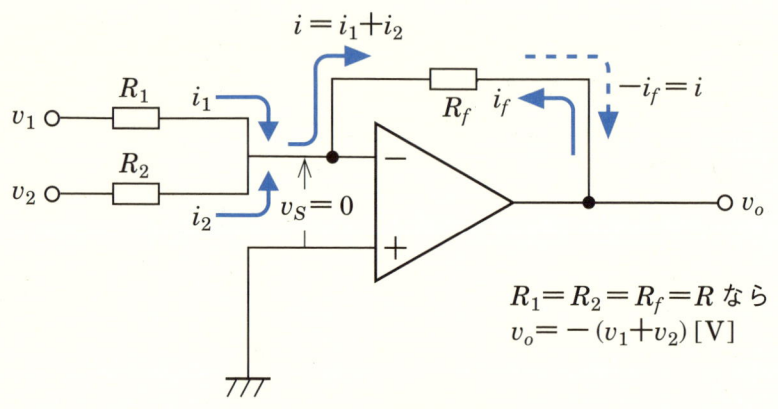

図3.15　反転加算回路

$R_1 = R_2 = R_f = R$ なら
$v_o = -(v_1 + v_2)\,[\mathrm{V}]$

　Op.Ampのイマジナリーアースと、高入力インピーダンスによって、$v_s = 0$、Op.Ampに流れ込む電流もありません。従って、入力電圧v_1による電流i_1とv_2による電流i_2の和iが、抵抗R_fに流れ込みます。

$$i = i_1 + i_2 \qquad\qquad \cdots\cdots(3.15)式$$

となります。また、i_1、i_2は、オームの法則によって、

$$i_1 = \frac{v_1}{R_1}$$

$$i_2 = \frac{v_2}{R_2}$$

となりますから、これらを(3.15)式に代入すると、

$$i = i_1 + i_2$$
$$= \frac{v_1}{R_1} + \frac{v_2}{R_2} \qquad \cdots\cdots(3.16)式$$

となります。

一方、出力電圧v_oによる電流i_fも抵抗R_fに流れ込むので、iとi_fは大きさが等しく、流れる方向が逆なので、

$$i = -i_f \qquad \cdots\cdots(3.17)式$$

となります。また、i_fもオームの法則より、

$$i_f = \frac{v_o}{R_f} \qquad \cdots\cdots(3.18)式$$

となります。従って、(3.17)式に(3.16)式と(3.18)式を代入すると、

$$\frac{v_1}{R_1} + \frac{v_2}{R_2} = -\frac{v_o}{R_f} \qquad \cdots\cdots(3.19)式$$

となります。ここで、$R_1 = R_2 = R$のように設定すると、(3.19)式は、

$$\frac{v_1}{R} + \frac{v_2}{R} = -\frac{v_o}{R_f} \qquad \cdots\cdots \left[\frac{1}{R}\text{でまとめると}\right]$$

$$\frac{1}{R}(v_1 + v_2) = -\frac{v_o}{R_f} \qquad \cdots\cdots(3.20)\text{式}$$

となります。両辺に$-R_f$を掛けて、約分すると、

$$v_o = -\frac{R_f}{R}(v_1 + v_2) \qquad \cdots\cdots(3.21)\text{式}$$

となって、入力電圧の和を$\frac{R_f}{R}$倍に増幅していることが分かります。

従って、$R_f = R$、つまり、$R_1 = R_2 = R_f = R$なら、$\frac{R_f}{R} = 1$で増幅せずに、出力電圧は、単に$v_1 + v_2$になります。

$$v_o = -(v_1 + v_2) \ [\text{V}] \qquad \cdots\cdots(3.22)\text{式}$$

以上より出力電圧v_oは入力電圧v_1、v_2の和になり、反転するのでマイナス符号がつくことが分かります。

3-7 減算回路(差動増幅回路)

図3.16は、2つの入力電圧、v_1とv_2の差を出力する減算回路です。

$R_1=R_2=R_3=R_f=R$ なら
$v_o=v_2-v_1$ [V]

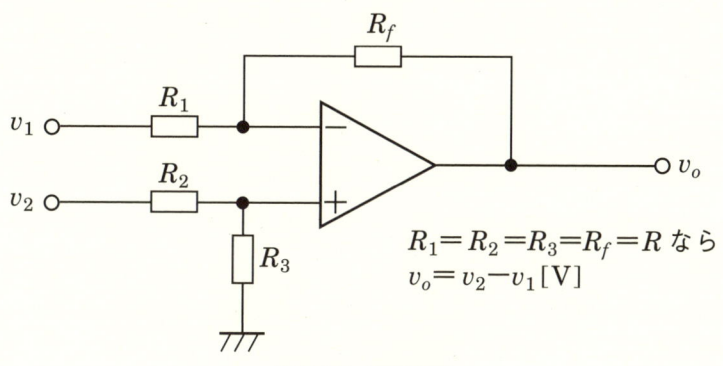

図3.16 減算回路

図3.17は、図3.16において、入力電圧がv_1のみで、$v_2=0$の場合を考えた図です。この図は、反転増幅回路そのものですから、この場合の出力電圧v_{o1}[V]は、

$$v_{o1}=-\frac{R_f}{R_1}\cdot v_1 \text{ [V]} \quad \cdots\cdots(3.23)\text{式}$$

です。

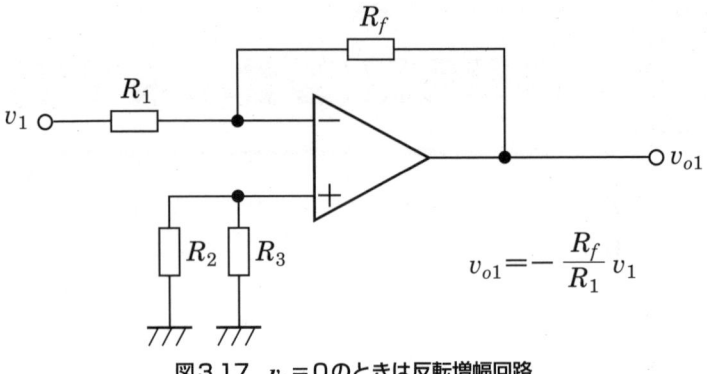

図3.17 $v_2=0$のときは反転増幅回路

$$v_{o1}=-\frac{R_f}{R_1}v_1$$

次に、図3.16にv_2のみ入力を与え、$v_1=0$の場合を考えると、図3.18のようになり、非反転増幅回路になります。しかし、前に出てきた非反転増幅回路と少し違うところが1つあります。それは、入力電圧v_2を抵抗R_2とR_3で分割して、Op.Ampに入力しているところです。

従って、Op.Ampへの入力電圧v_1は、入力電圧v_2をR_2、R_3で分割しているので、

$$\frac{R_3}{R_2+R_3}\cdot v_2$$

ですから、非反転増幅回路の式((3.12)式)にこれを当てはめて、出力電圧v_{o2}を求めると、

$$v_{o2}=\left(1+\frac{R_f}{R_1}\right)\cdot\frac{R_3}{R_2+R_3}v_2 \quad\cdots\cdots(3.24)式$$

となります。

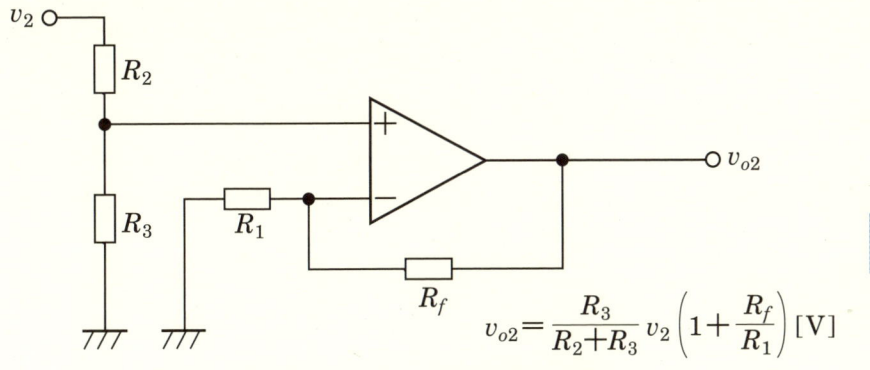

図3.18 $v_I=0$のときは非反転増幅回路

$$v_{o2} = \frac{R_3}{R_2+R_3} v_2 \left(1+\frac{R_f}{R_1}\right) [\text{V}]$$

図3.17の減算回路は、(3.23)式と(3.24)式の合成なので、出力電圧v_oは、

$$\begin{aligned}v_o &= v_{o1} + v_{o2} \\ &= -\frac{R_f}{R_1} \cdot v_1 + \left(1+\frac{R_f}{R_1}\right) \cdot \frac{R_3}{R_2+R_3} v_2 \quad \cdots\cdots(3.25)式\end{aligned}$$

となります。ここで図3.16の入力側の抵抗を$R_1=R_2=R_i[\Omega]$、それ以外の抵抗を$R_f=R_3=R_o[\Omega]$に設定すると、(3.25)式は、

$$v_o = -\frac{R_o}{R_i} \cdot v_1 + \left(1+\frac{R_o}{R_i}\right) \cdot \frac{R_o}{R_i+R_o} v_2 \quad \cdots\cdots[(\ )内を通分すると]$$

$$= -\frac{R_o}{R_i} \cdot v_1 + \frac{R_o}{R_i+R_o} \cdot \frac{R_i+R_o}{R_i} \cdot v_2$$
$$\cdots\cdots[R_i+R_o を約分すると]$$

$$= -\frac{R_o}{R_i} \cdot v_1 + \frac{R_o}{R_i} \cdot v_2 \quad \cdots\cdots[共通項\frac{R_o}{R_i}でまとめると]$$

$$= \frac{R_o}{R_i} \cdot (v_2 - v_1) \qquad \cdots\cdots(3.26)式$$

となります。これは、v_2とv_1の差を、抵抗比$\frac{R_o}{R_i}$倍しているので、**差動増幅回路**とも言います。

さらに、$R_i = R_o$（すべての抵抗を等しくする）に設定すると、

$$v_o = \frac{R_o}{R_i} \cdot (v_2 - v_1)$$

$$= v_2 - v_1 \, [\mathrm{V}] \qquad \cdots\cdots(3.27)式$$

となって、非反転端子に接続されている電圧v_2から、反転端子に接続されている電圧v_1を差し引いた電圧が、出力電圧になります。つまり、**減算回路**になっていることが分かります。

Op.Ampで実現できる回路は他にもまだまだあります。例えば、微分・積分回路、発振回路、フィルター回路、タイマー回路、定電圧回路……などです。
　最初に書いたとおり、Op.Ampの外部にどんな部品をどのように接続するかによって、様々な回路ができるので、もしかしたら読者のみなさんが独自の回路を作れば、世の中にメジャーデビューさせることができるかもしれません。

3-8 Op.Ampの外形とピンアサイン

　図3.19は、Op.Ampが1つだけ入っているICパッケージです。端子は8本ありますが、端子のことをpin（ピン）と言い、この例の図は、8pinのICと言います。(a)は外形ですが、ゲジゲジのような形です。

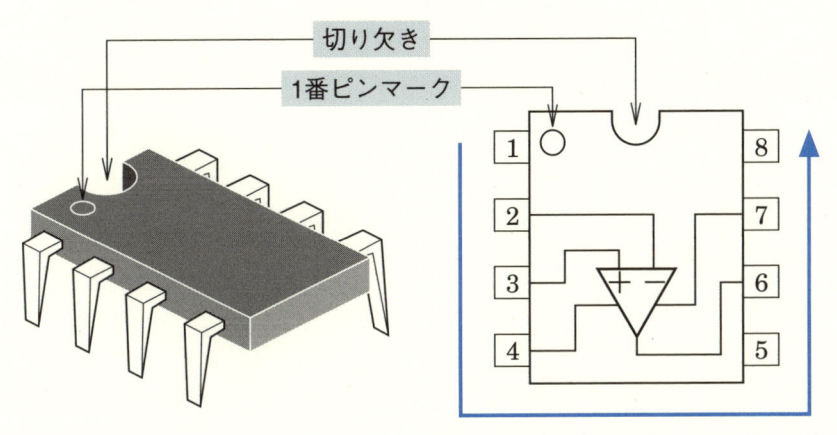

(a) ICの外形　　　　　　　　**(b) ピンアサイン**

図3.19　ICの外形とピンアサイン

　ICのピンには番号が割り当てられていて、何番ピンがOp.Ampの反転入力なのかは、規格表で調べます。このように何番ピンに何が割り当てられているのかをピンアサインと言います。

■ ピン番号

　ICのピン番号には、ある規則があります。一般的に、切り欠きのある方を上にして、その左側のピンの一番上から1番になっていて、下に向かって2、3、

……の順になります。左側のピンがなくなると次は、右下のピンに次の番号が割り当てられていて、上に向かって、5、6、……となるのです。簡単にいうと、ICの切り欠きを上にして、Uの字を書くように番号が割り当てられています。

また、切り欠きがない場合でも、1番ピンマークとして、1番ピンの横に丸印が付いています。これを基準にU字を書くように番号が割り当てられています。ものによっては、切り欠きも1番ピンマークも両方ある場合もあります。

■ TOP VIEWとBOTTOM VIEW

ICを上から見た図をTOP VIEW（トップビュー）と言い、逆に下（裏）から見た図をBOTTOM VIEW（ボトムビュー）と言います。

真上から見たピンアサインと下から見たピンアサインは異なりますので、使用する際には注意してください。例えば、規格表にはTOP VIEWで書いてあるのに、実際のICを下から見てピン番号を振ってしまうと、思っていたピンとは違うものですから回路は動作しません。

以上のように、Op.Ampを使って、いろいろ便利な回路が簡単にできることが分かりました。

近年トランジスタを使って回路を組むより、Op.Ampを使った回路が増えてきたように筆者は感じています。これは、設計の簡単さ、正確さ、片電源動作やレール・トゥ・レールなどの特徴をもつOp.Ampが、このようなことを可能にしたのだと思います。

みなさんも是非、Op.Amp回路にさらなるチャレンジをしてみてください。

第 4 章
2進数と16進数

　コンピュータ内部のデータの処理には、おなじみの10進数や文字などといった考え方はありません。すべて2進数で行われているのです。
　ここでは2進数の基本である、10進数から2進数への変換と、それと逆の2進数から10進数への変換を説明し、最後に2進数の小数を簡単に学びます。
　また16進数という数も扱います。

4-1 2進数と簡単な計算

2進数とは

　普段私たちが使っている数は、10進数と言われ、1、2、3、……9と数えていき、10番目に桁上がりをする数でした。数字としては、0から9の10個あります。

　従って2進数は、2番目を数えるときに桁上がりをする数なのです。数字としては、0と1の2つしかありません。これは大変簡単な数です。しかし、桁数が増えて、数えにくい数でもあるのです。例えば、10進数で20という数値は、2進数で表現すると、

$$20 = (10100)_2$$

となり、10進数で2桁だった数値が、2進数では、なんと5桁になってしまいます。

　しかし、0または1の2つの状態しかないディジタル処理を行っているコンピュータ内部の処理には、最適なものなのです。

　また、2つの状態0、1は、次のようにもとらえることができます。

　0はなにもないことを10進数でも考えましたから、2進数でも同じように『無』です。2つの状態しかないうちの一方が無なのですから、1は『有』と考えることもあります。つまり物事が、ある(1)・ない(0)、だけで考えるディジタル値として扱います。

> **COLUMN　2進数などの10進数以外の表現方法**
>
> 　10進数はそのままの数値を書きますが、2進数の表現をするために、「( )$_2$」と本書では書きます。その他の表現として、「( )$_8$」と他の本では書くこともあります。
> 　16進数表現は、先頭に「0x」を付けたり、「&H」をつけたり、「( )$_{16}$」と書く場合があります。本書では末尾に「H」をつけることにします。

10進数 ⟷ 2進数

　まずは、2進数を10進数に変換しましょう。

　ここでは例として、$10 = (1010)_2$ を使って説明します。

　2進数の1桁を **bit（ビット）** と呼びます。4桁あれば、4bitの2進数と言います。また、一般的に左側を **上位 bit**、右側を **下位 bit** と言います。

　図4.1を見てください。2進数の右（最下位 bit）側から「0、1、2、3」と数値を左へ割り振っていきましょう。この数字は、各 bit（桁）が2進数なので「2の何乗か」を表しています。

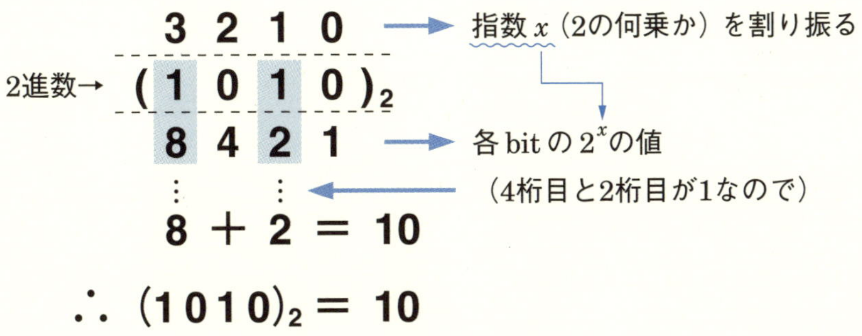

```
              3 2 1 0    → 指数 x（2の何乗か）を割り振る
2進数→  ( 1 0 1 0 )₂
              8 4 2 1    → 各 bit の 2^x の値
              ⋮   ⋮      ← （4桁目と2桁目が1なので）
              8 + 2 = 10

  ∴ (1010)₂ = 10
```

図4.1　2進数→10進数

2進数と簡単な計算

図4.1で一桁目の上に割り振った0は、2の0乗を意味しますので、1です。

$$2^0 = 1 \qquad\qquad\qquad ……[1桁目]$$

同様にして、各桁(bit)の上に割り振った1、2、3は、

$$2^1 = 2 \qquad\qquad\qquad ……[2桁目]$$
$$2^2 = 4 \qquad\qquad\qquad ……[3桁目]$$
$$2^3 = 8 \qquad\qquad\qquad ……[4桁目]$$

を意味します。

10進数に変換するには、2進数の各桁で「1」がある部分のみ、この2の乗数(1、2、4、8)を足していけばいいのです。従って、$(1010)_2$は、4桁目と2桁目に「1」がありますから、

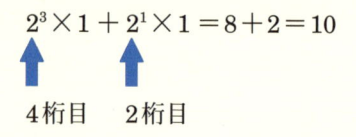

$$2^3 \times 1 + 2^1 \times 1 = 8 + 2 = 10$$

　　　　↑　　　↑
　　　4桁目　2桁目

というわけです。
　では、次の例題をやってみましょう。

> **例題**
>
> 次の2進数を10進数に変換しましょう。
>
> ①：$(1111)_2 =$
>
> ②：$(10000)_2 =$
>
> ③：$(101)_2 =$
>
> ---
>
> **解 答**
>
> ①：$2^3 \times 1 + 2^2 \times 1 + 2^1 \times 1 + 2^0 \times 1 = 1 + 2 + 4 + 8 = 15$
>
>   ↑ ↑ ↑ ↑
> 4桁目 3桁目 2桁目 1桁目
>
> 全部の桁が1
>
> ②：$2^4 \times 1 = 16$
>
> ↑
> 5桁目だけが1
>
> ③：$2^2 \times 1 + 2^0 \times 1 = 1 + 4 = 5$
>
> ↑ ↑
> 3桁目 1桁目
>
> 3桁目と1桁目が1

■ 10進数→2進数

次に、10進数を2進数に変換する方法を説明します。例として先ほどと同じ10進数の「10」を使います。答えは$(1010)_2$でした。

変換方法は、図4.2のように、10進数を2で次々に割っていき、1になったら止めます。この1と余りを下からカウントして2進数とするのです。

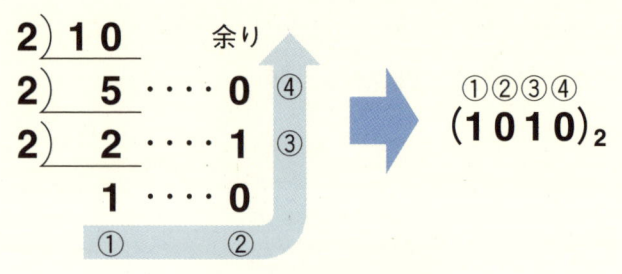

```
 2 ) 10        余り
 2 )  5 ‥‥ 0    ④
 2 )  2 ‥‥ 1   ③
      1 ‥‥ 0
       ①      ②
```

⇒ ①②③④
   $(1010)_2$

図4.2　10進数→2進数

最後の1と余りを下から矢印の方向に読み取っていくと、1010となって、$(1010)_2$になっています。では、例題をみてみましょう。

例題

次の10進数を2進数に直しましょう。

① : 7＝

② : 12＝

③ : 43＝

解　答

① :
```
 2 ) 7
 2 ) 3 ‥‥‥ 1
     1 ‥‥‥ 1
```
$7 = (111)_2$

② :
```
 2 ) 12
 2 )  6 ‥‥‥ 0
 2 )  3 ‥‥‥ 0
      1 ‥‥‥ 1
```
$12 = (1100)_2$

③：
```
  2)43
  2)21 …… 1
  2)10 …… 1
  2) 5 …… 0
  2) 2 …… 1
     1 …… 0
```

$43 = (101011)_2$

2進数の演算

　演算は、10進数で普段行っている計算と全く同じなのですが、2進数ですから、0→1の次は、桁上がりをすることを忘れてはなりません。

(1) 足し算

　例えば、$(1011)_2 + (101)_2$ を考えましょう。これを10進数にすると、$11 + 5 = 16$になります。

　これから計算するのは、2進数と分かっているので、計算過程では、$(\ )_2$をとります。

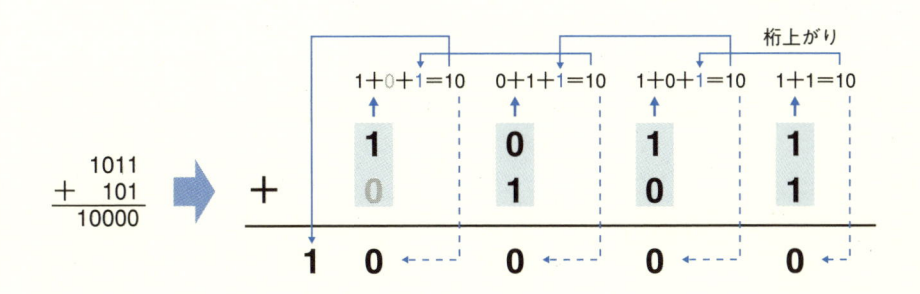

```
  1011
+  101
 10000
```

桁上がり
$1+0+1=10$　$0+1+1=10$　$1+0+1=10$　$1+1=10$

$(1011)_2 + (101)_2 = (10000)_2$ となります（答えの$(10000)_2$を10進数にすると16ですから計算はあっています）。

2進数の計算方法は、各bit（桁）を足していき、足して2になれば桁上がりをして、左隣の桁に「1」が繰り上がります。つまり、「10」にすればいいのです。
　では、計算過程をみてみましょう。
　まず、1桁目は、「1＋1」ですから、「2」になりますので、桁上がりをして、「10」になります。
　2桁目は、「1＋0」ですが、1桁目からの桁上がりが「1」あるので、実際には、「1＋1」になります。従って、「2」になりますので桁上がりをして、「10」となり、再び桁上がりをします。
　3桁目は、「0＋1」ですが、2桁目からの桁上がりが「1」あるので、実際には、「1＋1」になります。従って、「2」になりますので桁上がりをして、「10」となり、さらに桁上がりをします。
　4桁目も同様です。このように繰り返していけばいいのです。
　では、例題をみてみましょう。

例題

　次の2進数の計算をしましょう。

①：$(11)_2 + (10)_2$

②：$(111)_2 + (11)_2$

- -

解　答

①：
```
    11
  + 10
  ----
   101
```

$(11)_2 + (10)_2 = (101)_2$

②：
```
   111
+   11
-----
  1010
```

$(111)_2 + (11)_2 = (1010)_2$

(2) 引き算

　これも普通に行っている引き算と同じです。ただ、2進数ですから、隣の桁から借りてくるときには、2を借りてくることだけに注意しましょう。
　ここでは、$(10)_2 - (1)_2$ を考えてみましょう。

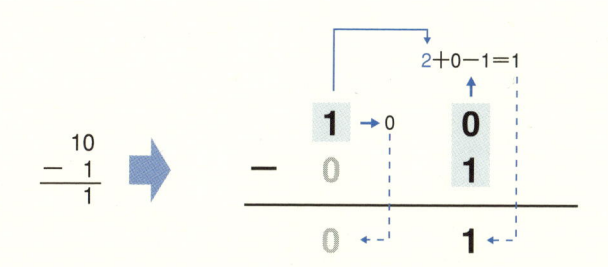

$(10)_2 - (1)_2 = (1)_2$

　まず1桁目の「0－1」は、そのままでは引けないので、隣（1つ上位）の桁（bit）から1つ借ります。上位から1つ借りるということは、2進数なので2を借りてくることです。従って、貸してあげた上位の桁（bit）は「0」になり、借りた方は、「2－1」ですから、答えは、1になります。
　では例題を見てみましょう。

> **例題**
>
> 次の2進数の計算をしましょう。
> ①：$(1010)_2 - (10)_2$
> ②：$(100)_2 - (1)_2$
>
> ----
>
> **解答**
>
> ①：
> ```
>   1010
> -   10
> ──────
>   1000
> ```
>
> $(1010)_2 - (10)_2 = (1000)_2$
>
> ②：
> ```
>   100
> -   1
> ─────
>    11
> ```
>
> $(100)_2 - (1)_2 = (11)_2$

(3) かけ算

　これは、10進数のかけ算方法と、2進数の足し算ができれば、問題なくクリアできます。

　例えば、$(101)_2 \times (10)_2$ を考えてみましょう。

```
    101
  ×  10
  ─────
    000
   101
  ─────
   1010
```

$$(101)_2 \times (10)_2 = (1010)_2$$

各bit（桁）をかけ算していきます。と言っても、1×1＝1で、0を含んでいるかけ算は0ですから、普通の10進数のかけ算より簡単です。後は、上から足し算をすれば求めることができます。

例題

次の2進数の計算をしましょう。
① : $(11)_2 \times (100)_2$

解　答

① :
```
      11
  ×  100
   ─────
      00
     00
    11
   ─────
    1100
```

$(11)_2 \times (100)_2 = (1100)_2$

---

(3) わり算

わり算の場合も、一般的な10進数のわり算とやり方は何ら変わりません。2進数のかけ算と引き算が理解できていれば、簡単です。

$(1001)_2 \div (11)_2$を例に挙げて考えましょう。

一般的なわり算のように計算していきます。

```
      11
   ┌─────
11 )1001
      11
      ──
      11
      11
      ──
       0
```

$$(1001)_2 ÷ (11)_2 = (11)_2$$

まずは、$(1001)_2$ のうち、最上位 bit（左側の桁）から 3 桁の $(100)_2$ に注目し、割る方の $(11)_2$ を何回かけると、$(100)_2$ より小さいの数で、最も $(100)_2$ に近い数になるかを考えます。つまり、「$100 ≧ 11 × x$」を考えます。これは、当然 1 回しかありません。もし 2 回（つまり $(10)_2$）かけると $(110)_2$ になってしまいます。

従って、$11 × 1 = 11$ を 100 から引きます。まず最初の桁の答えは 1 です。さらに 1 を上から降ろしてくるので、11 になり、11 は $11 × 1$ ですから、また 1 がたちます。ですから答えは $(11)_2$ です。

| 例題 |

次の 2 進数の計算をしましょう。
① : $(1010)_2 ÷ (101)_2 =$
② : $(1010)_2 ÷ (100)_2 =$

| 解 答 |

① :
```
        10
    ┌──────
101 )1010
     101
     ───
       0
       0
       ─
       0
```

$(1010)_2 \div (101)_2 = (10)_2$

②：

$$\begin{array}{r} 10.1 \\ 100 \overline{\smash{)}1010} \\ \underline{100} \\ 100 \\ \underline{100} \\ 0 \end{array}$$

$(1010)_2 \div (100)_2 = (10.1)_2$

　最後の問題は、小数点付きの答えになりました。小数点をどうやって10進数に戻すかは後ほど説明するとして、2進数の計算方法は、10進数のわり算の操作と何ら変わりないことを学んで欲しかったのです。

4-2 2進数の負値と2の補数

コンピュータ内部では、基本的に足し算しかなく、引き算という考え方は一般にありません。従って、引き算をするときには、引く方の数を負の数にして、足し算をしていくのです。

> コンピュータ内部の引き算：2進数＋2進数の負数

例えば、10進数でいうなら、5－3＝2を、

　　　5＋(－3)＝2

として、5から3を引くのではなく、5に－3を足すという考え方にするわけです。
では、2進数の負の値はどのように表現するかを説明していきます。

2の補数

10進数の負値を表すには、数値そのものに負号(－)を付ければよいのですが、2進数ではそうはいきません。
2進数の負値を表すには、2の補数という形で表します。2の補数とは、

　　　「自分の数に足すと0になる2進数」

を言います。ただし、本書で扱うのは、8bit(2進数8桁＝これを1byte(バイト)と言います)で、この先、特に注意がなければ、8bit(8桁)で話を進めます。
ちょっと分かりづらいですから、例を挙げます。

例えば、3桁の2進数$(101)_2$の「2の補数」を考えます。まず8bitにしてから次のように考えます。3bitを8bitにするには、足りない桁に0を付けていきます。本書では見やすいように、4bitずつ隙間を空けます。

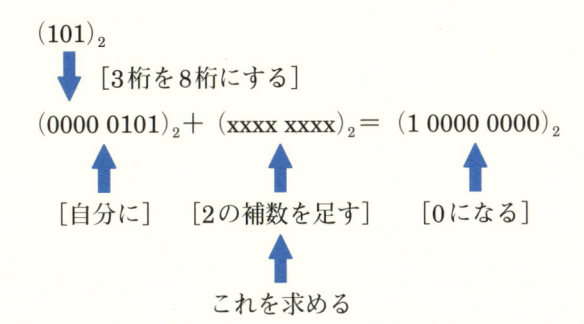

$(101)_2$
↓ ［3桁を8桁にする］
$(0000\ 0101)_2 + (xxxx\ xxxx)_2 = (1\ 0000\ 0000)_2$
　↑　　　　　　　↑　　　　　　　　↑
［自分に］　［2の補数を足す］　［0になる］
　　　　　　　　↑
　　　　　これを求める

　8bitと約束したのに、答えに9bit目があるのはおかしいですね。この9bitの最上位bit(この場合1)は、8bitの制約上から見るとオーバーフロー(桁あふれ)といって、無視されます。
　従って、最下位のbitから8bitまでが有効なので、$(0000\ 0000)_2$となって、0になります。
　それにしてもこの説明だけで、2の補数を見つけるのは困難ですから、次に簡単に2の補数を見つける方法を説明します。

2の補数の求め方

では、$(101)_2$の2の補数を求めてみましょう。まず、約束通り、8bitにします。

$(101)_2$
↓
$(0000\ 0101)_2$　　　　　　　　　……［8bitにする］

2進数の負値と2の補数　**249**

次に、全桁(bit)の0と1を反転させます。この場合の反転とは、1なら0、0なら1にすることを言います。

$(0000\ 0101)_2$ ……[0と1を反転させる]

$(1111\ 1010)_2$ ……[1の補数]

0と1を反転させたものを、「1の補数」といいます。
次に、1の補数に、$(1)_2$(8bitで表すと$(0000\ 0001)_2$)を足します。

$(1111\ 1010)_2$ ……[1の補数に1を足す]
$+(0000\ 0001)_2$
$(1111\ 1011)_2$ ……[2の補数]

これが2の補数です。
$(0000\ 0101)_2$の2の補数は$(1111\ 1011)_2$です。本当にそうなのか確かめましょう。

元の数に、2の補数を足せば、0になるということは、つまり、答えは最上位bitが1、残りの8bitが0の合計9bitになるはずです。

```
  0000 0101      ……[元の数]
+ 1111 1011      ……[2の補数]
1 0000 0000
```

桁上がりの連続ですが、0になりますので、確かに2の補数であることが確認できました。

> **例題**

次の10進数の引き算を、2進数で行いましょう。ただし引き算は使わず、2の補数を使って、足し算で答えを求めましょう。

①：13－9＝

> **解 答**

①：まず、10進数を2進数にします。2で割っていき、余りを読み上げていくと2進数になりました。

```
2 ) 13              2 ) 9
2 )  6  ……1         2 ) 4  ……1
2 )  3  ……0         2 ) 2  ……0
     1  ……1              1  ……0
     ⬇                    ⬇
  13＝(1101)₂          9＝(1001)₂
```

問題は、$13-9=(1101)_2-(1001)_2=(1101)_2+((1001)_2の2の補数)$ の計算ですから、9、つまり $(1001)_2$ の2の補数を求めましょう。

$(1001)_2$
⬇ ［8bitにする］
$(0000\ 1001)_2$
⬇ ［0と1を反転させ、1の補数へ］
$(1111\ 0110)_2$ ……［1の補数］
⬇ ［$(1)_2$ を足して、2の補数へ］
$(1111\ 0111)_2$ ……［2の補数］

以上から、$(0000\ 1101)_2+(1111\ 0111)_2$ の計算をすればよいので、

```
  0000 1101
＋ 1111 0111
─────────
1 0000 0100
```

となります。最上位bitを除く8bitが答えなので、(0000 0100)$_2$となり、これを10進数にすると、

$(100)_2 = 4$

ですから、13－9＝4と一致し、正しい答えを求めることができました。

8bitで表現できる10進数の数

2進数8bit(桁)で表される一番小さい値は、全部のbitが0になったものです。これは、10進数で0です。

$(0000\ 0000)_2 = 0$

また最も大きい値は、全部のbitが1になったものですから、10進数では255になります。

$(1111\ 1111)_2 = 255$　　　　　($2^8 - 1 = 255$と計算します)

2進数8bit(桁)を使って、0〜255までの数を表現できることが分かります。しかしこのままでは、「0から正の数」しか表現できず、先ほどの「2の補数」を使った「負の数」の表現ができません。

そこで、次のような約束事を決めて、負の数を表し、「負の数〜正の数」までを表現します。

『最上位bitが1の場合は、負値を表す』

　最上位bit、つまり、「一番左側のbitが、「1」の時は負値としましょう」、と決めるのです。従って、正の最大値は、最上位bitが「0」で残りの7bitがすべて「1」ですから、10進数にすると127までしか表現できません。

　　　　正の最大値(0111 1111)$_2$＝127

　逆に、負の最大値(最低値)は、最上位bitが「1」で、残りが「0」になるので、10進数にすると－128になります。

　　　　負の最大値(1000 0000)$_2$＝－128

　ここで、(1111 1111)$_2$が、8bit表現の最低値だと思う方がいると思うので、説明をします。
　(1111 1111)$_2$というのは、最上位bitが1ですから、負値であることは分かります。では、いったいどのような10進数なのでしょうか？　答えは、「－1」です。
　では、「－1」を2進数で表してみましょう。2進数の負値は、2の補数の形で表すのでした。10進数の1＝(1)$_2$ですから、(1)$_2$の「2の補数」を求めます。

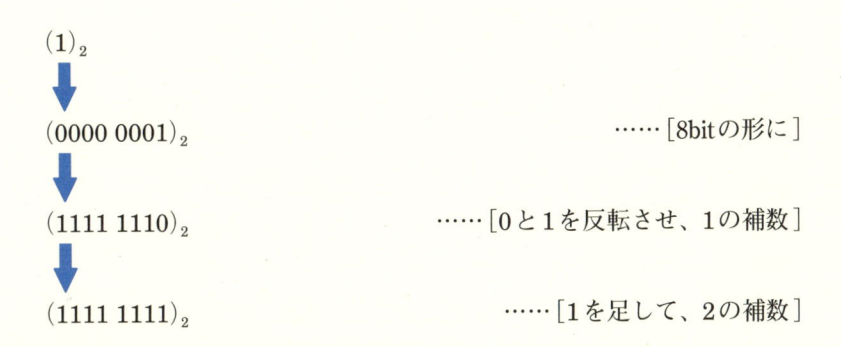

　　　　(1)$_2$
　　　　↓
　　　　(0000 0001)$_2$　　　　……［8bitの形に］
　　　　↓
　　　　(1111 1110)$_2$　　　　……［0と1を反転させ、1の補数］
　　　　↓
　　　　(1111 1111)$_2$　　　　……［1を足して、2の補数］

以上から、$(1111\ 1111)_2$ が「-1」であることが分かりました。

従って、-2は-1より1つ小さい値ですから、-1から1を引けばいいので、$-2 = (1111\ 1110)_2$、さらに1つ少ない値は1を引いて、$-3 = (1111\ 1101)_2$、……というように、1ずつ引いていけば最低値に向かっていきます。これを繰り返していくと、最低値は、$-128 = (1000\ 0000)_2$ となります。

2進数		10進数
$(1111\ 1111)_2$	……	「-1」
↓ -1(1を引く)		
$(1111\ 1110)_2$	……	「-2」
↓ -1(1を引く)		
$(1111\ 1101)_2$	……	「-3」
↓ -1(1を引く)		
$(1111\ 1100)_2$	……	「-4」
⋮		⋮
$(1000\ 0000)_2$	……	「-128」(8bitの最低値)

負値を扱う8bit表現は、$-128(-\frac{2^8}{2}) \sim 127(\frac{2^8}{2}-1)$ の10進数を表現できます。

参考までに、16bit表現では、$2^{16}-1 = 65535$(正の数のみ)、$-32768(-\frac{2^{16}}{2}) \sim 32767(\frac{2^{16}}{2}-1)$ を表現できます。

4-3 2進数の小数

小数点以下の2進数の扱いについて説明します。

■ 2進数小数 → 10進数

2進数を10進数にするとき整数部は、最下位bitから順に各桁に、2^0、2^1、2^2、……という重みをつけて計算して、1がある桁(bit)のみの足し算をしていきました。

小数点以下の2進数についても、基本的には同じです。しかし、小数点以下の桁(bit)は、2^{-1}、2^{-2}、2^{-3}というように、桁(bit)が右側に移動するごとに、指数を-1していくのです。$2^{-1}=\frac{1}{2}$、$2^{-2}=\frac{1}{2^2}$、$2^{-3}=\frac{1}{2^3}$です。

では、$(10.101)_2$を例に、10進数にしてみましょう。

まず$(10.101)_2$は、$(10.101)_2 = (10)_2 + (0.101)_2$なので、整数部$(10)_2$と小数部$(0.101)_2$に分けて考えます。

小数点以上の整数部は、今までに学んだ通りなので省きます。$(10.101)_2$の整数部分は$(10)_2 = 2$です。次に、小数部分$(0.101)_2$は、

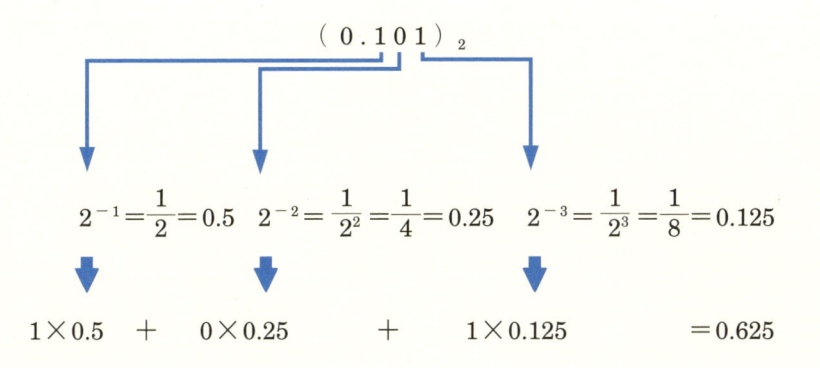

$$(0.1\,0\,1)_2$$

$$2^{-1}=\frac{1}{2}=0.5 \quad 2^{-2}=\frac{1}{2^2}=\frac{1}{4}=0.25 \quad 2^{-3}=\frac{1}{2^3}=\frac{1}{8}=0.125$$

$$1\times 0.5 \ + \ 0\times 0.25 \ + \ 1\times 0.125 \ = 0.625$$

となります。全体の10進数の数値は、「整数部＋小数部」になるので、

$(10.101)_2$

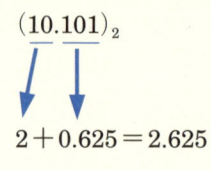

$2 + 0.625 = 2.625$

つまり、

$(10.101)_2 = 2.625$

となります。

例題

次の2進数を10進数に直しましょう。

① : $(110.11)_2 =$

解 答

① : 2進数を整数部と小数部に分けて、それぞれ10進数にします。

整数部 $(110)_2 = 6$

小数部 $(0.11)_2 = 0.5 + 0.25 = 0.75$

∴ 整数部＋小数部 $= 6 + 0.75 = 6.75$

■ 10進数小数→2進数小数

　10進数小数から、2進数小数への変換方法は、小数部を次々に2倍していきます。小数を2倍した計算の結果、整数部に現れる数は、1か0です。そして2倍するたびに現れる整数部をカウントしていきます。

　言葉だけでは少しわかりづらいので、10進数の「2.6875」を例にして、考えましょう。

まずは、整数部と小数部に分けて、整数部は前に学んだ方法で交換し、2進数に変換します。

まず、整数部の「2」は2進数にすると、$(10)_2$です。

次に、本題の小数部「0.6875」ですが、まず2倍すると、整数部には1か0のどちらかが現れるはずです。例えば、$0.6875 \times 2 = 1.37$ となり、整数部に「1」が現れます。つまり、0.5未満の数なら整数部には「0」が、0.5以上なら整数部に「1」が現れます（元の数の小数部だけしか考えないので、$1 \geqq x > 0$です）。

さらに、2倍されて得た小数部「0.37」のみを、2倍します。やはり、整数部には、0、1のどちらかが現れます。このように小数部のみを次々に2倍していき、小数部が0になるまで続けます。最後に、整数部を上から読み上げると、変換終了です。

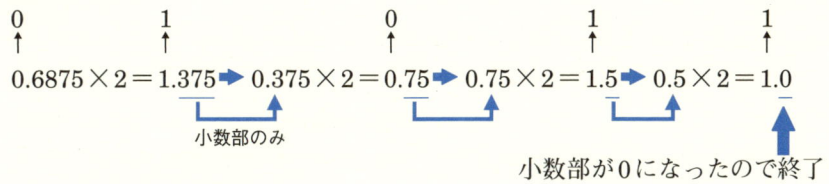

```
    0           1              0              1              1
    ↑           ↑              ↑              ↑              ↑
0.6875×2=1.375 → 0.375×2=0.75 → 0.75×2=1.5 → 0.5×2=1.0
                小数部のみ                          小数部が0になったので終了
```

読み上げる順番は上から
↓

```
2× 0. 6875   ← 小数部を2倍する
─────────
2× 1. 375    ← 整数部に「1」が現れる、さらに 小数部を2倍する
2× 0. 75     ← 整数部に「0」が現れる、さらに 小数部を2倍する
2× 1. 5      ← 整数部に「1」が現れる、さらに 小数部を2倍する
2× 1. 0      ← 小数部が0になったので終了
   ↳ 0.1011
```

元の数の小数部の変換　　　$0.6875 = (0.1011)_2$
元の数の整数部の変換　　　　　　$2 = (10)_2$

∴ 全体の変換　　　　　　　$2.6875 = (10.1011)_2$

> **例題**
>
> 次の10進数を2進数へ変換しましょう。
>
> ①：9.3125＝
>
> ②：2.1＝

> **解　答**

①：整数部9、小数部0.3125

$$
\begin{array}{r}
2\,)\,\underline{9} \\
2\,)\,\underline{4} \cdots 1 \\
2\,)\,\underline{2} \cdots 0 \\
1 \cdots 0
\end{array}
\qquad
\begin{array}{l}
0.3125 \\
0.625 \\
1.25 \\
0.5 \\
1.0
\end{array}
\;\;\times 2
$$

$9 = (1001)_2$

$0.3125 = (0.0101)_2$

∴ $9.3125 = (1001.0101)_2$

②：整数部2、小数部0.1

$$
\begin{array}{r}
2\,)\,\underline{2} \cdots 0 \\
1
\end{array}
\qquad
\begin{array}{l}
0.1 \\
0.2 \\
0.4 \\
0.8 \\
1.6 \\
1.2 \\
0.4 \\
0.8 \\
1.6
\end{array}
\;\;\times 2
$$

$2 = (10)_2$

$$\begin{array}{r} 1.\ 2 \\ 0.\ 4 \end{array} \times 2$$

$$0.1 = (0.0001100110\cdots)_2$$
$$= (0.0\dot{0}01\dot{1})_2$$

$$\therefore 2.1 = (10.0\dot{0}01\dot{1})_2$$

[(注) 数字の上の2つの黒丸は、黒丸にはさまれた数字
　　　 (ここでは0011) を繰り返す循環小数を表す]

　10進数の「0.1」は、2進数小数に変換すると循環小数になってしまいました。このように、10進数小数を2進数小数に変換する際、きれいに変換できる方が少なく、循環小数になるものがほとんどです。

COLUMN　コンピュータの計算結果は絶対？

　コンピュータ内部では、2進数で処理を行っていると前に書きました。しかし、今例題で学んだように10進数の小数を2進数にして扱うとき、循環小数になって、完全に変換できないのを知りました。非常に極端な話ですが、10進数の0.1を10回足すことをコンピュータにさせたら、1にならないかもしれませんね。
　コンピュータの計算結果は絶対に正しいと思っていたのに、意外ですね。

4-4 16進数

　2進数は、桁数が非常に多くなるので、何かと不便なものです。桁数が多いと、0や1の位置を間違えたり、桁数を1つ少なく間違いたりと、小さなミスが大きな失敗になります。

　例えば10進数の「21」は2桁ですが、これを2進数にすると$(10101)_2$で5桁になりますから、桁数だけを考えると何とも使いにくくなります。

　そこで、16進数というものを考え、人間がコンピュータのことを考えるときに桁数を少なくして、簡単に扱えるようにしました。16というのは、2^4ですので、2進数の4桁に相当し、桁数を少なくできます。

　では、実際に16進数が、どのような数であるか学びましょう。

16進数の数

　16進数は、言葉の通り、0から数えはじめて「16」になるとき、桁上がりをして、「10H」になる数です。末尾の「H」は前にも書きましたが、16進数であることを表します。

　0～9までは10進数と同じ数字を使えますが、10進数でいうところの10～15は16進数ではまだ桁上がりをしていませんから、何か1文字で表さないといけません。そこで、16進数では、10進数の10から、英文字のA、B、C、D、Eとし、15はFとなるのです。

　分かりやすいように、10進数を中心に、2進数と16進数を並べて表すと、次の表のようになります。

2進数	10進数	16進数
0	0	0
1	1	1
10	2	2
11	3	3
100	4	4
101	5	5
110	6	6
111	7	7
1000	8	8
1001	9	9
1010	10	A
1011	11	B
1100	12	C
1101	13	D
1110	14	E
1111	15	F
10000	16	10

← 2進数が桁上がりした（10の行）
← 16進数が桁上がりした（10000の行）

2進数、10進数、16進数の対応表

　16進数のA〜Fが、10進数の何に当たるのか、よく覚えましょう。最初は、対応表を見ながらでもよいのですが、計算をしていくうちに、少しずつ慣れていきましょう。

2進数→16進数

　2進数の4桁分が、16進数の1桁に相当すると前に書きました。2進数を16進数へ変換するときは、2進数の最下位bitから、4bitずつ区切っていき、区切られた4bitを10進数で考え、さらにそれぞれを16進数に変換していきます。
　では、(10 1101)₂を例にして説明しましょう。

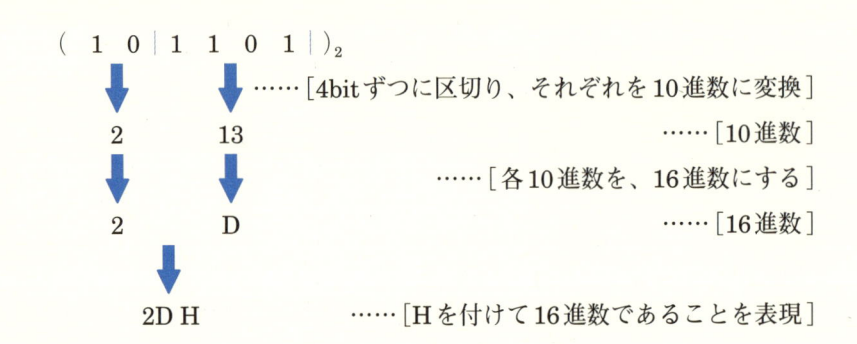

```
(  1  0 | 1  1  0  1 | )₂
   ↓         ↓          ……［4bitずつに区切り、それぞれを10進数に変換］
   2         13         ……［10進数］
   ↓         ↓          ……［各10進数を、16進数にする］
   2         D          ……［16進数］
         ↓
        2D H            ……［Hを付けて16進数であることを表現］
```

例題を見てみましょう。

例題

　次の2進数を16進数に変換しましょう。

①：(1 1010 1111)₂

解　答

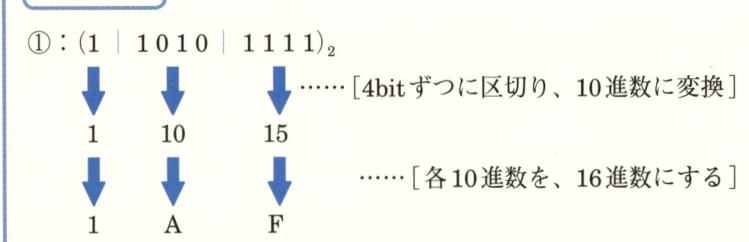

①：(1 | 1010 | 1111)₂
　　↓   ↓   ↓   ……［4bitずつに区切り、10進数に変換］
　　1   10   15
　　↓   ↓   ↓   ……［各10進数を、16進数にする］
　　1   A   F

↓
　　1AF H　　……[Hを付けて16進数であることを表現]

　(1 1010 1111)$_2$ ＝ 1AF H

16進数→2進数

　16進数から2進数への変換は、これも非常に簡単です。16進数の各桁を10進数で考え、それぞれの桁を2進数4bitに直していくだけです。

　例えば、16進数「2CH」は、

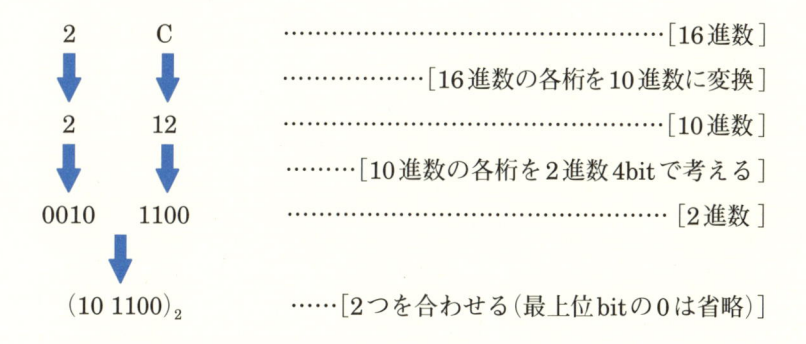

　　2　　C　　　　……………………………………………[16進数]
　　↓　　↓
　　2　　12　　　　……………[16進数の各桁を10進数に変換]
　　↓　　↓　　　　……………………………………………[10進数]
　0010　1100　　　……[10進数の各桁を2進数4bitで考える]
　　　↓　　　　　　……………………………………………[2進数]
　(10 1100)$_2$　　……[2つを合わせる(最上位bitの0は省略)]

となるわけです。では、例題を見てみましょう。

例題

　次の16進数を2進数に変換しましょう。

①：F1D3H

解　答

16進数

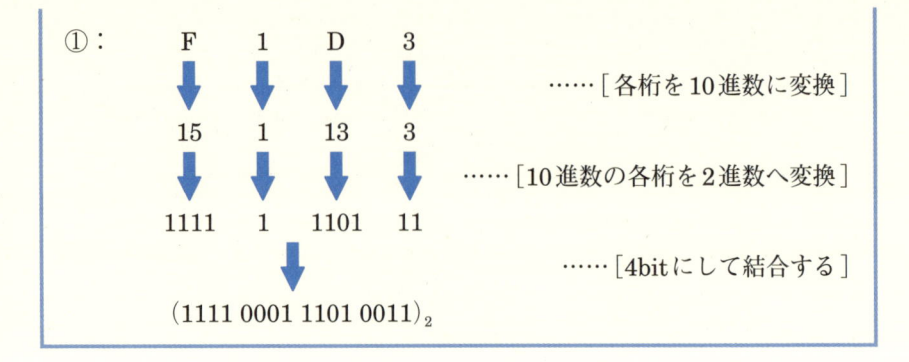

①：　　F　　1　　D　　3
　　　↓　　↓　　↓　　↓　　……[各桁を10進数に変換]
　　　15　　1　　13　　3
　　　↓　　↓　　↓　　↓　　……[10進数の各桁を2進数へ変換]
　　　1111　1　1101　11
　　　　　　　↓　　　　　　……[4bitにして結合する]
　　　(1111 0001 1101 0011)₂

16進数→10進数

　16進数を10進数に変換する場合は、2進数を10進数に変換したときと考え方は全く同じです。ただ、2進数は2の累乗を足していきましたが、こちらは16進数なので、16の累乗を足していきます。
　では、16進数「10C2 H」を例にとり、10進数に変換していきましょう。

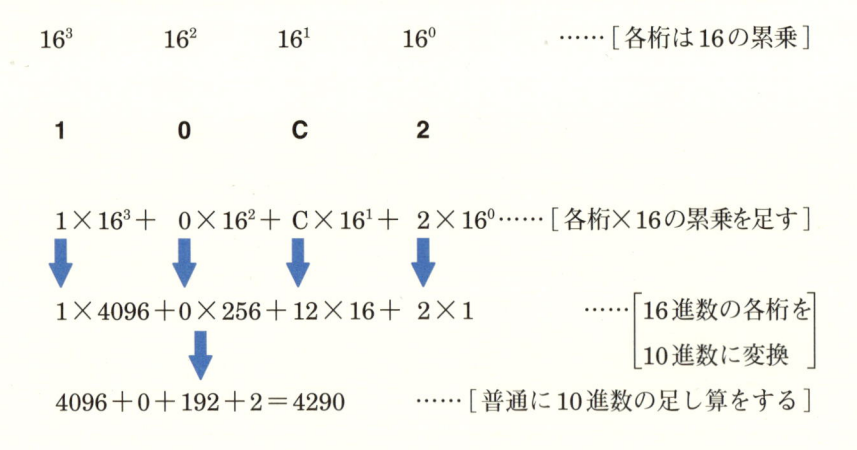

　　　　16^3　　　16^2　　　16^1　　　16^0　　　……[各桁は16の累乗]

　　　　1　　　　0　　　　C　　　　2

　　　$1 \times 16^3 + 0 \times 16^2 + C \times 16^1 + 2 \times 16^0$ ……[各桁×16の累乗を足す]
　　　↓　　　　↓　　　　↓　　　　↓
　　　$1 \times 4096 + 0 \times 256 + 12 \times 16 + 2 \times 1$　……[16進数の各桁を10進数に変換]
　　　　　　　　　↓
　　　$4096 + 0 + 192 + 2 = 4290$　……[普通に10進数の足し算をする]

　以上から、10C2H＝4290となります。

> **例題**
>
> 次の16進数を10進数に変換してください。
> ①：ABCH
>
> ---
>
> **解　答**
>
> ①：ABC
>
> $A \times 16^2 + B \times 16^1 + C \times 16^0$ ……［各桁×16の累乗を足す］
>
> $10 \times 256 + 11 \times 16 + 12 \times 1$ ……［16進数の各桁を10進数に変換］
>
> $2560 + 176 + 12 = 2748$ ……［普通に10進数の計算をする］
>
> ABCH ＝ 2748

10進数→16進数

　10進数から16進数への変換も、10進数を2進数に変換したときと考え方は全く同じです。

　まず、10進数を16で割っていきます。割られる数が16未満になれば、そこで終わります。もし商や余りが、10進数で10～15の数字ならば、A～Fに変換します。

　最後に、商から余りをカウントしていけばよいのです。

　例えば10進数の「139」は、16で割ると次のように商が8で余りが11になり、商→余りの順で示すので、11は16進数でBですから8BHになります。

```
      8
 16 ) 139          または、    16 ) 139
      128                          8   ……11
      ‾‾‾
       11
```

16進数　265

商 ……8、 余り ……11
　　　↓　　　　　　↓
　　　8　　　　　　B
　　　　　　↓
　　　　　8BH

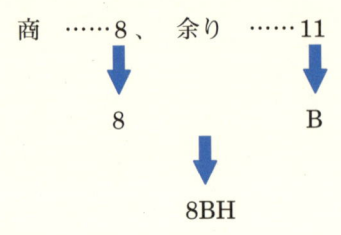

139＝8BH

例題

次の10進数を16進数に変換しましょう。ちょっと難しいかもしれませんが頑張りましょう。

① : 161

② : 2989

- -

解　答

① : 16) 161
　　　　10 ……1

商 ……10＝A、余り ……1
　　　　↓
　　161＝A1H

② : 16) 2989
　　16) 186 ……13
　　　　11 ……10

読み上げる順番　商→余り

266　16進数

10進数で読み上げると、11→10→13となり、これらを16進数にして合わせると変換終了です。

　　　11＝BH，　10＝AH，　13＝DH

従って、BADHとなります。

　　　2989＝BADH

16進数同士の足し算

　特別難しい考え方はありません。ただ忘れてならないのは、16になると桁上がりをすることです。
　「1CH＋EH」を例に、解き方を説明していきます。

```
   1CH
＋   EH
   2AH
```

　まず、1桁目のCH＋EHを行います。CH＝12、EH＝14ですから、10進数にして足し算をすると、12＋14＝26になります。10進数の26を16進数にすると「1A」になります。従って、答えの最初の桁にAを書き入れます。
　次に、「桁上がりした1」と「1Cの1」を足すと、2になりますので次の桁に書き入れます。ですから、

　　　1CH＋EH＝2AH

となります。

例題

次の計算をしてください。
①：19H＋17H
②：F4H＋ECH

解　答

①：　　19H
　＋　17H
　──────
　　　30H

1桁目の計算は9＋7＝16で、16で桁上がりしますから0です。2桁目は桁上がりが1あるので、1＋1＋1＝3になります。従って、

　　　19H＋17H＝30H

10進数の計算に慣れていると、この計算は違和感がありますが、16進数ではこれでいいのです。

②：　　F4H
　＋　ECH
　──────
　　1E0H

1桁目の計算は4H＋CH、10進数にすると、4＋12＝16ですから桁上がりして0です。2桁目は「F＋E＋桁上がりの1」、10進数にすると15＋14＋1＝30ですから、16進数では「1E」です。従って、

　　　F4H＋ECH＝1E0H

16進数の引き算

次に16進数の引き算を、「32H－15H」を例に説明していきます。
まず、いつものように縦の計算をするために、次のように書きます。

```
   32H
 － 15H
　─────
   1DH
```

1桁目の計算の「2－5」は、そのままではできませんので、2桁目の「3」から1つ借りてきます。16進数ですからこの1つは「16」です。つまり16を借りたことになります。すると、貸した方の3は2になります。
　1桁目は、借りてきた16からまず5を差し引き、それから上の2と足すので、

$$16－5＋2＝13 → DH$$

になります。ですから1桁目の答えはDなのです。
　次に、2桁目の計算は、3から1を縦に引きたいところですが、先ほどの計算で1つ（16）を貸してしまっているので、実際には「2－1」とするのです。

$$2－1＝1 → 1H$$

となりますから、2桁目の答えは、1になります。従って、全体としては、

$$32H－15H＝1DH$$

になります。
　注意しなければならないのは、16進数ですから、借りてくるのは、「16」であることです。

では例題を見てみましょう。

> **例題**
>
> 次の計算をしてください。
> ①：100H －1H
> ②：301H －115H

解　答

①：　　100H
　　－　　1H
　　　　FFH

　1桁目の計算の「0－1」は、そのままではできませんので、隣から借りてきますがやはり0なので、3桁目から1つ(16)借りてきます。借りてきた16から1引くと15となり、15は16進数にしてFになります。次は10ですが、1つ貸してあるので、16進数の10は10進数の16ですから(261pの対応表)、1つ引くと15になります。15を16進数に直すとFになります。

　　　　100H －1H ＝ FFH

②：　　301H
　　－115H
　　　1ECH

　1桁目の計算の「1－5」は、そのままではできませんので、隣から1つ(16)借りてきます。1桁目は16－5＋1＝12となり、12は16進数にして「C」になります。
　隣に貸した方の2桁目の0は1つ減りますが、「0－1」は引けませんの

で隣から1つ(16)借りてきます。2桁目は1つ貸したので16－1＝15となり、1桁目の計算が終わった段階では2桁目は16進数の「F」になっています。

2桁目の計算ですが、いま2桁目は「F」ですので、15－1＝14となり、14は16進数にして「E」になります。

3桁目の計算は、すでに2桁目の計算で隣に1つ貸してありますから、1つ引くと3－1＝2ですので、2－1＝1になります。

かけ算

16進数は英文字を使うので、一見、計算が複雑に見えますが、16進数というだけで普通の10進数のかけ算と基本的に変わりません。

では、「F1H×11H」を例にして説明します。

縦の計算にして、

```
     F1H
  ×  11H
     F1H
    F1H
   1001H
```

F1H×11H＝1001H

となります。説明はいらない気がしますが、まず、1×F1＝F1、桁をずらして1×F1＝F1を計算します。後は、上から足し算すれば計算は終わりです。

16進数ですから、かけ算や足し算の過程で、桁上がりを間違えないようにすることが必要です。

では、例題を見てみましょう。

> **例題**

次の計算をしてください。
①：12H×7H
②：A1H×B1H

> **解　答**

①：　12H
　×　7H
　―――
　　7EH

最初の計算は7×2＝14ですからE、次の計算は7×1＝7になります。

②：　　A1H
　×　　B1H
　―――――
　　　A1H
　　6EBH
　―――――
　　6F51H

最初の計算は1×A1ですからA1です。桁をずらして、B×A1の計算ですが、B×1はBで簡単です。しかし、B×Aが少し難しいかもしれません。　B×A＝6Eとすぐには筆者も分かりません。

これは、一度、BとAを2進数に直して積を求め、また16進数に戻すといった作業をしています。

10進数にしてから、かけ算の方が楽なのでは？　という声が聞こえてきそうですが、2進数のかけ算は、1と0なので、非常に簡単で(10進数では大きな数を扱うと計算が面倒です)、さらに、2進数から16進数の変換も、4bitずつで変換できますから(10進数では16で割る作業が意外に面倒です)、これもまた非常に簡単なのです。

従って、まず2進数に直します。BH×AHは、2進数に変換すると、

それぞれBH＝$(1011)_2$、AH＝$(1010)_2$で、つまり$1011×1010$ですから、

```
      1011
  ×   1010
  ────────
      0000
     1011
    0000
   1011
  ────────
   1101110
```

$$BH×AH = (1011)_2×(1010)_2$$
$$= (110\ 1110)_2$$

⬇　⬇　……［2進数を10進数に変換］

6　14

⬇　⬇　……［10進数を16進数に変換］

6H　EH

∴ BH×AH＝6EH

となるのです。

わり算

これも普通の10進数のわり算を、16進数ということを意識しながら行えば、難しくありません。

では、「38EH÷23H」を例に考えます。

```
            1AH
      ┌─────────
  23H ) 38EH
        23H
        ───
        15EH
        15EH
        ────
           0              38H ÷ 23H = 1AH
```

　まず38Hは、23Hの何倍以内にあるかを考えると、当然1倍ですから、「1H」が商にたちます。従って、「38H－23H」は、「15H」です。さらに「38E」のEを下げてきて、「15EH」になります。
　次に、15EHは、23Hの何倍以内にあるかを考えます。簡単には探せないかもしれませんが、地道にかけ算をしていき、見つけましょう。
　すると、AHがたつことにたどり着きます。AH×23Hは、2進数に変換して計算します。

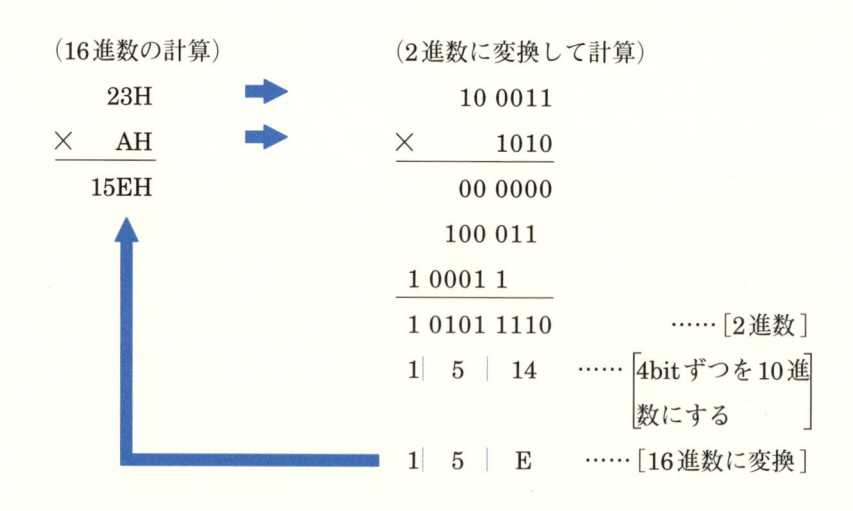

```
（16進数の計算）        （2進数に変換して計算）
       23H                     10 0011
   ×   AH                  ×      1010
   ─────                   ─────────────
      15EH                      00 0000
                                100 011
                              1 00011
                              ─────────────
                              1 0101 1110   ……［2進数］
                              1   5   14    ……［4bitずつを10進
                                                 数にする］
                              1   5    E    ……［16進数に変換］
```

という計算をして、15EHになりますから、差し引き0になって、ちょうど割り切れました。

> **例題**
>
> 次の計算をしましょう。
>
> ①：93D0H ÷ ACH
>
> ②：1448H ÷ 58H

> **解 答**
>
> ①：
>
> ```
>           DCH
>     ACH ) 9 3 D 0 H
>           8 B C H
>           ─────────
>             8 1 0 H
>             8 1 0 H
>           ─────────
>                 0 H
> ```

　93Dは、ACの何倍以内にあるかを考えると、D倍ですから、まずDHが商にたちます。従って、「93DH－8BCH」は、81Hです。さらに0を下げてきて、810Hになります。

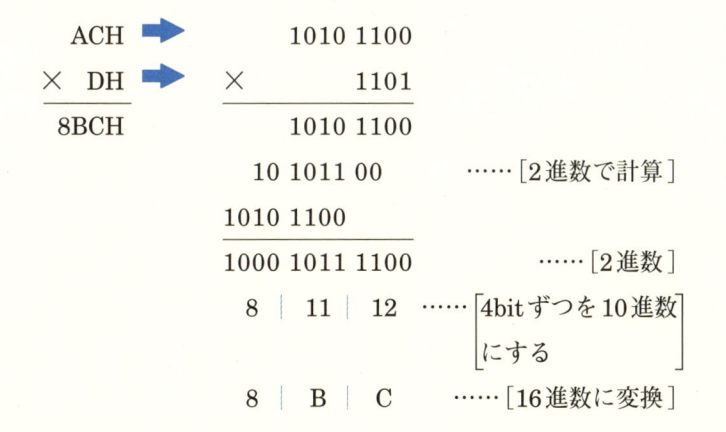

```
    ACH  ➡        1010 1100
  ×  DH  ➡      ×      1101
    ─────        ─────────
    8BCH           1010 1100
                 10 1011 00      ……[2進数で計算]
                 1010 1100
                 ─────────────
                 1000 1011 1100  ……[2進数]

                    8 | 11 | 12  ……⎡4bitずつを10進数⎤
                                    ⎣にする          ⎦

                    8 |  B |  C  ……[16進数に変換]
```

　次に、同様にして、810Hは、ACHの何倍以内にあるかを考えます。するとCがたちます。

$$93D0H \div ACH = DCH$$

② :
```
           3BH
      ┌───────
  58H )  1448H
         108H
         ─────
          3C8H
          3C8H
         ─────
             0
```

$$1448H \div 58H = 3BH$$

　以上のように、普段私たちがあまり使うことのない2進数や16進数の基本と、簡単な計算を学びました。

　読者のみなさんが、10進数で計算をはじめてから、何年が経ち、そして慣れてきたのかを考えると、2進数や16進数の計算に慣れ親しむには、それと同じ年数か、もう少し多くの時間をかける必要があります。

　しかし、2進数や16進数の計算ばかりをしているのは、特殊な仕事に就いている人だけでしょうから、皆さんが、2進数や16進数で計算をする必要になったときは、そのときにもう一度、本書を読んでから、高等な専門書を読むとよいと思います。

第 5 章
論理回路

　論理回路とは、一般的にディジタル回路の基本回路を言います。1か0を論理回路に入力をすると、その論理回路に応じた出力(1か0)を得るものです。
　ここでは、OR回路、AND回路、NOT回路、EX－OR回路の図記号と入出力関係を簡単に説明していきます。

5-1 論理回路の規則

図記号と真理値表

　論理回路の図記号は、JIS（日本工業規格）規格によるJIS記号と、MIL（米軍規格）規格によるMIL記号の2通りあります。

　大まかにいうと、JIS記号は、図記号中の文字によってその種類を判断するのに対して、MIL記号は、形によってその種類を判断できるようになっています。

　一般的に多く使われているのはMIL記号です。本書でもMIL記号を中心に話を進めます。

　真理値表とは、論理回路の入出力関係を0と1で表し、表にしたものです。この表によって、各種論理回路の入出力関係を分かりやすくしています。

0、1と規則

　入力端子や出力端子で取り扱うのは、「0」または「1」です。2進数のところでも軽く触れましたが、ディジタル量は0、1の2つの状態で取り扱われるのです。

　一般的に、「0」の状態は電気的に0[V]を意味し、Lowレベル（L）で表すこともあります。また、「1」の状態は、電気的に5[V]を意味し、Highレベル（H）で表すこともあります。

　さらに、「0」の反対は「1」であることも覚えておく必要があります。

　論理回路の基本式では、ブール代数や、ド・モルガンの定理があります。当たり前に思える式があったり、なぜ？　と思うような式もあります。簡単なブ

ール代数式や、ド・モルガンの定理を書きますが、この他にもたくさんの式があります。

次に簡単な基本式を示します。

(1) ＋

OR(オア)と読み、論理和を表します。OR回路で使います。
動作：「2つの入力のどちらかが1のとき出力が1」
例：$0+1=1$

(2) ・

AND(アンド)と読み、論理積を表します。AND回路で使います。
動作：「2つの入力がともに1のときだけ出力が1」
例：$1 \cdot 1=1$

(3) ‾

バーと読み、否定を表します。NOT回路で使います。
動作：「入力が1のとき出力は0、入力が0のとき出力は1」
例：$\overline{1}=0$

以下の表にまとめておきます。

簡単な規則・法則

$0+0=0$	$0+1=1$	$1+1=1$	論理和(OR)
$0 \cdot 0=0$	$0 \cdot 1=0$	$1 \cdot 1=1$	論理積(AND)
$\overline{0}=1$	$\overline{1}=0$		否定(NOT)
$X+\overline{X}=1$	$X \cdot \overline{X}=0$		X, Yには0または1が代入されます．
$\overline{X+Y}=\overline{X} \cdot \overline{Y}$	$\overline{X \cdot Y}=\overline{X}+\overline{Y}$		

それでは、各種論理回路の説明に入りましょう。

5-2 OR回路 －論理和－

　OR(オア)回路は、中学英語でも出てきたとおり、「～か、または……」という意味でした。
　従って、数本の入力端子に、どれか1つでも「1(H)」が入力されれば、出力は「1(H)」になる論理回路です。日本語では「論理和」といい、入力端子に入力された「1(H)」または「0(L)」の和が、出力として現れることを表しています。
　OR回路は、ORゲートと呼ばれることもあります。

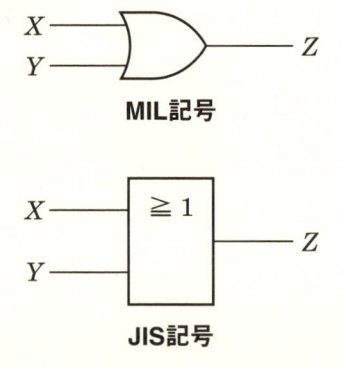

MIL記号

JIS記号

入力		出力
X	Y	Z
0	0	0
0	1	1
1	0	1
1	1	1

OR回路の真理値表

図5.1　OR回路の図記号

　図5.1は、OR回路の図記号です。入力端子がX、Yの2本、出力端子がZの1本という基本的なOR回路です。入力端子が3、4本などのOR回路もあります。
　入力が2本の場合、0、1の組み合わせは、図5.1の表のように、4パターンしかありません。このような表を「真理値表」と言います。
　この4パターンの出力を考えましょう。
　OR回路は、入力のうち、いずれか1本に1(H)が入ると、出力は1になっています。そして2つとも0のときのみ、出力は0です。従って、真理値表から

OR回路を論理式で表すと、

$$X+Y=Z \qquad \cdots\cdots(5.1)式$$

になります。

　簡単な例を挙げると、下図Aを見て下さい。スイッチX、Yの2つがあります。このスイッチXまたは(OR)Yのどちらか一方がONになれば、ランプは光りますね。

　つまり、2つの条件のうち、最低1つの条件がクリアされれば、出力は、1(H)になることを表します。

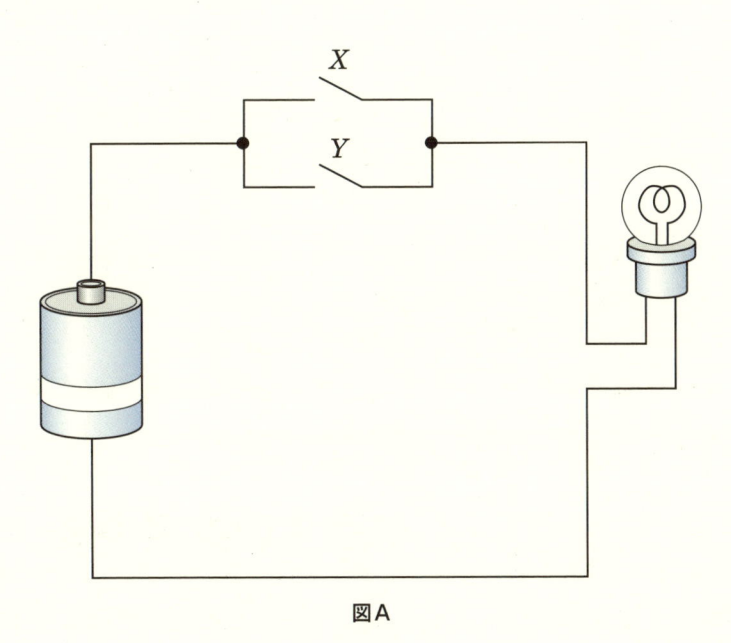

図A

5-3 AND回路 －論理積－

　ANDは、日本語にすると、「〜そして、……」です。従って、入力側の端子のすべてに1(H)が入ったときに、出力が1(H)になる論理回路です。

　AND回路は、日本語で「論理積」と呼ばれます。かけ算の答えである積は、どのような数にも0をかけると、積は0です。回路では、入力のうちどれかに0(L)があると、出力は0(L)になるのでこう呼ばれるのです。

　AND回路は、ANDゲートと呼ばれることもあります。

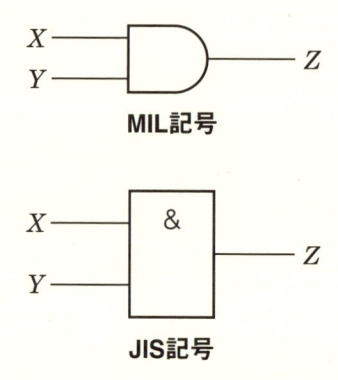

入力		出力
X	Y	Z
0	0	0
0	1	0
1	0	0
1	1	1

AND回路の真理値表

図5.2　AND回路の図記号

　MIL記号では、OR回路とちょっと似ていますが、出力側は丸まっていて、入力側は直線になっています。しっかりと区別して覚えましょう。

　真理値表もX、Yに同時に1(H)が入力されたときだけ、出力Zは、1(H)になっています。従って、AND回路の論理式は、

$$X \cdot Y = Z \qquad \cdots\cdots(5.2)式$$

となります。

このことは、条件をすべて満たしたときのみに、出力に1(H)が得られることを意味します。
　2条件の場合の簡単な例を挙げると、下図Bを見て下さい。スイッチXとYの両方がONの時、ランプは光りますね。
　このように、いくつもある条件がすべてクリアできた場合のみ、出力に1(H)が出ます。

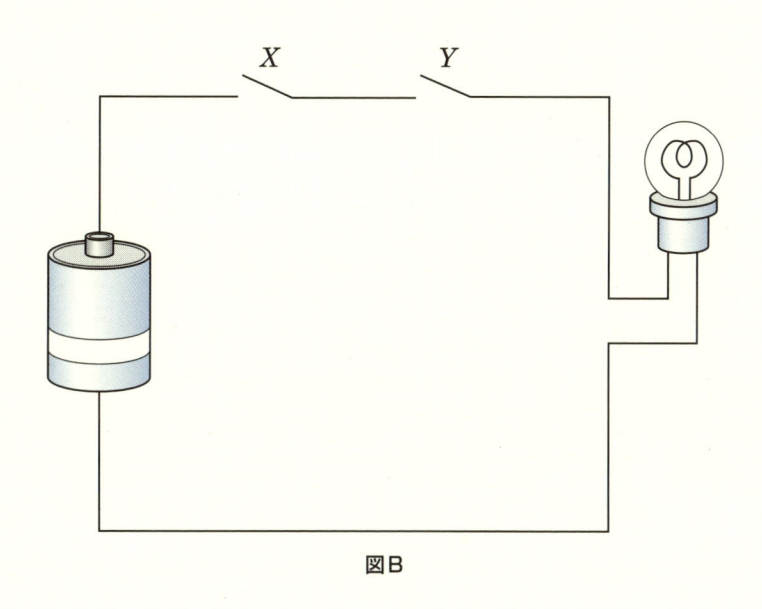

図B

AND回路　−論理積−

5-4 NOT回路 －否定－

　NOTは、日本語で否定を表します。一般的にディジタル量の場合、「1」の否定は「0」、逆に「0」の否定は「1」になります。

入力	出力
X	Z
0	1
1	0

NOT回路の真理値表

MIL記号

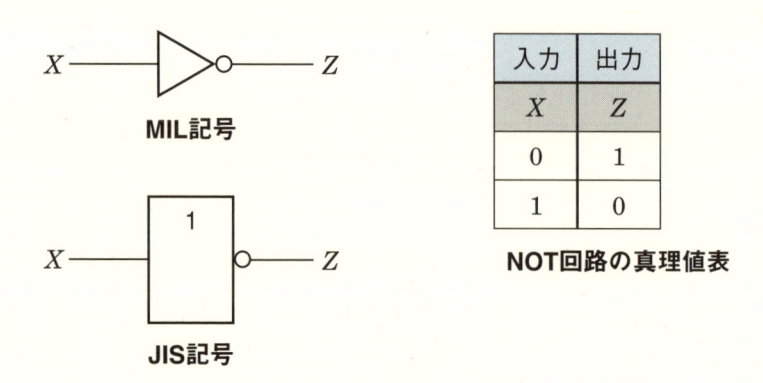

JIS記号

図5.3　NOT回路の図記号

　NOT回路については、特に例を挙げなくてもお分かりいただけると思います。

　NOT回路は、別名インバータとも言われます。invertは逆にするという意味なので、このように言われるのです。

　実際に規格表には『NOT回路』ではなく、『インバータ』と表示されている場合が多いようです。

　このNOT回路を論理式で表すと、

$$X = \overline{Z} \quad \cdots\cdots(5.3)式$$

(エックス イコール ゼットバーと読みます)になります。

5-5 EX-OR －排他的論理和－

　EX-ORは、「exclusive　OR（エクシクルーシブ オア）」の略で、日本語では、「排他的（はいたてき）論理和」となります。exclusiveが「排他的な」という意味です。排他的というのは、「仲間以外を追い払おうとする」ということで、ここではOR回路から2つの入力が同じときを除くことを表します。

　強いてこのEX-OR回路を、単語の意味に従って説明すると、「入力がすべて同じでないときは、論理和の解を出力する」回路ということになります。しかし、単語の勉強ではないので、余り深く考えないで行きましょう。

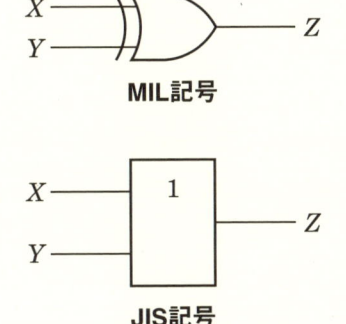

MIL記号

JIS記号

EX - OR回路の真理値表

入力		出力
X	Y	Z
0	0	0
0	1	1
1	0	1
1	1	0

図5.4　EX-OR回路の図記号

　先のOR回路の真理値表と比較してみると分かるとおり、2つの入力が一致していない（0,1と1,0）ときだけ、OR回路と同じように論理和を行い、出力に1を出しています。

　もう少し分かりやすくいうと、2つの入力が一致しているときは、0を出力する回路なのです。

　このEX-OR回路の論理式は、

$$Z=(\overline{X}\cdot Y)+(X\cdot \overline{Y}) \quad \cdots\cdots(5.4)式$$

または、

$$Z=X\oplus Y \quad \cdots\cdots(5.5)式$$

と書きます。

　例を挙げると、「仲間の考え方が一致（入力が一致）しているときは、争いは起きません（0を出力）が、考え方が違うと、争いが起きます（1を出力）」となります。

　EX-OR回路は、OR、AND、NOT回路の組み合わせで構成できます。以下にその例を示します。

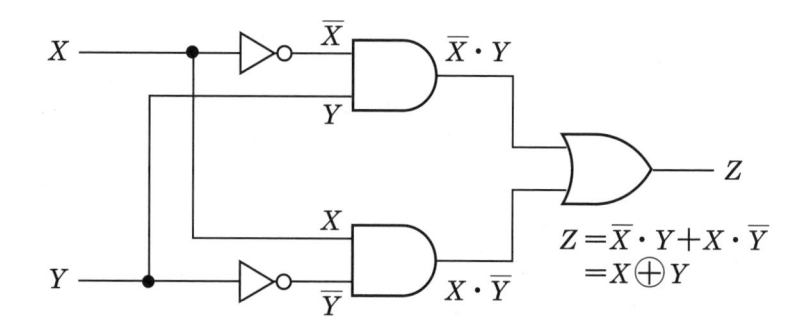

$$Z=\overline{X}\cdot Y+X\cdot \overline{Y}$$
$$=X\oplus Y$$

5-6 NOT回路と組み合わせましょう

OR回路とAND回路を、NOT回路と組み合わせましょう。

NOR回路

図5.5(a)は、OR回路にNOT回路を接続した回路です。NOT＋ORなので、NOR（ノア）回路と言われます。NOT回路は、○記号で表されることが多く、普通は(b)のように表します。

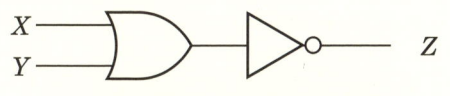

(a) OR回路にNOT回路を接続

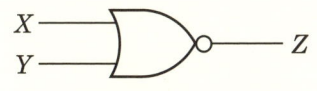

(b) NOT回路を○に省略

入力		出力
X	Y	Z
0	0	1
0	1	0
1	0	0
1	1	0

NOR回路の真理値表

図5.5　NOR回路の図記号

論理式は、

$$\overline{X+Y} = Z \quad \cdots\cdots(5.6)式$$

になります。2つの入力のうちどれかが1のとき、出力が0になるので、当然、OR回路の出力Zが、反転（0⟷1）したものになります。

NAND回路

図5.6は、AND回路にNOT回路を接続した、NAND(ナンド)回路です。これも(b)の記号が多用されます。

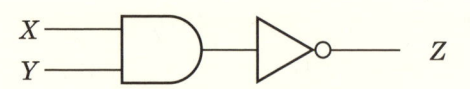

(a) AND回路にNOT回路を接続

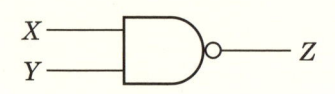

(b) NOT回路を○に省略

入力		出力
X	Y	Z
0	0	1
0	1	1
1	0	1
1	1	0

NAND回路の真理値表

図5.6　NAND回路の図記号

論理式は、

$$\overline{X \cdot Y} = Z \qquad \cdots\cdots(5.7)式$$

です。2つの入力がともに1のとき、出力が0になります。

ICのパッケージとして、このNOR、NAND回路は製品化されています。わざわざNOT回路と組み合わせなくてもよいのです。

NOT回路作ろう

NOR回路とNAND回路の真理値表(図5.5と図5.6)をよく見ると、XとYが同じ入力のときの出力Zが、同じであることに気が付きます(0,0→1、1,1→0)。

従って、図5.7のように、入力端子XとYを接続して、1つの入力端子にすると、NOT回路と同じ機能になります。

(a) NOR回路でNOT回路　　　**(b) NAND回路でNOT回路**

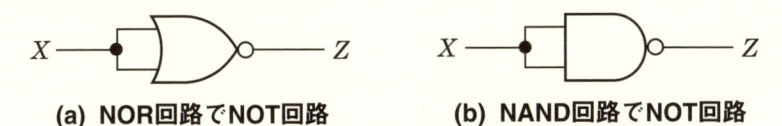

図5.7　NOT回路を作ろう！

このようにして使う意味が、どこにあるのか説明しましょう。

実はICを購入する際に、NAND回路やNOR回路を買う予定があり、さらにNOT回路を買う予定がある場合に便利なのです。

ICの内部に2～4のNAND回路やNOR回路があるものを買っておけば、新たにNOT回路を購入しなくても、図5.7のようにしてNOT回路を作ればいいのです。コスト削減になります。

また、ICを、NOT回路とNAND回路、またはNOR回路とバラバラに接続しなくて済みますから、小型化に役立ちます。

さらに、NAND回路からAND回路を作るのも、NOR回路からOR回路を作るのも非常に簡単です。NOR回路にNOT回路を接続すれば、NOR回路の否定ですから、ORになります。このNOT回路をNORで作れば、NOT回路のICを買わなくても済みます。

まとめると、以下のようになります（図5.8）。

① 複数のNOR回路からは、NOR、NOT、OR、AND回路ができます。
② 複数のNAND回路からは、NAND、NOT、AND、OR回路ができます。

(a) NOR回路でOR回路

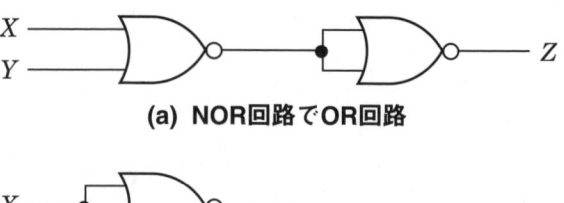

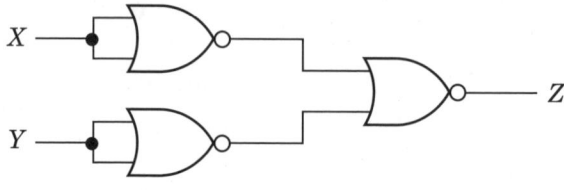

(b) NOR回路でAND回路

(c) NAND回路でAND回路

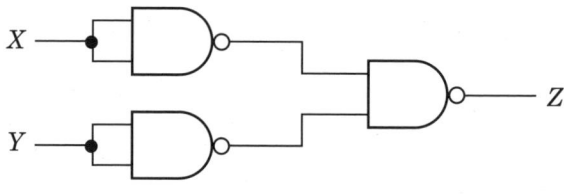

(d) NAND回路でOR回路

図5.8 複数のNOR回路やNAND回路でできる回路

第 6 章
パルスと発振回路

　今まで学んできた電子素子や回路を基に、パルスを発生させる発振回路を簡単に説明していきます。
　正弦波を発振させる回路は、もう少し高等な専門書に任せます。また、発振回路には、微分や積分と呼ばれる数学的知識が常に必要になりますが、この章では、詳しい数式説明は避けます。

6-1 パルス

図6.1の(a)の回路において、スイッチSWを開閉させると、抵抗$R[\Omega]$の両端には、(b)のような波形が現れます。このような波形を「パルス波」と言います。

パルス($pulse$)とは、脈拍という意味で、接続時間の短い電圧や電流を指します。(b)の波形を見ると何となく納得できると思います。

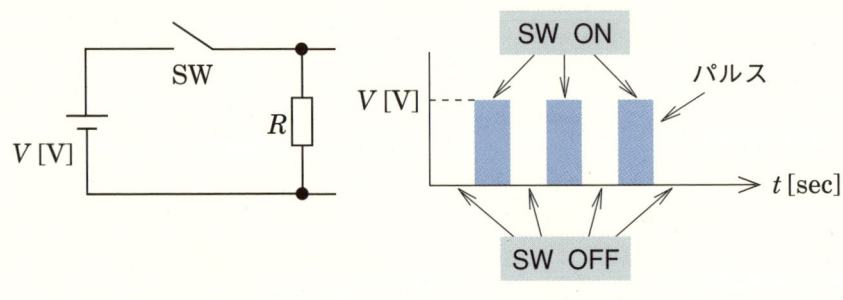

(a) パルス発生回路　　　　　　　　**(b) パルス**

図6.1　パルスの基本

図6.2のように、パルスのONの時間を「パルス幅」と言い、1サイクルあたりのONの時間の比を「デューティー比」と言います。「ONの時間＝OFFの時間」の場合、デューティー比が50％と言います。

$$\text{デューティー比} = \frac{\text{ONの時間}}{\text{パルスの1サイクル(ONの時間＋OFFの時間)}} \times 100\%$$

……(6.1)式

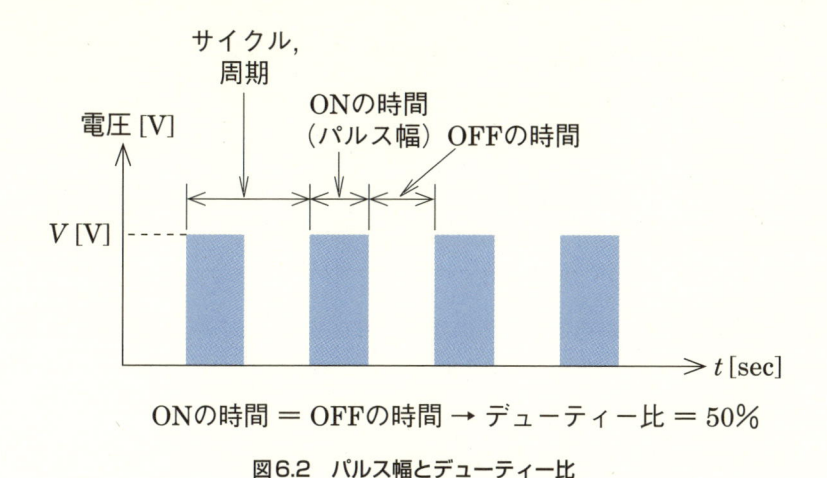

図6.2 パルス幅とデューティー比

ONの時間 ＝ OFFの時間 → デューティー比 ＝ 50%

パルスの仲間を、図6.3で簡単に紹介します。

方形波は、パルス幅が大きいものを言います。のこぎり波は、直角三角形に近く、まるで鋸の歯のような波形です。三角波は、名前の通り、二等辺三角形または正三角形の波形です。

これらは、すべて非正弦波になります。つまり、非正弦波の中のパルスの仲間と言えます。

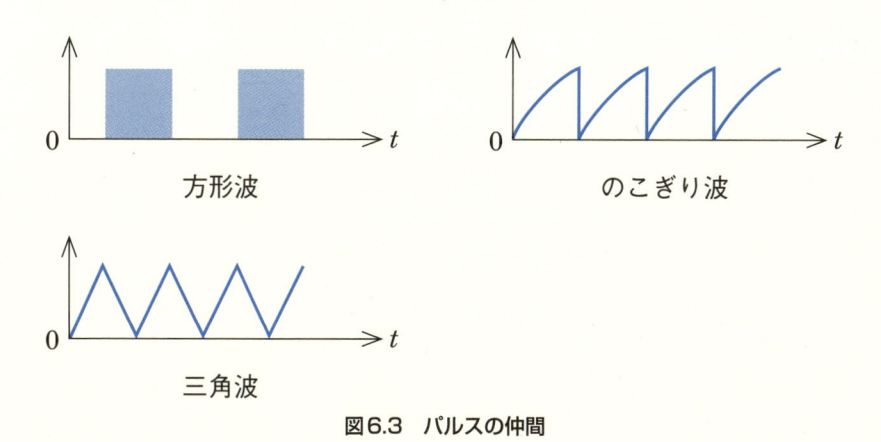

図6.3 パルスの仲間

6-2 発振の原理

図6.1(a)のように、スイッチSWを一定な周期で開閉すれば、パルス発振回路ができます。しかし、SWのON・OFFを、一定な間隔で継続的に行うことは、人間ではできませんから、この部分をコンデンサなどを使って発振する回路を考えます。

■ 正帰還をかける

発振回路を作る上で必要になるのは、トランジスタの帰還のところで少し触れましたが、正帰還をかけることなのです。

帰還とは、出力の一部または全部を、入力に戻すことを言いました。負帰還は、入力を小さくするような帰還であり、回路の安定性の向上や、雑音低下などのメリットがありました。

それに対して正帰還とは、入力波形に、帰還させた波形をさらに加えて大きくさせることです。正帰還をかけると、出力波形は暴走するように発振をするのですが、トランジスタなどが飽和して、結果的にあるところで振幅は一定になります。

身近な発振の例として、マイクとスピーカとを近づけるとキーンという音が出ることがあります。これはスピーカから出た音が再度マイクに入り増幅されるということがくり返されて起こります。

例えば、エミッタ接地増幅回路を二段、図6.4のようにCR結合すると、正帰還して発振します。

回路に電源をつないだ瞬間に、T_{r1}のベース(入力)に①のような波形が雑音として入ると、出力には②のように位相が反転します。

この②の波形が、C_2によってT_{r2}に結合されて入力されると、出力では③のようにさらに位相が反転します。

③の波形が C_1 によって結合されて、T_{r1} に入力されていますから、正帰還をしていることが分かります。つまり、位相の反転を2回して、入力に戻しているのです。このような原理で発振をします。

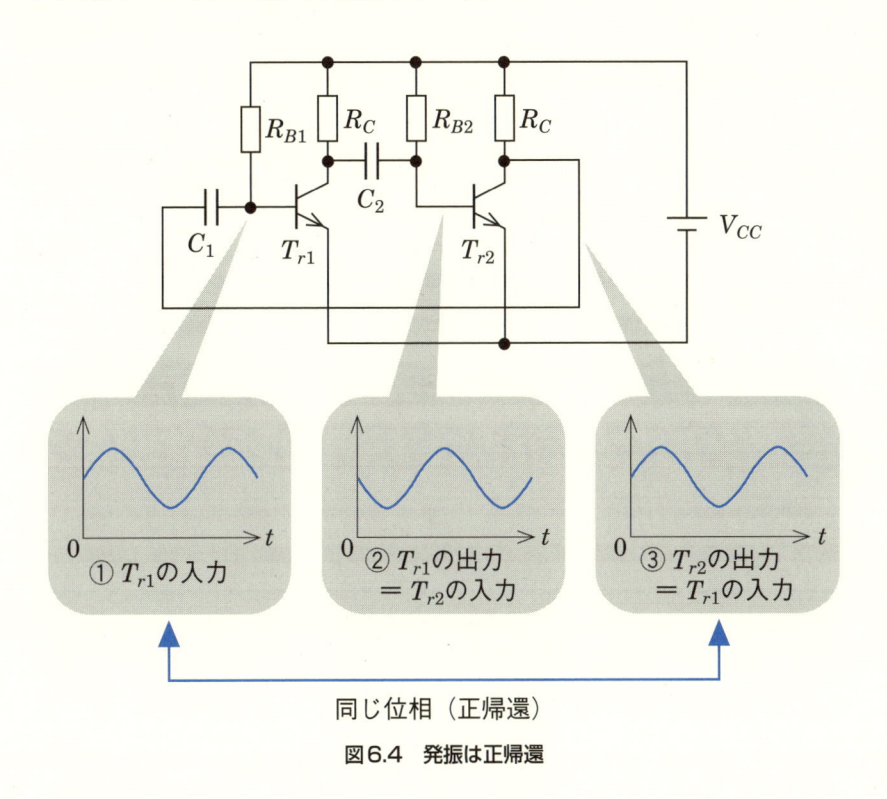

図6.4　発振は正帰還

発振回路には、トランジスタ1つで、出力のトランスの巻き方を1次側(コレクタ側)と2次側(負荷側)で逆向きにすることによって、反転しない出力を得て、それをベースに戻す方法などもあります。

6-3 パルス発振回路

　正弦波やパルスなどの波形を出力波形とする発振回路には、たくさんの回路が存在します。最近ではICでパッケージされているものもあります。

　発振回路として有名な回路には、ハートレー発振回路、コルピッツ発振回路、水晶振動子を利用した発振回路など多くあります。

　ここでは、パルス発振回路の代表として、2つの回路を簡単に説明していきます。

トランジスタを用いた無安定マルチバイブレータ

　図6.5は、トランジスタを用いた無安定マルチバイブレータです。2つのトランジスタ T_{r1}、T_{r2} は同じものを使うことにします。

　それでは、どのように発振するのか説明します。

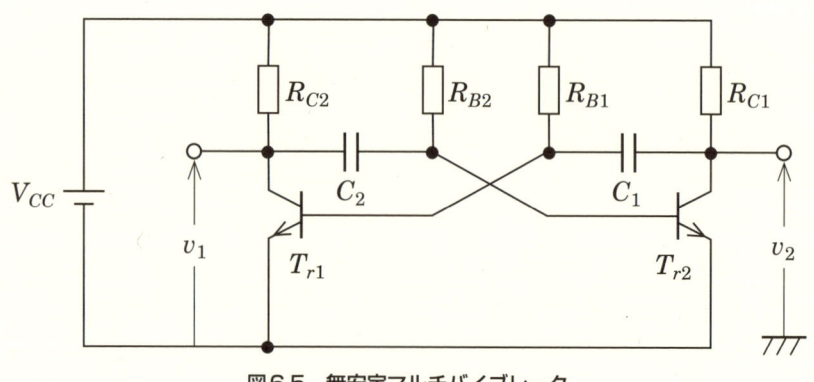

図6.5　無安定マルチバイブレータ

まず、回路に電源電圧を加えると、2つのトランジスタT_{r1}、T_{r2}は同じ名前の製品とはいえ、実際には、製造過程で全く同じ製品を作るのはほとんど無理ですから、ちょっとしたタイミングによって、偶然どちらかのトランジスタがOFF、もう一方がONになります。

この場合のトランジスタのON・OFFの意味ですが、ベースに正の電圧・電流が加わり、コレクタ・エミッタ間が導通することを『トランジスタがONした』と言います。

逆に、ベースには0または、負の電圧・電流が加わって、コレクタ・エミッタ間が不導通になっていることを『トランジスタがOFFである』と言います。

今、T_{r1}がOFF、T_{r2}がONであったとすると、図6.6のような方向で、充電電流I_1、I_2が流れます。T_{r1}がOFFですから、充電電流I_1は、図の方向になります。

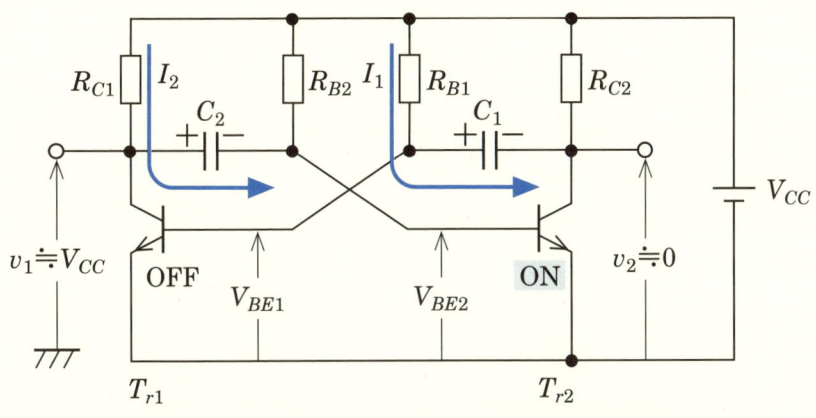

図6.6 T_{r1}→OFF、T_{r2}→ONのときの充電電流と出力電圧

トランジスタはエミッタ接地増幅回路として扱われているので、トランジスタがONのときは、ベース電位が高く(H：ハイレベル)、コレクタ電位は低い(L：ローレベル)です。

エミッタ接地増幅回路では、入力電圧と出力電圧の波形は位相が反転していましたから、このようになるのでした(81pの図2.8)。

従って、T_{r1}がOFFですから、T_{r1}の出力(コレクタ)電圧v_1は、$v_1 \fallingdotseq V_{CC}$、つまり「H」になります。逆の$T_{r2}$はONですから、出力電圧$v_2$は、$v_2 \fallingdotseq 0$、つまり「L」になっています。

コンデンサC_1への充電が進むにつれて、C_1の充電電圧が高くなっていきます。この充電電圧は、T_{r1}のV_{BE1}でもありますから、T_{r1}がONできる電圧まで充電電圧が高くなると、T_{r1}をONさせます。

すると、出力電圧v_1は急激に「L」になり、コンデンサC_2を通してつながっているT_{r2}のベースも「L」になって、T_{r2}を瞬間的にOFFさせます。従って、T_{r2}の出力電圧v_2は「H」で$v_2 \fallingdotseq V_{CC}$になります。

すると今度は、図6.7のような電流I_1'、I_2'が流れて、コンデンサC_2の電圧＝T_{r2}のV_{BE2}が高くなり、再び、T_{r2}がONになって、出力電圧v_2は急激に「L」に変わり、コンデンサC_1を通してつながっているT_{r1}のベースも「L」になり、T_{r1}をOFFにします。これを繰り返すのです。

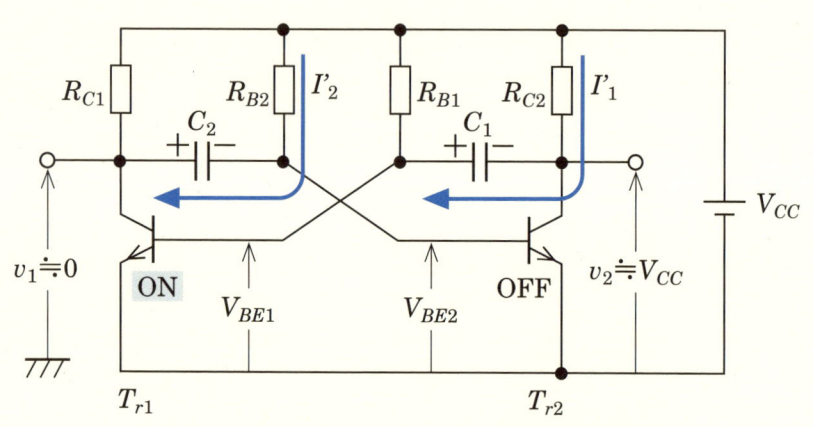

図6.7　T_{r1}→ON、T_{r2}→OFFのときの電流と出力電圧

出力波形v_1、v_2は、お互いに反転の関係を持っていることが分かります。

ここで、図6.8を見てください。この図はコンデンサC_2の様子を描いたものです。

図6.6のような電流I_1が流れるときは、電位の高・低は(a)のようになって

います。しかし、T_{r1}がOFFからONに切り替わったその瞬間は、充電されていた電位の高・低が反対になり、約V_{CC}[V]あった電位が、約$-V_{CC}$に変わります。このC_2の電位は、T_{r2}のV_{BE2}ですから、V_{BE2}は約$-V_{CC}$まで大きく落ち込むので、瞬時に、さらに確実にT_{r2}をOFFできるのです。

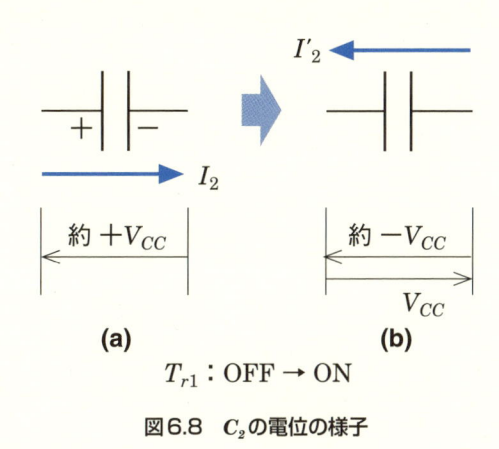

図6.8　C_2の電位の様子

このような様子を波形として図6.9に示しています。互いのV_{BE}は、ONからOFFになった瞬間に、約$-V_{CC}$まで落ち込んでいる様子が分かります。

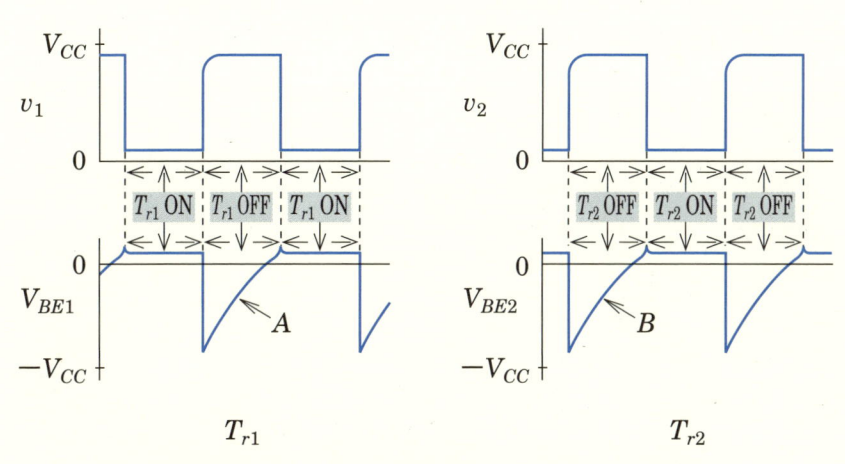

図6.9　各トランジスタの出力電圧と入力電圧（V_{BE}）の関係

この発振回路の発振周波数f[Hz]は、コンデンサC_1、C_2が、約$-V_{CC}$を放電して0[V]になり、さらにつながっているトランジスタをONさせる電位(約0.7[V])まで充電する時間によって決まります。

　つまり、図6.9のAとBのスピードによって決まるのです。このスピードは、自然対数($\log_e = \ln$)で決まる値です。詳しい解析はしませんが、結果だけを書くと、周期T[sec]は、

$$T = T_1 + T_2 = \ln2 \cdot C_1 \cdot R_{B1} + \ln2 \cdot C_2 \cdot R_{B2}$$
$$= \ln2(C_1 \cdot R_{B1} + C_2 \cdot R_{B1}) \quad \cdots\cdots(6.2)式$$

となります。$\ln2 \fallingdotseq 0.69$なので、(6.2)式に代入すると、

$$T \fallingdotseq 0.69(C_1 \cdot R_{B1} + C_2 \cdot R_{B1}) \quad \cdots\cdots(6.3)式$$

となります。

　周波数f[Hz]は、周期T[sec]の逆数ですから、(6.3)式を逆数にして求めます。

$$f \fallingdotseq \frac{1}{0.69(C_1 \cdot R_{B1} + C_2 \cdot R_{B1})} \text{[Hz]} \quad \cdots\cdots(6.4)式$$

となります。

　また、$C_1 = C_2 = C$、$R_{B1} = R_{B2} = R$とすると、デューティー比が50％になり、ONの時間と、OFFの時間が等しくなります。

$$f \fallingdotseq \frac{1}{1.38 C \cdot R} \text{[Hz]} \quad \cdots\cdots(6.5)式$$

となります。

　このパルスの発振は、電源投入後から始まり、電源を切るまで続きます。さ

らにパルスは、「H」と「L」の2つの状態を行った来たりしていますから、一見落ち着きのない状態にも見えます。

このように、「H」または「L」のどちらにも安定しないので、無安定マルチバイブレータ、または非安定マルチバイブレータと呼ばれるのです。

また、図6.5の無安定マルチバイブレータを書き直すと、図6.4の原理図と全く同じ回路になります。読者のみなさん自身が確かめるように描き直してみてください。

インバータ(NOT)回路を使ったパルス発振回路

前章でも学んだ通り、インバータはNOT回路ですから、入力に0(0[V])が入れば、出力は1(5[V])になり、逆に入力に1が入ると、出力に0が出る回路でした。

このインバータ回路とコンデンサの充放電を利用して、パルス発振回路を作ることができます。

図6.10は、インバータを3つ直列に接続し、NOT_2の出力からコンデンサCを、NOT_3の出力から抵抗Rを出して、NOT_1(インバータの初段)に戻しているパルス発振回路です。

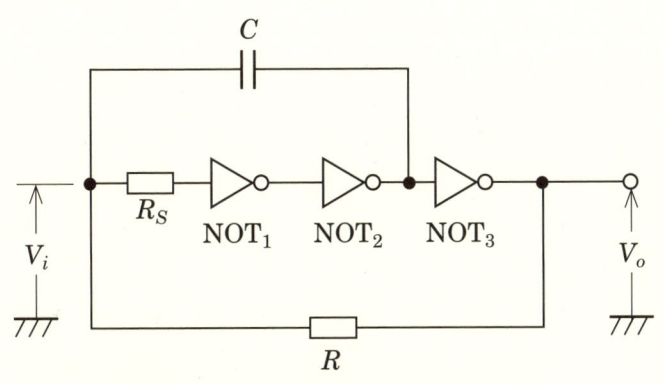

図6.10 インバータを使ったパルス発振回路

どのようにして発振するのか説明していきましょう。

発振するためには、NOT_1の入力電圧V_iが何らかの方法で自動的に電圧値が変化すればよいので、このV_iを常に考えながら、説明を読んでください。

電源を投入すると、NOT_1の入力には0が入ったとします。

すると、NOT_1の出力は1です。従って、NOT_2の出力は0、NOT_3の出力には1が出てきます。1は5[V]、0は0[V]の状態とすると、NOT_3の出力は1ですから、ちょうど図6.11の点線のように電源V_{CC}の5[V]から、抵抗R→コンデンサCを通り→NOT_2に向かいます。さらにNOT_2の出力が0ですから、アースに向かっているように充電電流が流れると考えられます。

従って、イメージとしては図6.11の点線のようになります。

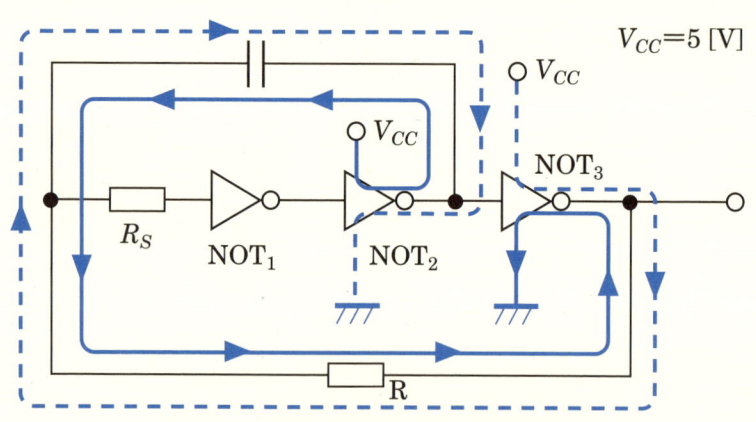

図6.11　発振するためのCRへの電流の流れ

今のことをもう少しわかりやすくしてイメージとしたのが図6.12です。図中のV_iは、この場合コンデンサの充電電圧V_Cです（$V_i = V_C$）。従って、充電電流I[A]が流れ、コンデンサの充電電圧V_Cは次第に大きくなります。コンデンサへの充電電圧V_C[V]が、2.5[V]になると、NOT_1の入力は、1(H)が入力されたことになるので、出力は0になり、NOT_3の出力も0になります。

一般的なC-MOS型NOT回路は、入力電圧が電源電圧の1/2（この図では2.5[V]）を境に、Hの入力、Lの入力と判断します。

従ってNOT回路は、入力電圧が2.5[V]を境に、出力がHまたはLに切り替わります。この切り替わる境の電圧を、スレッショルド電圧（しきい電圧）V_{TH}と言います。

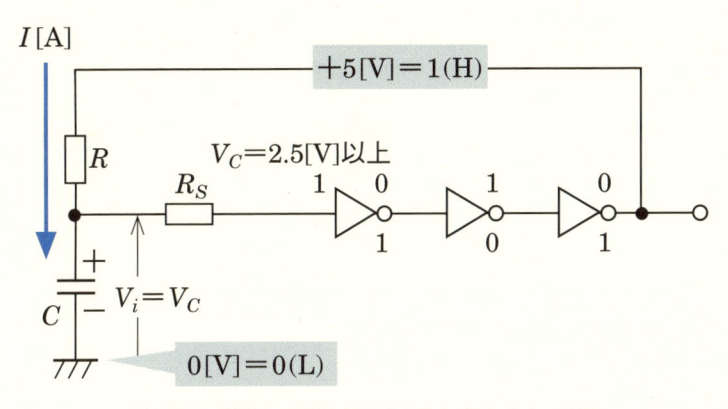

図6.12　NOT₃の出力が1(H)のときのイメージ図

次に、NOT₃の出力が0のときは、NOT₂の出力が1ですから、イメージ的に図6.13のような回路になったと言えます。（図6.11の実線参照）

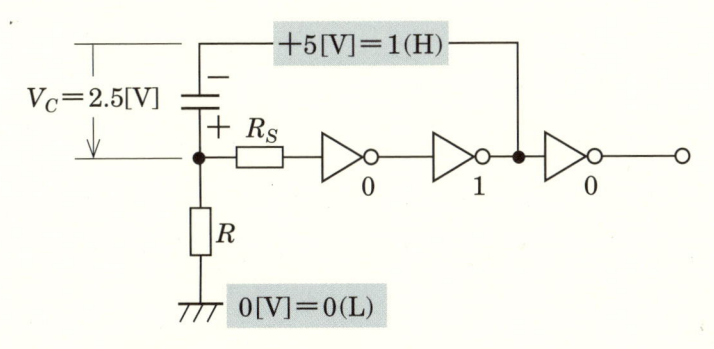

図6.13　NOT₃の出力が0(L)のときのイメージ図

しかし、ここで注目していただきたいのは、コンデンサCの電圧値と極性です。図6.12のような極性で充電していて、V_Cが$V_{TH}=2.5[V]$になった瞬間に、図6.13のように切り替わったので、コンデンサには充電電圧$V_C=2.5[V]$が貯

まっているままです。

そこで、図6.13をもう少し見やすく書き直して、図6.14のようにした図を見てください。

NOT_2の出力が1（H=5[V]）なので、これを電源V_Hと見立てて描いています。今充電されているV_Cの極性とV_Hの極性が同じ方向ですから、電池を直列接続に足したようになっています。従って、P点の電圧は、V_H+V_Cになります。

また、抵抗Rの端子電圧V_Rは、NOT_1への入力電圧V_iですから、$V_R=V_i$です。V_iはV_Cによる放電電流I[A]の流れる方向から考えて、図のような電位の高・低の関係になります。論理回路へ入る電流は非常に小さいので、無視すると、P点の電圧は、抵抗Rの端子電圧$V_i(=V_R)$と等しいですから、

$$V_H+V_C=V_i \qquad \cdots\cdots(6.6)式$$

となります。

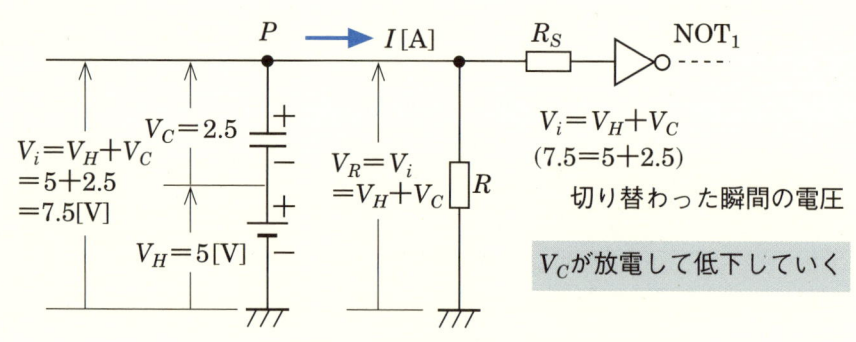

図6.14　切り替わった瞬間は7.5[V]からV_Cが放電

従って、$V_H=5$[V]、切り替わった瞬間のV_Cは、$V_C=2.5$[V]ですから、7.5[V]になります。つまり、H、Lが切り替わった瞬間は、電源電圧の5[V]より高い電圧がV_iとして加わります。

V_Cが放電を始めて、2.5[V]から小さくなっていき、最後には$V_C=0$で放電し終わると、(6.6)式から、

$$V_i = V_H + 0 = V_H (= 5[\text{V}])$$

になります。するとコンデンサ C は、V_H からの電流で充電を始めます。充電が始まると V_C の極性は、図6.15のように、放電のときとは逆になるので、(6.6)式は次のようになります。

$$V_i = V_H + (-V_C)$$
$$= V_H - V_C \qquad \cdots\cdots (6.7)式$$

になります。

従って、V_i は V_C の充電電圧が高くなるにつれて、低下することになります。さらに、V_C の充電電圧が高くなり、$2.5[\text{V}]$ になると、(6.7)式より、

$$V_i = V_H - V_C$$
$$= 5 - 2.5$$
$$= 2.5[\text{V}]$$

になるので、スレッショルド電圧 V_{TH} の $2.5[\text{V}]$ になり、NOT_1 の入力にL(0)が入力されたことになります。

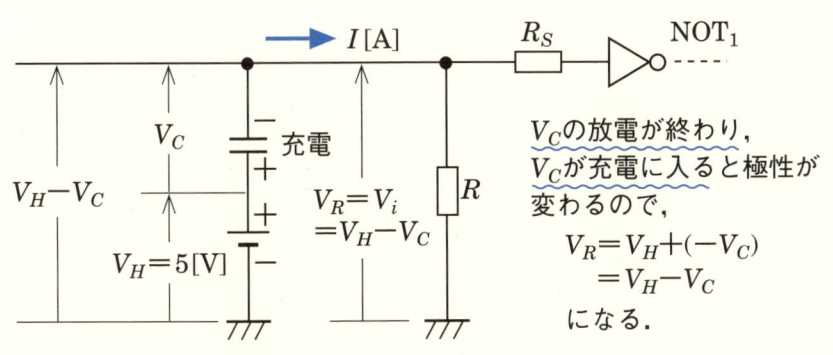

図6.15 V_C が充電し始めると極性が変わる

6章 パルスと発振回路

パルス発振回路

$V_i = 7.5$ → 5.0 → 2.5 → $2.5[\mathrm{V}]$ 以下
　　　　　↓　　　↓　　　　　↓
　　　　V_C放電　V_C充電　　(V_{TH})
　　　　　　　　　　　　NOT$_1$の入力はL(0)が入力されたこ
　　　　　　　　　　　　とになる。

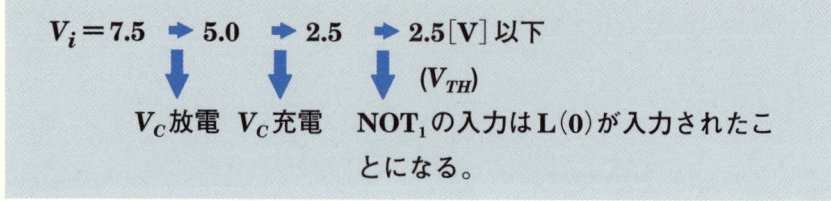

　従って、また元の図6.12のようになります。しかし、今度もV_Cは図6.16(a)のような極性のまま2.5[V]になっていますから、V_iはアースから見た電圧なので、

$$V_i = V_C = -2.5[\mathrm{V}]$$

となって、V_iには負の電圧が加わります。-2.5[V]から放電をして、放電しきると0[V]になります。従って、次は充電が始まります。充電電圧は、また(b)のように極性が切り替わり、正電圧になりますが、V_Cが2.5[V]になると、

$$V_i = V_C = V_{TH}$$

になり、NOT$_1$の入力H(1)になって、図6.13のように切り替わります。これらを繰り返して、発振します。

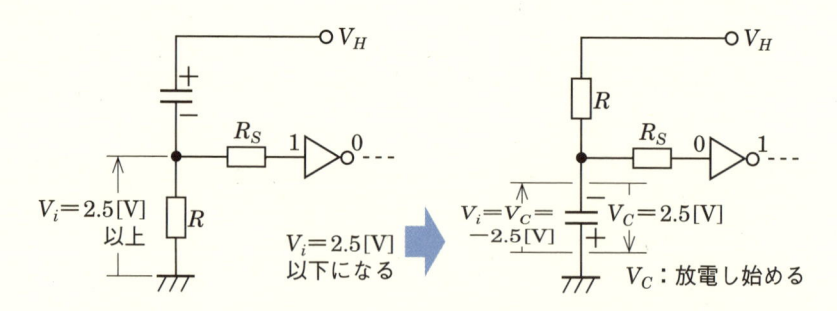

図6.16(a)　NOT1の入力が1→0に切り替わった瞬間は-2.5[V]

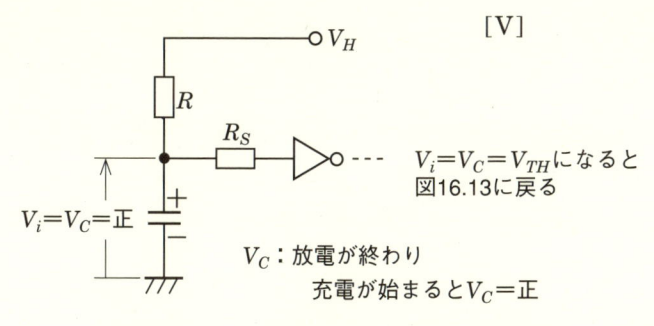

図6.16(b) V_C充電が始まると極性が変わり正に

発振の状態を決定するNOT_1の入力電圧V_iの波形と、出力波形を図6.17に示します。

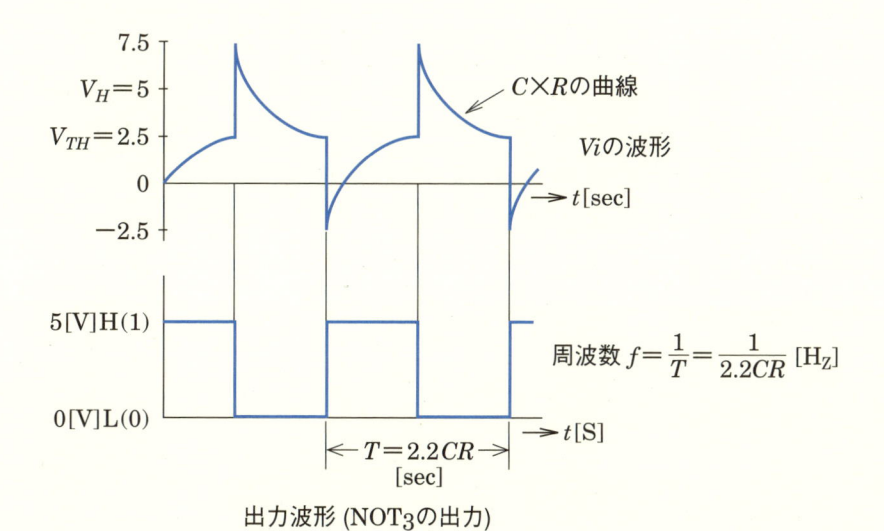

図6.17 インバータを使ったパルス発振回路の波形

出力波形は、NOT_3の出力であり、$1(\text{H}=5[\text{V}])$または$0(\text{L}=0[\text{V}])$ですから、パルス状になります。

パルス発振回路

周期T[sec]（ONの時間＋OFFの時間）を決めているのは、コンデンサの充放電スピードです。

充放電スピードは、抵抗R[Ω]とコンデンサの静電容量C[F]の積で決まります。積が大きいと、充放電スピードは遅く、逆に積が小さいと充放電スピードは速いのです。つまり、スレッショルド電圧V_{TH}（この場合は2.5[V]）に達するまでの時間の早さになるのです。しかし、単純に$C×R$という式では表せず、自然対数などの高等な解析を行うので、詳細は専門書をお読みいただくとして、結果だけを書くと、

$$周期 T ≒ 2.2CR[\text{sec}] \qquad \cdots\cdots(6.8)式$$

となります。従って、周波数f[Hz]は、周期Tの逆数ですから、(6.8)式を逆数にして、

$$周波数 f = \frac{1}{周期T} ≒ \frac{1}{2.2CR}[\text{Hz}] \qquad \cdots\cdots(6.9)式$$

となるのです。

NOT回路などの論理回路は、あまり大きな電流を出力できないので、直接次段の回路に接続するのではなく、トランジスタなどによって波形を増幅し、次段が求める電流に、十分耐えるだけの回路を中間的に入れてあげることを忘れないでください。

R_Sの必要性

V_iが電源電圧の5[V]より大きく（7.5[V]）なりますから、大きな電流がNOT$_1$回路の入力に流れてしまいます。これを防ぐために抵抗R_Sを入れてNOT$_1$の破壊を防止しているのです。R_Sは保護抵抗の役目をしています。

一般的に、コンデンサCの値が大きい（1[μF]以上）場合に保護抵抗R_Sが必

要になります。なくても壊れない場合もありますが、安全・安心のためにも入れておくことをお薦めいたします。

　以上のように、パルス発振回路を2つご紹介しましたが、発振回路は様々な半導体などを使って、実現することができます。CRの充放電だけでなく、L（コイル）C発振回路や、水晶（電圧を加えると発振する素子）発振などです。また、パルスを含む非正弦波や、正弦波なども作ることも可能です。
　発振回路は、何か1つの電気製品を作るために欠かせない部分であることが、最近多くなってきています。正確な発振周波数を基準に何か別の作業させる回路や、古典的には時計の内部、ゲーム機や、パソコンなどなどです。
　また発振回路は、直流から交流に変換するためだけでなく、場合によっては、ある周波数を違う周波数に変換する周波数変換としての役目を持つこともあります。
　目的に応じて、精度、振幅、波形や部品を変えて、発振回路は利用されています。発振回路だけを作っても、あまり意味のあるものにはなりませんが、低周波発振器などを自分で作って、ランプの自動点滅もやってみると面白いかもしれません。

第 7 章
変調と復調

　普段私たちが視聴しているTV、ラジオなどは電波を利用しています。これは、人の音声をマイクなどによって電気信号に変えたものを、直接アンテナから送信しているわけではありません。
　送りたい信号を効率よく送るために、電気信号を変化させ(変調)、受信機で元の音声などの信号に直す(復調)ことによって、遠くまで電波が届いています。
　この章では、変調と復調についての基本を学び、高等な専門書に引き継げる程度に簡単に紹介します。

7-1 電波

　電波は、電磁波の略ではなく、電磁波のうち通信に利用される周波数帯のものを指し示します。一般的に3000[GHz]（[GHz]：ギガヘルツ＝1×10^9[Hz]）以下の電磁波です。

　電磁波と電波を、周波数f[Hz]と波長λ[m]（λ：ラムダ）に分けて表したのが表7.1です。

周波数f		300[GHz]	3×10^{14}[Hz]	3×10^{17}[Hz]	3×10^{26}[Hz]
波長λ		1[mm]	1[μm]	1[nm]	1^{-18}[m]
電波		赤外線	可視光線 赤外線	X線	γ線

$$\lambda = \frac{C}{f}\,[\text{m}]$$

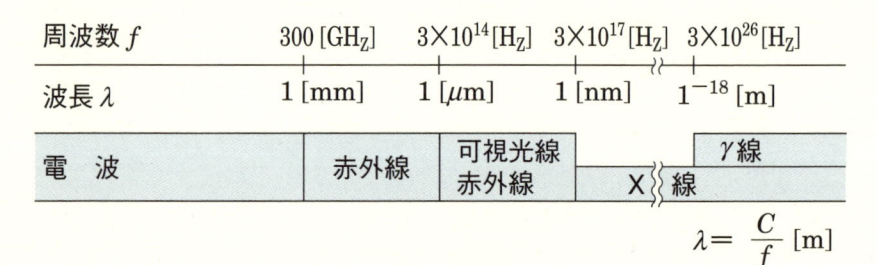

表7.1　電磁波

　波長λは、波形の1サイクル当たりの長さ[m]のことで、光速$C=3\times10^8$[m/s]を周波数f[Hz]で割ることによって求めることができます。

$$波長\lambda = \frac{光速C(=3\times10^8)}{周波数f}\,[\text{m}] \quad\cdots\cdots(7.1)式$$

　例えば、周波数$f=50$[kHz]の波形を考えると、図7.1のように、周期$T=20\times10^{-6}$[sec]、波長$\lambda=6$[km]になります。1サイクル当たり6[km]なんてすごい長さですね。

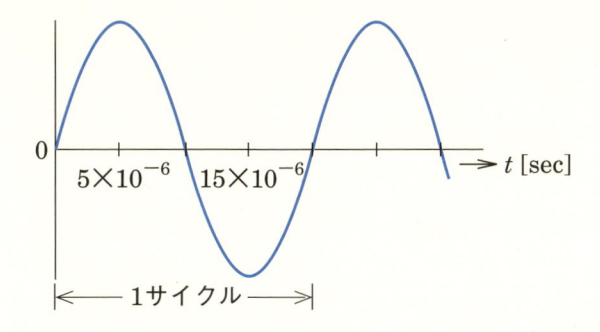

周期 $T=1$ サイクルに要する間 … 上図より 20×10^{-6} [sec]

周波数 $f=1$ [sec]に何サイクルあるのか … $\dfrac{1}{T}=\dfrac{1}{20\times10^{-6}}=50$ [kHz]

波長 $\lambda=1$ サイクル当たりの長さ … $\dfrac{C}{f}=\dfrac{3\times10^8}{50\times10^3}=6$ [km]

図7.1　周期T、周波数f、波長λの関係（50[kHz]の場合）

> **COLUMN　ヘルツとは…**
>
> 　現在、周波数fの単位は[Hz]（ヘルツ）です。しかし昔は[c/s]（サイクル毎秒）で表しました。これは、1秒間当り、何サイクル（繰り返し）あるかを表現しています。
>
> 　(7.1)式の単位に注目してみましょう。周波数fの単位が[Hz]ではなく、[c/s]なら、
>
> $$\lambda=\dfrac{C[\text{m}/\text{s}]}{f[\text{c}/\text{s}]}=\dfrac{[\text{m}/\text{s}]}{[\text{c}/\text{s}]}=[\text{m}/\text{c}]$$
>
> よって1サイクル当り何[m]かを表現していますね。

■ 周波数を帯域で分ける

　また電波には、さらに細分化された表現方法があり、表7.2に示します。

　ご存じの通り、TV放送には、VHFやUHFを使用しています。SHF、EHFは最近流行の衛星通信などに利用されています。これは、アンテナを通した無

線通信において、空気中などを利用しているので、波長の伝わり方が周波数によって変わるからなのです。例えば、送信側のアンテナから直接見えない受信アンテナに送るためには、大気中の電離層に反射するような周波数を利用したりするのです。

　短波を使うと、地上約200km～400kmにある電離層と地上との間を反射しながら長距離にわたり電波が届きます。超短波以上では、光の性質に近づくので、届く範囲も限られるようになります。

　日本の携帯電話はUHFの800MHz帯や1.5GHz帯が使われ、PHSは1.9GHz帯を使っています。

名称		周波数 f	波長 λ
超長波	VLF	3 ～ 30 [kHz]	10 ～ 100 [km]
長波	LF	30 ～ 300 [kHz]	1 ～ 10 [km]
中波	MF	300 ～ 3000 [kHz]	100 ～ 1000 [m]
短波	HF	3 ～ 30 [MHz]	10 ～ 100 [m]
超短波	VHF	30 ～ 300 [MHz]	1 ～ 10 [m]
極超短波	UHF	300 ～ 3000 [MHz]	10 ～ 100 [cm]
	SHF	3 ～ 30 [GHz]	1 ～ 10 [cm]
	EHF	30 ～ 300 [GHz]	1 ～ 10 [mm]

VLF(VeryLowFrequency)　　　LF(LowFrequency)
MF(MidiumFrequency)　　　　HF(HighFrequency)
VHF(VeryHighFrequency)　　 UHF(UltraHighFrequency)
SHF(SuperHighFrequency)　　EHF(ExtremlyHighFrequency)

表7.2　電波の表現

■ 電離層

　電離層とは、太陽のX線や紫外線で、大気を電離させてできる層のことで、電子の層になっていると言われています。反射する電波は、電離層内の電子の密度によって変わります。また、電離層は、太陽の活動の変化に伴って変化をしますので、安定していません。

　電離層内は地上からの距離によって、いくつかの層に分かれて(D層、E層、F層)おり、各層にしか反射しない周波数を効率よく使えば、より遠くに電波を送ることができるのです(例えばD層は昼間に現れると言われる)。

　例えば、図7.2のようにアンテナAからCへは、電離層反射波または電離波と呼ばれる電離層に反射する電波を利用します。

　電波の伝わり方には、直接見えるアンテナに送る直接波、地上に反射して伝わる大地反射波、電離層より低い位置にある対流圏で屈折や散乱などによる対流圏波など、他にも伝わり方の違うものがたくさんあります。

　通信衛星(BS)からは、パラボラアンテナなどに直接送るので、直接波の一種です。私たちが見ているTVなどは、直接波や大地反射波、対流圏波などで電波が伝わってきています。TV画像が2重に見えたりする(ゴースト)原因は、送られた同じ電波が、反射によって伝わった電波と、直接伝わった電波の時間差によってできるのです。

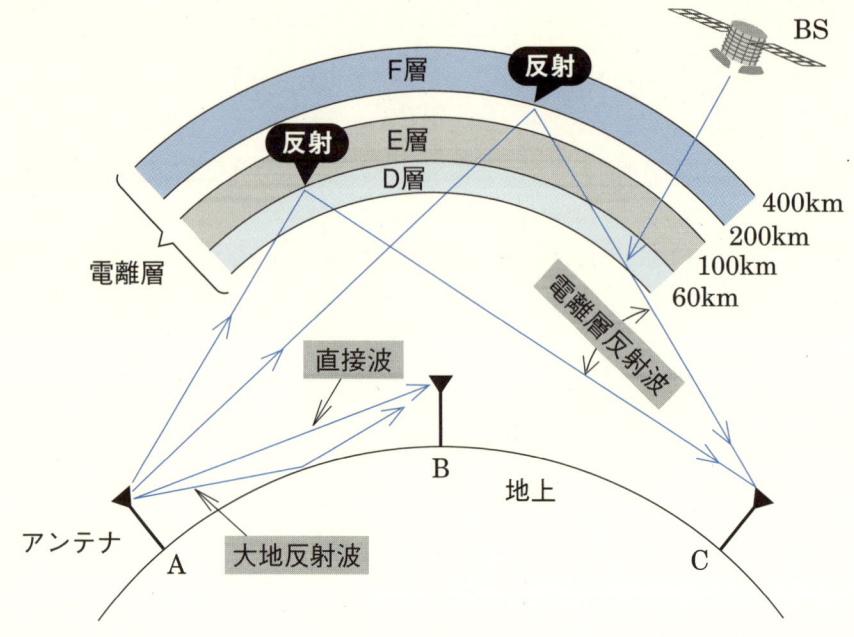

図7.2　電波の伝わり方

7-2 変調とは

　アンテナから送信する電波は、高周波の方が、より多くの情報をのせることができ、効率よく放射（電波を送り出す）することができます。

　私たちが利用する音声信号や映像信号などの信号波は、周波数が低いので、直接アンテナから放射するのではなく、送信するのに適した高周波の信号（搬送波と言います）にのせて放射します。

　この音声信号などを、高周波の搬送波にのせることを「変調」と言います。例えば、贈り物などは、配送トラックや、自家用車で運びます。電波もこれと同じように、音声信号という贈り物を効率よく届けるには、高周波の搬送トラックにのせていくのです。

　変調方式にはいくつかありますが、本書ではそのうちのAM変調、FM変調、PCM方式をご紹介します。

●変調

送りたい信号（情報） ➡ 周波数変換（変調） ➡ 伝送周波数帯
　　　　　　　　　　　　　　　　⬆　　　　　　　　（雑音や干渉に強い波形）

　　　　　　　　　振幅変調（AM）：搬送波の振幅を変化
　　　　　　　　　周波数変調（FM）：搬送波の周波数を変化
　　　　　　　　　位相変調（PM）：搬送波の位相を変化

7-3 AM変調方式

　AMとは、*Amplitude Modulation* の略で、振幅変調と言われます。振幅変調は、高周波の搬送波と送りたい信号波を合成して、図7.3のように「振幅」を変化させる方式です。

　図中の点線は、波形の頂点をつないだようになっていて、包絡線(ほうらくせん)と呼ばれます。周波数が高い(波形の間が非常にせまい)ので、実際にほとんど包絡線があるかのように見えます。

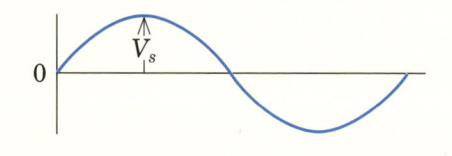

$v_s = V_s \sin 2\pi f_s t$ [V]
V_s：信号波の最大値

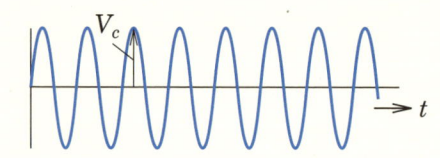

$v_c = V_c \sin 2\pi f_c t$ [V]
V_c：搬送波の最大値

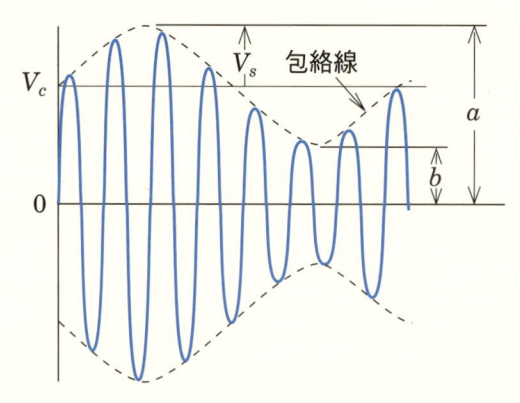

$v_{AM} = V_{AM} \sin 2\pi f_c t$
被変調波

変調度 $m = \dfrac{V_s}{V_c} = \dfrac{a-b}{a+b}$

図7.3　AM変調

包絡線は、音声などの信号の波形とほぼ同じです。つまり、AM変調とは、搬送波の振幅を、送りたい信号波の振幅に応じて大きさを変化させているのです。

■ AM被変調波の振幅

今、送りたい信号の電圧v_s、搬送波の電圧v_cを次のように決めて合成すると、

$$
\begin{aligned}
信号波の電圧 v_s &= V_s \sin\omega_s t \\
&= V_s \sin 2\pi f_s t
\end{aligned}
\quad \cdots\cdots(7.2)式
$$

f_s：信号の周波数, $\omega = 2\pi f$

$$
\begin{aligned}
搬送波の電圧 v_c &= V_c \sin\omega_c t \\
&= V_c \sin 2\pi f_c t
\end{aligned}
\quad \cdots\cdots(7.3)式
$$

f_c：搬送波の周波数

$$
AM被変調波 v_{AM} = V_{AM} \sin 2\pi f_c t \quad \cdots\cdots(7.4)式
$$

となります。V_{AM}は、AM被変調波の振幅を表しています。ここで、V_{AM}は次のようになっています。図7.3のように搬送波の振幅の最大値V_cを中心に信号波の振幅V_sが動いているので、

$$
V_{AM} = V_c + V_s \sin 2\pi f_s t \quad \cdots\cdots(7.5)式
$$

となります。
従って、(7.4)式に(7.5)式を代入すると、

$$
v_{AM} = (V_c + V_s \sin 2\pi f_s t) \sin 2\pi f_c t \quad \cdots\cdots(7.6)式
$$

となります。

■ **変調度**

また、被変調波の成分として、搬送波 V_c に対し、信号波 V_s がどのくらい含まれるかの振幅の比を変調度 m と言い、

$$変調度 \, m = \frac{V_s}{V_c} \qquad \cdots\cdots(7.7)式$$

と表します。この(7.7)式を使って、(7.6)式を書き直すと、

$$v_{AM} = V_c(1 + m\sin 2\pi f_s t)\sin 2\pi f_c t \qquad \cdots\cdots(7.8)式$$

となります。

また、オシロスコープ(波形を見るための測定器具)などで波形を観測して図7.3のように a、b を測定すれば、次のようにも変調度 m を計算できます。

$$変調度 \, m = \frac{a-b}{a+b} \qquad \cdots\cdots(7.9)式$$

周波数スペクトラム

周波数スペクトラムとは、横軸に周波数 f、縦軸に振幅をとって描くグラフのことで、ある周波数の勢力を表した図になります。このグラフのことを周波数スペクトル図とも言います。

ここでAM変調の周波数スペクトラムを見てみましょう。

(7.8)式を解析すると、次のような式になり、それを周波数スペクトラムにすると、図7.4になります。

$$v_{AM} = V_c \sin 2\pi f_c t + \frac{1}{2}V_c m\cos 2\pi(f_c + f_s)t + \frac{1}{2}2V_c m\cos 2\pi(f_c - f_s)t$$
$$\cdots\cdots(7.10)式$$

となり、変調度 m の部分を(7.7)式を使って書き直すと、

$$v_{AM} = \underbrace{V_c \sin 2\pi f_c t}_{\text{①}} + \underbrace{\frac{1}{2} V_s \cos 2\pi (f_c + f_s) t}_{\text{②}} + \underbrace{\frac{1}{2} V_s \cos 2\pi (f_c - f_s) t}_{\text{③}}$$

……(7.11)式

①搬送波(7.3)式と同じ　②上側波　　　　　③下側波

となります。この式を見ると、3つの式の足し算からなっていることに気が付きます。

　①の式は、(7.3)式の搬送波と全く同じ式です。この搬送波を中心に信号波があります。

　②の式は、振幅は信号波 V_s の半分(1/2)で、周波数は搬送波 f_c の周波数に信号波の周波数 f_s を足した $(f_c + f_s)$ 状態になっています。従って、搬送波より高い部分なので、上側波と呼ばれます。

　③の式は、振幅は信号波 V_s の半分(1/2)で、周波数は②とは逆に、搬送波 f_c の周波数から信号波の周波数 f_s を差し引いた $(f_c - f_s)$ 状態になっています。従って、搬送波より低い部分なので、下側波と呼ばれます。

　上・下側波は、周波数が違いますが、同じ信号が含まれています。

　以上から、図7.4(a)のような周波数スペクトラムになるのです。また、一般的な音声信号などは多くの周波数を含みますので、(b)のようになります。

(a) 信号波が1つ

(b) 信号波に多くの周波数を含む時

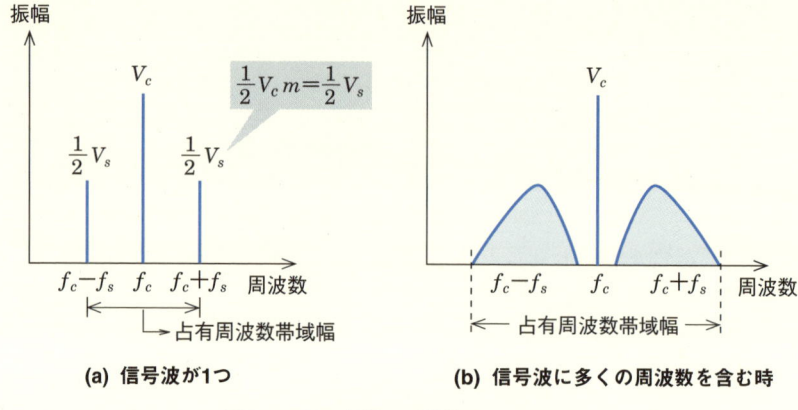

図7.4　AM変調の周波数スペクトラム

　搬送波を中心に、下側波〜上側波の間を占有周波数帯域幅と言い、1つの被変調波が持つ周波数帯域になります。これが別のものと重なってしまうと混信状態になります。

　例えば、4[kHz]の信号波V_sを100[kHz]の搬送波V_cで変調すると、図7.5のように搬送波の周波数100[kHz]を中心に、±4[kHz]に上・下側波があります。また、占有周波数帯域幅は8[kHz]です。

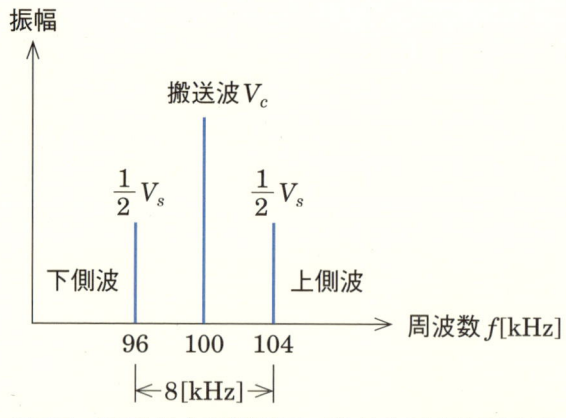

図7.5　100[kHz]の搬送波で、4[kHz]の信号を変調する

■ AM変調の電力

次にAM変調の電力を考えてみましょう。AM変調した被変調波を抵抗Rに加えたとき、搬送波の電力P_cと上・下側波帯の電力P_sは、次のように表せます。

$$搬送波の電力 P_c = \frac{V_c^2}{2R} \qquad \cdots\cdots(7.12)式$$

$$上または下の一方の側波帯の電力 P_s = \frac{V_s^2}{8R} \qquad \cdots\cdots(7.13)式$$

となります。ここで、$V_s = mV_c$((7.7)式を変形)を、(7.13)式に代入すると、

$$\begin{aligned} P_s &= \frac{m^2 V_c^2}{8R} \\ &= \frac{V_c^2}{2R} \times \frac{m^2}{4} \end{aligned} \qquad \cdots\cdots(7.14)式$$

となり、さらに搬送波の電力P_cの式((7.12)式)を、(7.14)式に代入すると、

$$P_s = \frac{m^2}{4} P_c \qquad \cdots\cdots(7.15)式$$

のように、搬送波の電力P_cを使って表した上・下の一方の側波帯の電力になります。

従って、AM変調された変調波全体の電力P_{AM}は、

$$\begin{aligned} P_{AM} &= P_c + 2P_s \\ &= P_c + 2 \times \frac{m^2}{4} P_c \\ &= P_c + \frac{m^2}{2} P_c \\ &= P_c(1 + \frac{m^2}{2}) \ [\text{W}] \end{aligned} \qquad \cdots\cdots(7.16)式$$

となります。従って、(7.16)式を見ると、全体の電力 P_{AM} は、変調度 m によって変わることが分かります。

では、次に例題をみてみましょう。

> **例題**
>
> 変調度 $m = 0.6$（60％）で、AM変調された被変調波の電力 P_{AM} は、23.6[W]でした。このときの搬送波の電力 P_c と、上・下側波帯の電力 P_s を計算しましょう。
>
> ---
>
> **解　答**
>
> まず、全体の電力 P_{AM} を求める(7.16)式を変形して、搬送波の電力「$P_c =$」の形にしましょう。
>
> (7.16)式の両辺を $1 + \dfrac{m^2}{2}$ で割って右辺を約分すると、
>
> $$P_c = \frac{P_{AM}}{1 + \dfrac{m^2}{2}}$$
>
> となりますから、この式に各数値を代入して P_c を求めます。
>
> $$P_c = \frac{P_{AM}}{1 + \dfrac{m^2}{2}} = \frac{23.6}{1 + \dfrac{0.6^2}{2}} = \frac{23.6}{1.18} = 20[\text{W}]$$
>
> また、一方の側波帯の電力 P_s は、(7.15)式に、今求めた P_c を代入して求めることができます。
>
> $$P_s = \frac{m^2}{4} P_c = \frac{0.6^2}{4} \times 20 = 0.6^2 \times 5 = 1.8[\text{W}]$$
>
> となります。

例題を見ると分かると思いますが、AM変調された被変調波の電力の大部分は、搬送波の電力P_cです。側波帯も2つありますが、上・下ともに同じ信号波成分が含まれていますので、搬送波の電力P_cと一方の側波帯は、非常に無駄なような気がしませんか？
　実はAM変調したものを通信する方式には、細かくいうと何通りかに分かれていますが、大きく分類すると次のような2つになります。

　　① 両(上下)側波帯振幅変調(*Double Side Band*：DSB)
　　② 単側波振幅変調(*Single Side Band*：SSB)

　①のDSB方式は、今まで学んできた通りの方法だと思ってかまいません。上下2つの側波帯が存在する変調方法で送信します。また、搬送波も含んでいます。
　②のSSB方式は、側波帯の一方だけを送信する方式で、さらにいくつかの種類に分かれています。

　　(1) 全搬送波のSSB(H3E)　　……全搬送波＋SSBの送信
　　(2) 低減搬送波のSSB(R3E)　　……小さい搬送波＋SSB
　　(3) 抑圧搬送波のSSB(J3E)　　……搬送波のないSSB(一方の側波帯のみ)

というようになっています。(　)内の英数字は形式を表しています。

AM変調回路

　図7.6は、コレクタ変調回路と言います。詳しい説明は専門書に譲り、ここでは簡単な特徴を述べます。また、この回路はDSB(両側波帯変調)方式の回路です。

図7.6　コレクタ変調回路

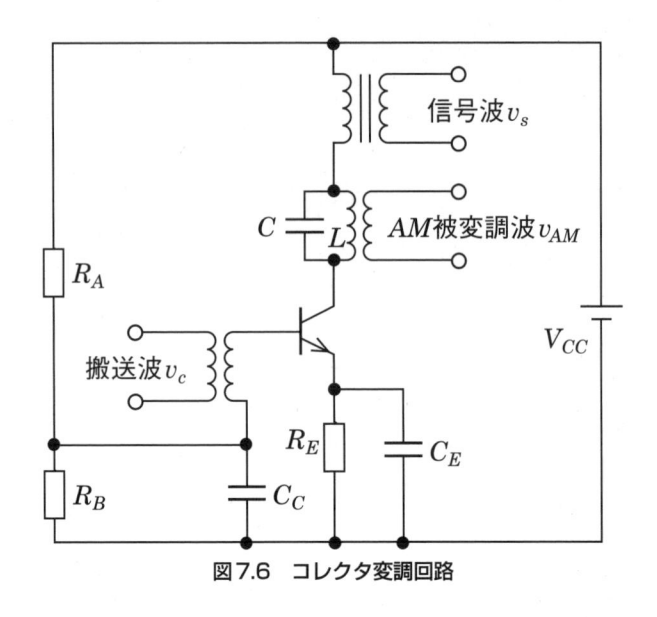

トランジスタは、バイアスをR_A、R_Bで作り、C級増幅回路として使用します。また、信号波をコレクタから入れるので、「コレクタ変調回路」と呼ばれます。

この回路の特徴は、

① 大きな振幅の変調に向いている
② 歪みが少ない
③ 変調度mを1まで大きくできる

です。

その他にも、トランジスタのベースに信号波を入れるベース変調回路があり、非直線形変調回路や直線形変調回路と呼ばれる回路のどちらにも利用されます（変調に歪みの少ない直線形変調回路が一般的には多く使われます）。

SSB変調回路

図7.7は、搬送波を含まないDSB変調をする、「リング変調回路」です。

この回路で両側波帯を得た後に、一方の側波帯を取り除けばSSB変調になります。

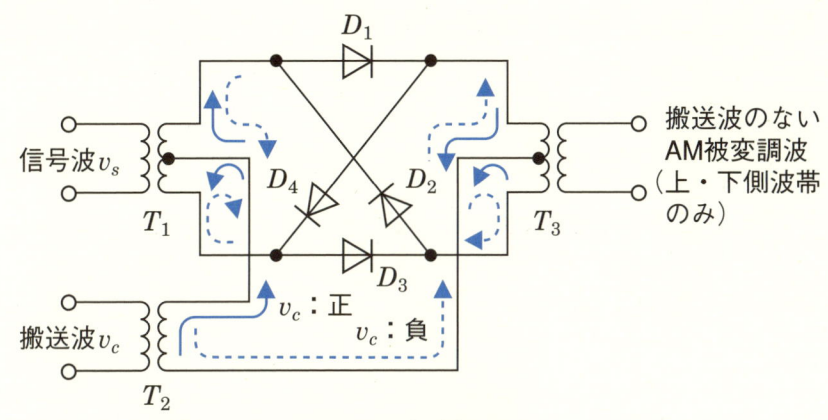

図7.7　リング変調回路

トランス T_2 より搬送波 v_c が入力されますが、v_c が正の時は、図中の実線のように流れるので、ダイオード D_1、D_3 が導通(ON)して図7.8(a)のような波形が現れます。

次に v_c が負の場合は、図7.7中の点線のように流れ、ダイオード D_4、D_2 が導通するので、図7.8(b)のような波形が得られます。

■ トランスから得られる波形

トランス T_3 から得られる被変調波は、図7.8(c)のように(a)と(b)が合成されて出力されます。

この(c)の波形は、搬送波を含んでおらず、上・下側波帯しかありません。この波形をバンドパスフィルタ(BPF：帯域フィルタのことで、ある周波数の

み通すフィルタのこと。この場合は上・下側波帯のみを取り出す（通す）役目をする）にかけて出力すると、上下どちらか一方の側波帯のみの通信ができるのです。

　このリング変調回路は電源回路を必要とせず、簡単な構成で作られていますので、SSB方式の通信に一般に使われています。

　SSB通信は、DSBと比べて電力は大幅に小さくなります。また占有周波数帯が半分になるので、電波の利用効率が向上します。しかし、搬送波を含んでいない（実際には搬送波を弱めたパイロット信号というものを送っています）ので、受信機側で、搬送波と同じ発振回路が必要になります。

信号波：v_s

v_c：正
D_1, D_3 導通 (ON)
(a)

搬送波：v_c

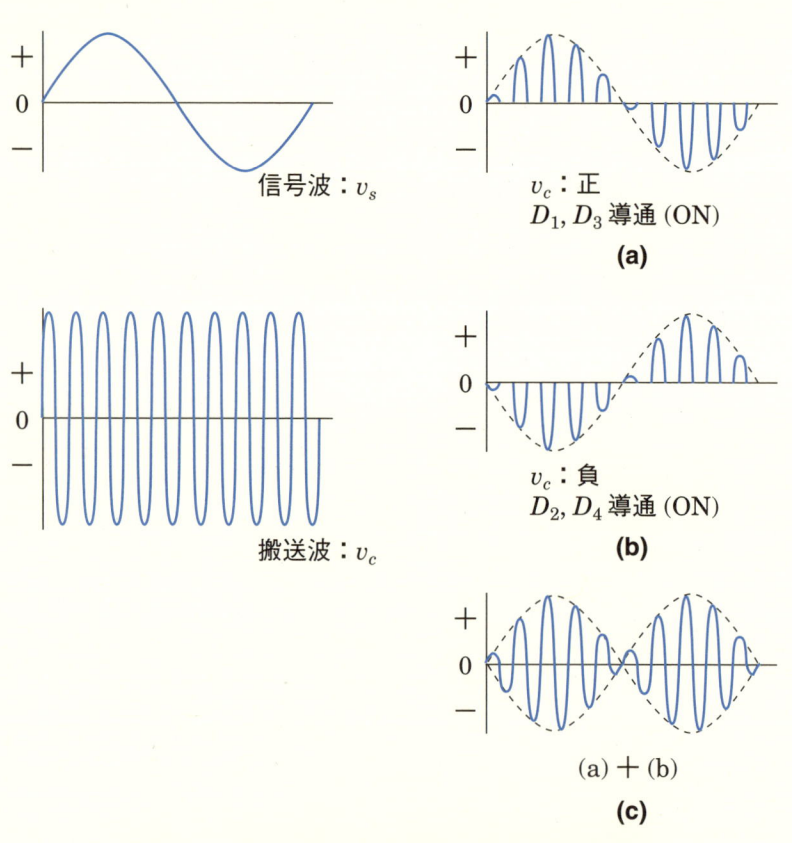

v_c：負
D_2, D_4 導通 (ON)
(b)

(a)＋(b)
(c)

図7.8　v_cが正・負時における波形と合成された被変調波

7-4 FM変調

　FMは、*Frequency Modulation* の略で、「周波数変調」と言われます。AM変調でも学んだように、高周波の搬送波 v_c を、信号波 v_s に従って変調させるのは同じです。しかし、FM変調波は、文字通り搬送波の「周波数」を信号波の振幅に対応させて変調する方式です。

　つまり、図7.9のように、信号波の振幅が大きいときは周波数を高くし、逆に信号波の振幅が低いときは、周波数を低くする変調方式なのです。

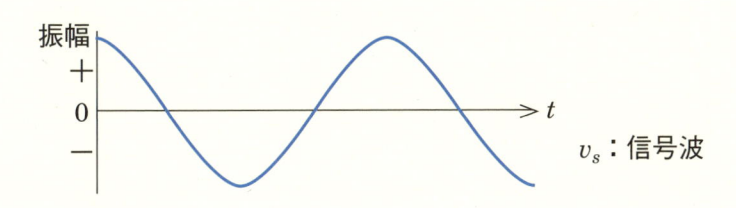

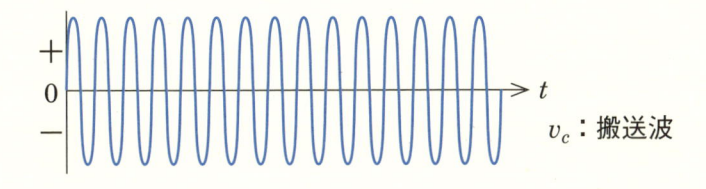

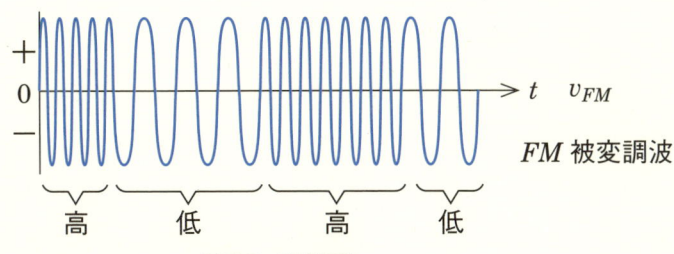

図7.9　FM変調

今、信号波と、搬送波が次の式で表されると、FM被変調波は、(7.19)式で表されます。

$$信号波\, v_s = V_s \cos 2\pi f_s t \qquad \cdots\cdots(7.17)式$$

$$搬送波\, v_c = V_c \sin 2\pi f_c t \qquad \cdots\cdots(7.18)式$$

$$FM被変調波\, v_{FM} = V_c \sin(2\pi f_c t + m_f \sin 2\pi f_s t) \qquad \cdots\cdots(7.19)式$$

ここで、m_fは、「周波数変調指数」と言い、変調をどれだけかけられたかを表すものです。また、m_fを式で表すと、

$$m_f = \frac{\Delta f}{f_s} \qquad \cdots\cdots(7.20)式$$

となります。このf_sは信号波の周波数を表し、Δfは、最大周波数偏移と言って、FM被変調波v_{FM}の周波数が搬送波v_cの周波数よりどれだけずれたかを表すものです。

簡単にいうと、信号波の振幅が頂点(±の最大)になったときに、どれだけ被変調波の周波数がずれるかを表しているのです。

また、最大周波数偏移Δfを使って、FM被変調波の周波数を次式のように表します。

$$f_{FM} = f_c + \Delta f \cos 2\pi f_s t\ [\text{Hz}] \qquad \cdots\cdots(7.21)式$$

となります。

FM変調の周波数スペクトラムは、(7.19)式を解析すると、図7.10のようになります。

搬送波v_cの周波数f_cを中心に、上・下側波帯が$\pm f_s$、$\pm 2f_s$、$\pm 3f_s$、……と続きます。

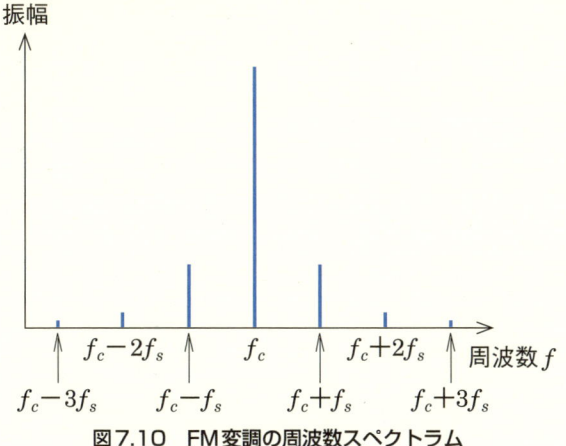

図7.10　FM変調の周波数スペクトラム

しかし、振幅はだんだん小さくなっていきますので、搬送波の周波数f_cより、あまり離れた周波数の振幅は無視できます。

一般的に、周波数変調指数m_fの大きさにより、占有周波数帯域幅Bは、

$$\left.\begin{array}{l} m_f \geqq 1 \\ \quad B = 2f_s(1+m_f) \\ \quad \quad = 2(f_s + \Delta f) \\ m_f \leqq 1 \\ \quad B = 2\Delta f \\ \quad \text{または} \\ \quad B = 2f_s \end{array}\right\} \quad \cdots\cdots(7.22)\text{式}$$

(Δfかf_sの大きい方を2倍)

となり、この占有周波数帯域Bをクリアしていれば十分FM通信ができます。

FM被変調波を作る回路例を、図7.11に示します。これはコルピッツ発振回路を利用したFM変調回路です。可変容量ダイオードD_Cとは、逆方向電圧の大きさによって変化する空乏層の広さによって、静電容量が変化するダイオードです。

これは、図7.12のように、ダイオードに逆方向電圧を加えたときにできる空乏層の広さが、ちょうどコンデンサの静電容量を決める平行板の広さと同じ役目をすることから、可変容量ダイオードと呼ばれています。

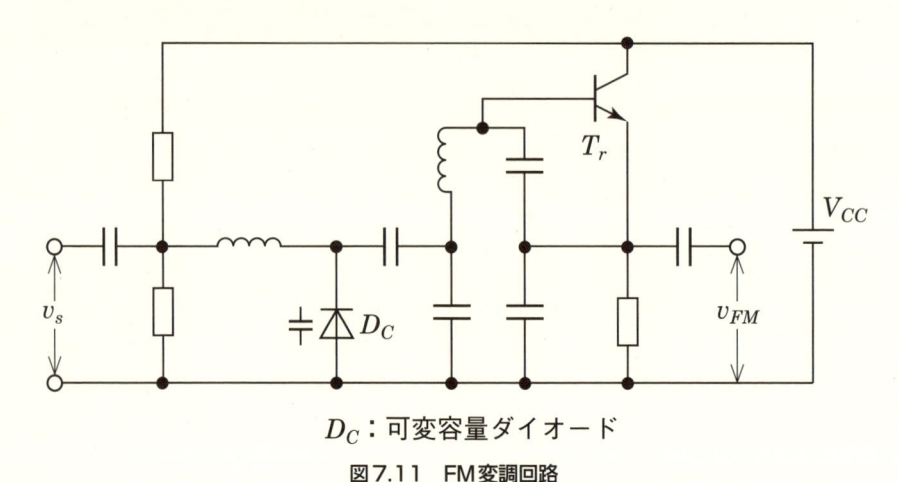

D_C：可変容量ダイオード

図7.11　FM変調回路

コンデンサの静電容量 $C = \varepsilon \dfrac{l}{A}$ [F]

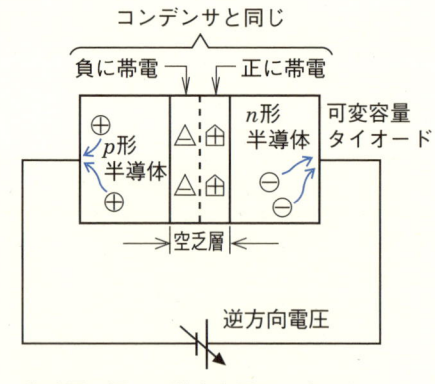

空乏層の幅は，逆方向電圧の大きさにより変化するので，まるで静電容量 C が変化するようになる

図7.12　可変容量ダイオード

この他に可変容量素子として、コンデンサマイクを使ったFM変調回路などもあります。

7-5 PCM変調

PCMとは、*Pulse Code Modulation* のことで、「パルス符号変調」と言われています。これはパルス変調と呼ばれる変調方式の中の1つです。

パルス変調とは、パルス波のONの時間に信号波の振幅値を読み取り、その後読み取った値(PAM)を様々な信号に変える方式のことです。

PCMは、読み取った値を2進数に置き換えて、0または1(信号がない、ある)で通信を行うものです。

■ サンプリング

図7.13は、PCMの原理図です。信号波をパルスのONの時間分に分割して、その振幅を読み取ります。

まず、(a)の信号波を非常に短いON時間のパルス波で変調します。パルス波の周波数は一定(定期的にONする)で、ONの時の信号波の電圧値(振幅)を読み取ります。

図では、左からそれぞれ、15.2、22.0、25.0、……となっています。これが(c)のPAM変調になります。

PAMは、*Pulse Amplitude Modulation* の略で、「パルス振幅変調」と言います。定期的に読み取った信号波の振幅を、パルスの振幅の変化に対応させる変調方式です。

このように、一定な周期で信号波の振幅を読み取ることを、「サンプリング」または、「標本化」と言います。また、サンプリングをするパルス波の周波数を、サンプリング周波数または、標本化周波数と言います。

一般的にサンプリング周波数は、信号波に含まれる最高周波数 f_{sm} の2倍以上あれば、復調(信号波に戻す)することができます。これを、染谷・シャノンの標本化定理と言います。

図7.13 PCM変調の原理(a)〜(d)

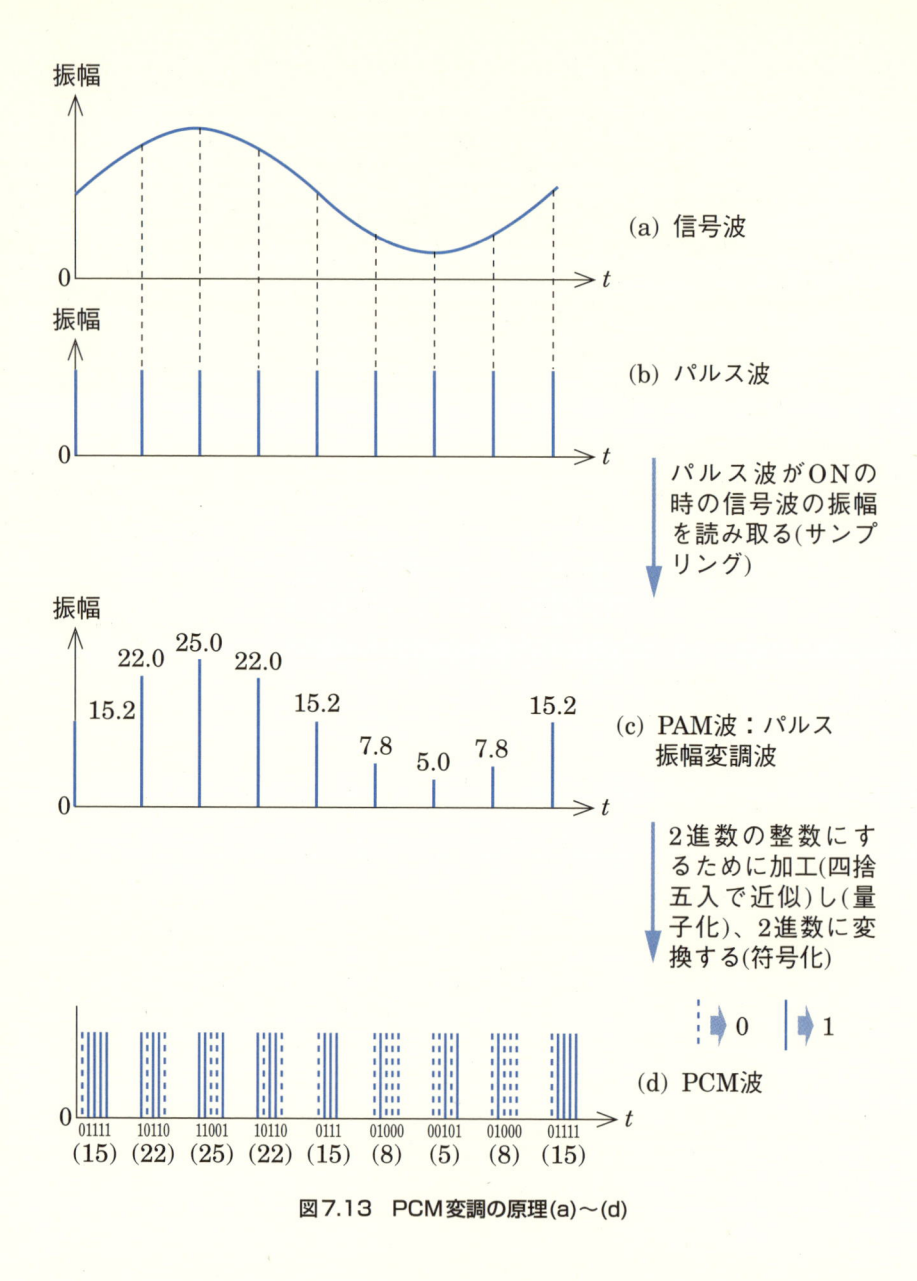

- (a) 信号波
- (b) パルス波

パルス波がONの時の信号波の振幅を読み取る(サンプリング)

- (c) PAM波：パルス振幅変調波

値：15.2, 22.0, 25.0, 22.0, 15.2, 7.8, 5.0, 7.8, 15.2

2進数の整数にするために加工(四捨五入で近似)し(量子化)、2進数に変換する(符号化)

⇒ 0　⇒ 1

- (d) PCM波

01111 10110 11001 10110 0111 01000 00101 01000 01111
(15)　(22)　(25)　(22)　(15) (8)　　(5)　　(8)　　(15)

　例えば、信号波に含まれる最高周波数 f_{sm} が $20\,[\text{kHz}]$ なら、サンプリング周波数は $40\,[\text{kHz}]$ 以上あれば、復調が可能な被変調波を作ることができます。

■ 量子化

次に、PAM波を2進数の整数になるように加工（図7.13では四捨五入）します。これを「量子化」と言い、このとき四捨五入されることによって、元のPAMと誤差が出てしまいます。この誤差のことを、量子化誤差と言います。

■ 符号化

量子化を行ったら、次に2進数に変換します。この作業を「符号化」と言います。2進数は、0と1の2つの表現しかありませんから、例えば図のように、0は点線、1は実線で表し符号化します。こうしてPCM波ができるのです。

例えば電話音声（0.3〜4kHz）の場合は、サンプリング周波数8kHz、符号化ビット数8ビットでPCM変調しています。また、音楽CDは、サンプリング周波数44.1kHz、符号化ビット数16ビットでPCMを使っています。

PCM波を光通信などに使うと、光の有無による表現ですから、遠方に送る際に途中増幅器を通しても、この増幅器による波形の歪みや雑音に対して非常に強く、AMやFMより簡単で、正確なディジタル通信ができます。

また、PCM波はディジタル信号ですから、ICなどで簡単に回路ができるのも特徴です。

最近では、PCM波は光ケーブルを使った遠方通信やデータ通信に、または、衛星通信に多く利用されるようになりました。これからのディジタル通信時代に欠かせない存在なのです。

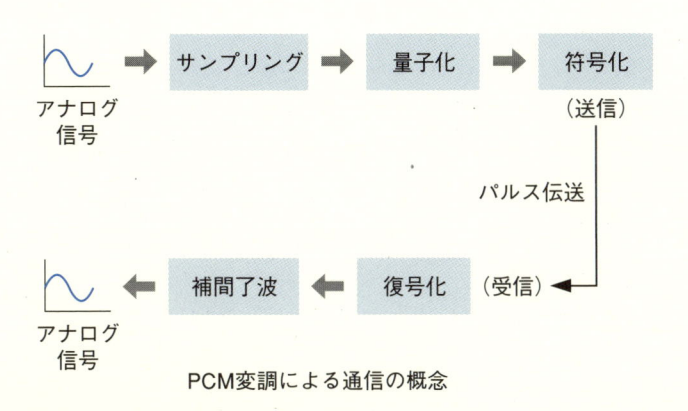

アナログ信号 → サンプリング → 量子化 → 符号化（送信）
　　　　　　　　　　　　　　　　　　　　　↓ パルス伝送
アナログ信号 ← 補間ろ波 ← 復号化（受信）←

PCM変調による通信の概念

7-6 AM復調

復調とは

　復調とは、変調された電波を、元の信号波に戻すことを言います。また、検波とも言われます。

　空間には無数の電波が飛び交っていますが、その中から希望の電波をキャッチし、被変調波から信号波のみを取り出すには、AM被変調波とFM被変調波とでは、方法が違います。

　しかし、基本としては、AM復調をよく学べば、FM復調はその延長上にある場合がありますので、わかりやすいと思います。まずはAM復調を学びましょう。

希望の周波数を選択

　まずは、空間に放射されている電波のうち、希望の周波数を選択します。これは、並列共振回路によって行います。図7.14(a)は、並列共振回路の例です。

　この回路は、コンデンサC [F] とコイルL [H] によって共振します。

　共振とは、理論的には(b)のように、ある周波数で誘導リアクタンスX_L [Ω] と容量リアクタンスX_C [Ω] の大きさが一致するときを言います。

(a) 並列共振回路　　**(b) リアクタンス**

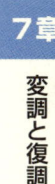

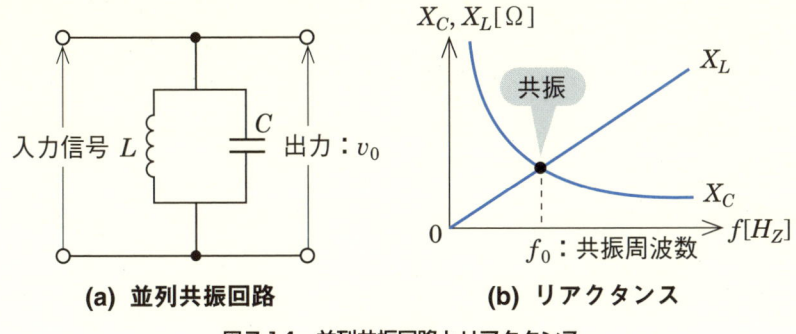

図7.14　並列共振回路とリアクタンス

2つのリアクタンスの大きさは、

$$\text{誘導リアクタンス} X_L = \omega L = 2\pi f L \,[\Omega] \quad \cdots\cdots(7.23)式$$

$$\text{容量リアクタンス} X_C = \frac{1}{\omega C} = \frac{1}{2\pi f C} \,[\Omega] \quad \cdots\cdots(7.24)式$$

となります。この2つが等しいとき、共振していますので、そのときの周波数を「共振周波数」と言い、次式で表します。

$$X_L = X_C \,[\Omega]$$

$$2\pi f L = \frac{1}{2\pi f C} \quad \cdots\cdots[\text{両辺に} f \text{をかけて右辺を約分}]$$

$$2\pi f^2 L = \frac{1}{2\pi C} \quad \cdots\cdots[\text{両辺を} 2\pi L \text{で割り、約分}]$$

$$f^2 = \frac{1}{4\pi^2 LC} \quad \cdots\cdots[\text{両辺のルート(平方根)をとる}]$$

$$\sqrt{f^2} = \sqrt{\frac{1}{4\pi^2 LC}}$$

$$f = \frac{1}{2\pi\sqrt{LC}} \, [\text{Hz}]$$

となります。共振周波数は記号 f_0 とおいて、

$$f_0 = \frac{1}{2\pi\sqrt{LC}} \, [\text{Hz}] \qquad \cdots\cdots(7.25)式$$

となります。

図7.14の並列共振回路に、複数の信号周波数の f_1、f_2、f_3、……f_n が、入力されたとします。共振周波数 $f_0 = f_2 [\text{Hz}]$ となるように L、C の値を調整しておきます。

すると、周波数 f_2 だけは、図7.15(a)のように、インピーダンス $Z[\Omega]$ が最大なので、L、C には電流が流れず、出力電圧 v_0 として、そのまま f_2 の電圧が得られます((b)図参照)。

その他の信号は、L、または C を流れて行くので、出力には大きく現れないのです。

このようにして、L、C を調整することにより、希望の周波数を選択できます。

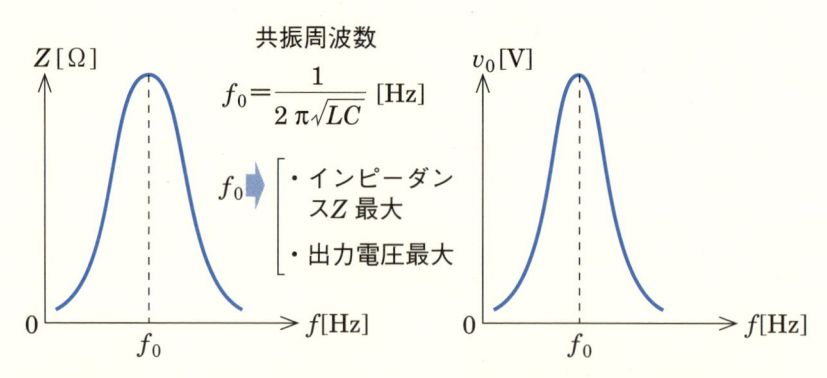

共振周波数
$$f_0 = \frac{1}{2\pi\sqrt{LC}} \, [\text{Hz}]$$

f_0 ➡ ・インピーダンス Z 最大
・出力電圧最大

(a) 周波数 f - インピーダンス Z　　(b) 周波数 f - 出力電圧 v_0

図7.15　並列共振特性図

復調の原理

AM被変調波から、元の信号波を取り出しましょう。

図7.16に、AM被変調波が入ると、ダイオード（一般に検波用ダイオードを使います）によって被変調波の正の部分だけが得られます。

並列に接続されたコンデンサ C_1 の充放電作用によって、平滑されます。コンデンサ C は、充電電圧より高い電圧が入力されるとさらに充電し、充電電圧より入力電圧が低くなると、放電します。

従って、平滑された波形は、非常に拡大して見るとギザギザ（リプル）が残っていますが、信号波に近い形になっています。

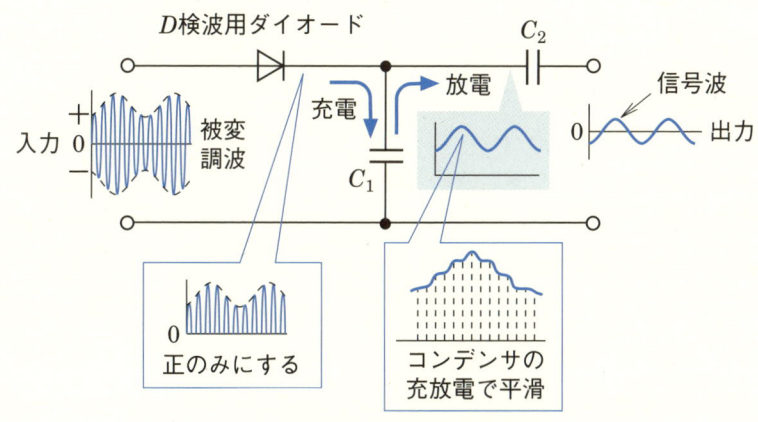

図7.16　AM復調の原理図

さらに、平滑された信号に含まれている直流分を取り除くために、直列にコンデンサ C_2 を接続します。コンデンサのリアクタンス $X_C[\Omega]$ は、先ほども出てきた通り、(7.24)式で表せました。周波数 $f=0[\mathrm{Hz}]$ の直流は、

$$容量リアクタンス X_C = \frac{1}{2\pi f C} = \frac{1}{2\pi \times 0 \times C} = \infty[\Omega]$$

（数学的には「0で割る」は解なしですが、グラフを考える時に分母を正から限りなく0に近づけると∞になるので、ここでは∞とします。）

ですから、直流に対する容量リアクタンス X_C（電流の流しにくさ）は無限大に大きいので、コンデンサは直流分をカットする役目を持つのです。

このようにして、AM被変調波から、元の信号波を取り出すことに成功しました。

SSB復調の原理

SSB通信をしている場合は、搬送波がないので、DSB復調に対して少し複雑な回路が必要です。

搬送波がないことや、電力や占有帯域幅が小さいという特徴がありましたから、電波の有効な使い方としてよいものですが、搬送波がないので、復調回路には搬送波を発振する回路をもたなければなりません。

SSB被変調波を回路に入力した後、搬送波を発振する回路で変調時に使った搬送波を発振させ、この搬送波と合成すると、SSB波は搬送波がのった普通のAM被変調波になります。この後、前述したAM復調回路に通せば、復調ができて、信号波が取り出せます。

ただし、復調回路内で発振させる搬送波は、変調時に使ったものと全く同じものを使わないと、復調時に歪んだ信号波しか得られなくなるので、注意が必要です。

● スーパーヘテロダイン方式

これまでの説明は、一般的にストレート（直接）方式と呼ばれる復調回路の説明でした。しかし、この他に『スーパーヘテロダイン方式』と呼ばれる復調回路もあります。アンテナで受けた周波数を、高周波増幅を行った後に、ある周波数（日本では455[kHz]）に変換してから、復調する方式で、こちらの方式が感度などがよいので、一般的に多く使われています。

7-8 FM復調

　FM被変調波を復調するには、希望のFM被変調波をAM変調するようなことをします。その後、AM復調をすれば、FM復調の完成です。

　FM被変調波を、AM被変調波に変換する回路を考えましょう。

　ここでも、並列共振回路を利用します。図7.17の並列共振特性図を見てください。FM被変調波は、信号波の振幅によって周波数が変わるので、1つのFM被変調波にはいくつかの周波数が含まれています。

　このFM被変調波内の中心周波数f_1[Hz]を、並列共振特性図の図7.17のように設定すると、中心周波数f_1[Hz]で、周波数の高い部分f_3[Hz]は電圧値（振幅）が高く、逆に周波数の低い部分f_2[kHz]では、電圧値が低くなるので、AM被変調波のようになります。

　その後は、AM復調とほとんど同じで、復調すれば信号波のみを取り出せます。

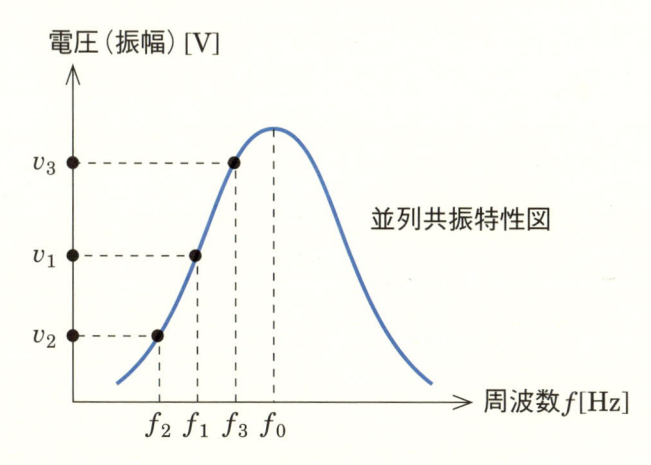

図7.17　FM被変調波→AM被変調波

7-9 PCM復調

　PCM波の復調は特別なものではなく、PCM変調の逆の作業をすれば復調できます。

　受信側で、PCM波の信号が、有る(1)か、無い(0)か、を読み取り、D-A変換(ディジタルからアナログへ変換)して復号化します。さらに、それらをPAM波にして、ローパスフィルタ(LPF：低周波のみを通すフィルタ)に通すと、元のアナログ信号に直ります。

　ただし、変調時にサンプリング周波数が低かったり、また量子化誤差の影響により、完全に元の信号波に戻りません。元の信号波に近いPCM変調をする場合は、サンプリング周波数をより高くしたりしますが、情報量が多くなります。情報量が多いと処理したり送る場合に時間やコストがかかります。品質をとるか、情報量をとるかは、人間が決めるのです。

情報量	品質
多	良
少	悪

　以上のように、この章では、前章までに説明がない非常に高等な内容を含んでいます。従って、ここでの文章は、紹介程度になっています。しかし、この章に出てくる文字をヒントに、もっと高等な専門書の目次を開き、勉強をしていただきたいと思います。

　特に高周波を扱った内容は、数学力(特に微分・積分、三角関数など)を必要としますから、数学をある程度マスターした読者にはお勧めです。

　それ以外の読者は、数学力を高めた後に、高等な専門書を読むといいと思います。自分にあった本を探してみてください。

索引

■ アルファベット・数字 ■

2進数	236
2進数小数を10進数へ	255
2進数のかけ算	244
2進数の足し算	241
2進数の引き算	243
2進数のわり算	245
2進数を10進数へ	237
2進数を16進数へ	262
2の補数	248
10進数小数を2進数小数へ	256
10進数を16進数へ	265
10進数を2進数へ	239
16進数	260
16進数のかけ算	271
16進数の足し算	267
16進数の引き算	269
16進数のわり算	273
16進数を10進数へ	264
16進数を2進数へ	263
ACアダプタ	71
AM	318
AM復調	339
AM変調の電力	323
AND回路	282
A級増幅回路	145
bit	237
BPF	327
B級増幅回路	146
B級プッシュプル回路	146
B級プッシュプル電力増幅回路	178
CR	68
C級増幅回路	147
DSB	325
EHF	314
EX-OR	285
FET	187
FM	329
FM復調	341
HF	314
hパラメータ	91,106
hパラメータによる電圧増幅度	108
hパラメータによる電流増幅度	109
hパラメータによる電力増幅度	109
$I_B - I_C$ 特性	100
$I_B - V_{BE}$ 特性	101
JIS	278
LED	50
LF	314
ln	9
log	9
LPF	342
MF	314
MIL	278
MOS形FET	191
NAND回路	288
NOR回路	287
NOT回路	284,288
npn型トランジスタ	74
n形半導体	32
Op.Amp	204
Op.Ampの基本式	210
OR回路	280
PAM	333
PCM	333

PCM復調 …………………… 342	インピーダンス変換器 ………… 225
pnp型トランジスタ …………… 74	インピーダンスマッチング …… 153
pn接合ダイオード ……………… 36	エクスクルーシブオア ………… 285
PUT ……………………………… 198	エミッタ ………………………… 74
p形半導体 ……………………… 31	エミッタ接地 …………………… 81
SCR ……………………………… 195	エミッタ接地増幅回路 ………… 94
SHF ……………………………… 314	エミッタ接地の電流増幅率 …… 95
SSB ……………………………… 325	エミッタホロワ ………………… 81
SSB復調 ……………………… 340	エンハンスメントモード ……… 194
SSB変調回路 ………………… 327	オーバーフロー ………………… 249
UHF ……………………………… 314	オーム …………………………… 12
UJT ……………………………… 198	オームの法則 …………………… 18
$V_{CE}-I_C$特性 ………………… 98	オフセット調整 ………………… 208
$V_{CE}-V_{BE}$特性 ……………… 102	オフセット電圧 ………………… 208
VHF ……………………………… 314	オペアンプ ……………………… 204
VLF ……………………………… 314	
α ………………………………… 94	
β ………………………………… 95	■か■
Δ ………………………………… 93	
η ………………………………… 160	下位ビット ……………………… 237
	拡散 ……………………………… 37
■あ■	拡散電位 ………………………… 43
	過剰電子 ………………………… 32
アクセプタ原子 ………………… 33	仮数 ……………………………… 5
アドミタンス …………………… 99	仮想接地 ………………………… 212
アノード ………………………… 48	仮想短絡 ………………………… 212
アバランシェ現象 ……………… 46	カソード ………………………… 48
アンペア ………………………… 16	下側波 …………………………… 321
移項 ……………………………… 2	片電源 …………………………… 205
イマジナリーアース …………… 212	カップリングコンデンサ… 114,167
イマジナリーショート ………… 212	価電子 …………………………… 27
イレブンナイン ………………… 29	可変容量ダイオード …………… 332
インジウム ……………………… 31	帰還 ……………………………… 121
インバータ ……………………… 284	帰還電圧 ………………………… 128
インバータ回路を使った発振回路	帰還率 …………………………… 171
……………………………… 301	帰還量 …………………………… 173
インピーダンス ………………… 82	軌道 ……………………………… 14
インピーダンス比 ……………… 154	逆起電力 ………………………… 70
	逆方向電圧 ……………………… 41

| 逆方向電流 …………………………… 41
| 逆方向特性 …………………………… 42
| 逆方向バイアス ……………………… 41
| キャリア ……………………………… 35
| 境界面 ………………………………… 36
| 共振周波数 …………………………… 337
| 共有結合 ……………………………… 30
| キロ …………………………………… 8
| 空乏層 ………………………………… 37
| クーロン ……………………………… 15
| クロスオーバー歪み ………………… 182
| ケイ素 ……………………………… 15,25
| ゲルマニウム ………………………… 25
| 減算回路 ………………………… 229,232
| 原子 …………………………………… 14
| 原子核 ………………………………… 14
| 原子番号 ……………………………… 15
| 減衰 …………………………………… 83
| 検波 …………………………………… 336
| 検波用ダイオード …………………… 339
| 高域遮断周波数 ……………………… 167
| 合成抵抗 ……………………………… 20
| 降伏現象 ……………………………… 46
| 降伏電圧 ……………………………… 46
| 交流 …………………………………… 57
| 交流等価回路 ………………………… 132
| 交流負荷線 …………………………… 137
| 極超短波 ……………………………… 314
| 固定バイアス回路 …………………… 115
| コルピッツ発振回路 ………………… 331
| コレクタ ……………………………… 74
| コレクタ遮断電流 …………………… 77
| コレクタ接合容量 …………………… 169
| コレクタ接地 ………………………… 81
| コレクタ損失 ………………………… 164
| コレクタ変調回路 …………………… 326
| コンパレータ ………………………… 214

■ さ ■

| 最外殻電子 …………………………… 27
| 最大コレクタ損失 …………………… 165
| 最適な動作点 ………………………… 149
| サイリスタ …………………………… 195
| 差動増幅回路 ………………………… 232
| 三角波 …………………………… 60,293
| サンプリング ………………………… 333
| ジーメンス …………………………… 99
| しきい電圧 …………………………… 303
| 自己バイアス回路 …………………… 116
| 指数 …………………………………… 5
| 自然対数 ……………………………… 9
| 実効値 ………………………………… 13
| 遮断周波数 …………………………… 167
| 周期 …………………………………… 313
| 自由電子 ……………………………… 27
| 周波数 ………………………………… 313
| 周波数スペクトラム ………………… 320
| 周波数スペクトル図 ………………… 320
| 周波数特性 …………………………… 166
| 周波数変調 …………………………… 329
| 周波数変調指数 ……………………… 330
| 出力アドミタンス …………………… 99
| 出力インピーダンス ………………… 82
| 順方向電圧 …………………………… 40
| 順方向電流 …………………………… 40
| 順方向特性 …………………………… 42
| 順方向バイアス ……………………… 40
| 上位ビット …………………………… 237
| 少数キャリア ………………………… 35
| 上側波 ………………………………… 321
| 常用対数 ……………………………… 9
| シリコン …………………………… 15,25
| 真性半導体 …………………………… 29
| 振幅変調 ……………………………… 318
| 真理値表 ……………………………… 280

スーパーヘテロダイン方式 ……	340
スレッショルド電圧 …………	303
正帰還 ………………………	121, 294
正弦波交流 …………………	58
正孔 …………………………	27
静特性 ………………………	98
静特性測定回路 ……………	97
整流作用 ……………………	46, 57
整流ブリッジ ………………	62
絶縁体 ………………………	24
接合形FET …………………	187
接合面 ………………………	36
接地 …………………………	80
接頭語 ………………………	7
ゼロクロス …………………	57
全波整流回路 ………………	62
占有周波数帯域幅 …………	322
増幅 …………………………	83, 91
増幅器の増幅度 ……………	172
増幅度 ………………………	83
増幅率 ………………………	91
添字 …………………………	113
添字の順番 …………………	77
素子 …………………………	12

■ た ■

ダーリントン接続 …………	199
帯域 …………………………	167
帯域フィルタ ………………	327
ダイオードの基本構造 ……	36
ダイオードの図記号 ………	48
ダイオードの特性 …………	42
多数キャリア ………………	35
短波 …………………………	314
チャネル ……………………	187
中点タップ付きトランス …	64
中波 …………………………	314

超短波 ………………………	314
超長波 ………………………	314
長波 …………………………	314
チョークコイル ……………	69
直接負荷 ……………………	153
直流 …………………………	60
直流電流増幅率 ……………	92
直流等価回路 ………………	132
直流負荷線 …………………	133, 136
直列接続 ……………………	20
通分 …………………………	4
ツェナー効果 ………………	47
ツェナーダイオード ………	47, 51
底 ……………………………	9
低域遮断周波数 ……………	167
抵抗の合成 …………………	19
定電圧回路 …………………	53
定電圧ダイオード …………	47, 51
デシベル ……………………	84
デプレションモード ………	194
デューティー比 ……………	292
電圧 …………………………	16
電圧帰還率 …………………	103
電圧増幅度 …………………	84, 108
電圧波形の位相が反転 ……	142
電圧比較器 …………………	213
電圧利得 ……………………	87
電位障壁 ……………………	43
電荷 …………………………	15, 26
電界効果トランジスタ ……	187
電源効率 ……………………	158, 160
電子 …………………………	14
電波 …………………………	312
電離層 ………………………	315
電離層反射波 ………………	315
電離波 ………………………	315
電流 …………………………	14
電流帰還バイアス回路 ……	123

電流増幅度	84, 109
電流伝達特性	101
電流伝達率	94
電流利得	86
電力	85
電力増幅度	84, 109
等価回路	104
動作点	136, 144
動作点の求め方	148
導体	24
独立電源方式	114
トップビュー	234
ドナー原子	33
トランジスタがON	297
トランジスタ静特性	98
トランジスタの並列接続	201
トランス結合	153
トンネル効果	47

■ な ■

なだれ現象	47
ナノ	8
二電源方式	114
入力インピーダンス	82
入力特性	102
のこぎり波	60, 293

■ は ■

バーチャルアース	212
バーチャルショート	212
バイアス	111, 113
バイアス電圧	113
バイアス電流	113
排他的論理和	285
バイパスコンデンサ	129, 168
波長	312

発光ダイオード	50
発振	294
発振回路	296
パルス振幅変調	333
パルス波	292
パルス幅	292
パルス符号変調	333
搬送波	317
反転加算回路	226
反転増幅回路	215
反転端子	204
半導体	24
バンドパスフィルタ	327
半波整流回路	60
非安定マルチバイブレータ	301
ヒートシンク	165
ピコ	8
非正弦波	60
ヒ素	32
ビット	237
否定	284
非反転増幅回路	219
非反転端子	205
標本化	333
標本化定理	333
漂遊コンデンサ	168
ピンアサイン	233
ピン番号	233
ファラド	12
フォトインタラプタ	198
フォトトランジスタ	198
負荷抵抗	82
負帰還	121
復調	333, 336
符号化	335
負値	253
浮遊コンデンサ	168
ブリーダ抵抗	124

ブレークダウン ……………… 46
平滑回路 ……………………… 67
平均電力 ……………………… 159
並列共振回路 ………………… 336
並列接続 ……………………… 20, 201
ベース ………………………… 74
ベース接地 …………………… 81
ベース接地増幅回路 ………… 92
ベース接地の電流増幅率 …… 94
ベース変調回路 ……………… 326
ヘリウム ……………………… 14
ベル …………………………… 84
ヘルツ ………………………… 13, 313
変調 …………………………… 317
変調度 ………………………… 320
ヘンリー ……………………… 12, 70
方形波 ………………………… 60, 293
放熱板 ………………………… 165
包絡線 ………………………… 318
ホール ………………………… 27, 31
ホールの流れ ………………… 34
保護抵抗 ……………………… 308
ボトムビュー ………………… 234
ボルテージコンパレータ …… 213
ボルテージフォロワ回路 …… 223
ボルト ………………………… 12, 16

■ま■

マイクロ ……………………… 8
巻数比 ………………………… 154
脈流 …………………………… 65
ミラー効果 …………………… 169
ミリ …………………………… 8
無安定マルチバイブレータ … 296
メガ …………………………… 8

■や■

約分 …………………………… 3
誘導リアクタンス …………… 70
陽子 …………………………… 15
容量インダクタンス ………… 114

■ら■

ラムダ(λ) ……………………… 312
リアクタンス ………………… 70, 167
利得 …………………………… 84
リプル ………………………… 66
量子化 ………………………… 335
両電源 ………………………… 205
両波整流回路 ………………… 62
リング変調回路 ……………… 327
累乗の底 ……………………… 5
ループゲイン ………………… 173
レール・トゥ・レール型 …… 210
ローパスフィルタ …………… 342
論理回路 ……………………… 278
論理積 ………………………… 282
論理和 ………………………… 280

■わ■

和分の積 ……………………… 21

■著者略歴

大熊　康弘（おおくま　やすひろ）

1968年生まれ
現在、東京工業大学附属科学技術高等学校教諭
主な著書
　「電子回路の基礎知識No.3」　日刊工業新聞
　「はじめての電気回路」　技術評論社
　その他多数

図解でわかる
はじめての電子回路

2002年 4月 4日　初版　第 1刷発行
2013年 8月15日　初版　第15刷発行

著　者　大熊　康弘（おおくま　やすひろ）
発行者　片岡　巌
発行所　株式会社技術評論社
　　　　東京都新宿区市谷左内町21-13
　　　　電話　03-3513-6150　販売促進部
　　　　　　　03-3267-2270　書籍編集部
印刷／製本　昭和情報プロセス株式会社

定価はカバーに表示してあります。

本書の一部または全部を著作権法の定める範囲を越え、無断で複写、複製、転載、テープ化、ファイルに落とすことを禁じます。

©2002　大熊康弘

ISBN4-7741-1422-7 C3055

Printed in Japan

造本には細心の注意を払っておりますが、万一、乱丁（ページの乱れ）や落丁（ページの抜け）がございましたら、小社販売促進部までお送りください。送料小社負担にてお取り替えいたします。

書名	内容	著者	判型
図解でわかる シーケンス制御の基本	シーケンス制御技術の基本を、やさしく解説。専門知識のない方々にとっても、やさしく読みやすい入門書になっています。	著者 望月 傳	A5判
図解でわかる はじめての材料力学	材料力学の基本を丁寧に解説した入門書。はじめて「材料力学」を学習する初学者にも、わかりやすい図解で解説した入門書。	著者 有光 隆	A5判
図解でわかる はじめての電気回路	初心者が分かりやすいように、豊富な図を使い、計算の途中も丁寧に解説した一番やさしい入門書。やり直しにも最適。	著者 大熊 康弘	A5判
イラスト図解 液晶のしくみがわかる本	知っているようでわかっていない液晶のしくみを「やさしく、くわしく」解説したのが本書です。	著者 竹添・高西・宮地	四六判
イラスト図解 デジタル回路のしくみがわかる本	短時間でデジタル回路の基本がマスターできる、初学者にぴったりな入門書です。	著者 宮井・尾崎・若林・三好	四六判
イラスト図解 基本からわかる電気の極意	実践で使える電気の重要ポイントを、エピソードを入れてわかりやすく解説。基本から学べ知識のおさらいにも最適。	著者 望月 傳	四六判
イラスト図解 機械を動かす電気の極意（自動化のしくみ）	機械と電気のマッチングを眼目として、電気制御の知識を解説したやさしい入門書です。ロボットに興味ある人にもおすすめ。	著者 望月 傳	四六判
イラスト図解 最新小型モータのすべてがわかる	読みやすく内容の濃い、実践的なモータの最新入門書です。	著者 見城 尚志＋佐渡友茂＋木村玄	四六判
イラスト図解 算数・数学をやりなおす本	数学の知識を再確認でき、中高生や社会人にぴったりです。知的好奇心を満足させます。	著者 宮口 祐司	四六判
イラスト図解 確率・統計のしくみがわかる本	可能な限り図解されていますので、文系や苦手な人でも、読み進めるだけで、考え方の基礎から、スッキリわかるようになります。	著者 長谷川 勝也	四六判
イラスト図解 はじめての行列とベクトル	利用範囲の広い「行列とベクトル」の基礎を、徹底的に身につくように解説。理系・文系研究者やビジネスマンに最適。	著者 長谷川 勝也	四六判
イラスト図解 はじめての微分積分	中学生の知識があればスラスラ読むことができます。数学嫌いでも微積の面白さが分かるようになります。とてもわかりやすい入門書。	著者 塚越 一雄	四六判
イラスト図解 光ファイバ通信のしくみがわかる本	光ファイバ通信技術の全般について、分かりやすく解説。光ファイバ通信を初めて学ぶ人や、総合的な知識を得たい人に最適。	著者 山本 真司	四六判
イラスト図解 光触媒のしくみがわかる本	すでに身の回りに普及してきている光触媒を、原理からやさしく解説した入門書。	著者 大谷文章	四六判
イラスト図解 電波のひみつ	身近な電波について、数式を使わずにその面白さをやさしく解説。最新技術や幅広い知識を得ることができます。	著者 吉村・安居院・倉持	四六判
イラスト図解 電気の「なぜ」と「しくみ」がよくわかる本	身近な家庭の電気をひとつひとつをイラスト付きでやさしく解説。	著者 林 正儀／相原 隆文	四六判
イラスト図解 燃料電池のしくみがわかる本	燃料電池の、基本原理、改質プロセス、特徴を解説した入門書。	監修 本間 琢也	四六判
イラスト図解 そこが知りたい 電磁波と通信のしくみ	目に見えない電磁波と通信を、直感でわかるように図解。	著者 鈴木 誠史	四六判

技術評論社の書籍案内は **http://www.gihyo.co.jp/** まで